Elementare Differentialgeometrie (nicht nur) für Informatiker

Edmund Weitz

Elementare Differentialgeometrie (nicht nur) für Informatiker

Mit vielen Grafiken und Visualisierungen in JavaScript

Illustrationen von Heike Stephan

Springer Spektrum

Edmund Weitz
Fakultät Design, Medien und Information
HAW Hamburg
Hamburg, Deutschland

ISBN 978-3-662-60462-5 ISBN 978-3-662-60463-2 (eBook)
https://doi.org/10.1007/978-3-662-60463-2

Die Deutsche Nationalbibliothek verzeichnet diese Publikation in der Deutschen Nationalbibliografie; detaillierte bibliografische Daten sind im Internet über http://dnb.d-nb.de abrufbar.

Springer Spektrum

Planung/Lektorat: Kathrin Maurischat
Textgestaltung: Edmund Weitz
Illustrationen: Heike Stephan, Hamburg

Springer Spektrum ist ein Imprint der eingetragenen Gesellschaft Springer-Verlag GmbH, DE und ist ein Teil von Springer Nature.
Die Anschrift der Gesellschaft ist: Heidelberger Platz 3, 14197 Berlin, Germany

Vorwort

> My great love in mathematics is differential geometry. Nowhere else in mathematics do I feel so much at freedom to improvise, sometimes incorrectly, but never too far from the truth.
>
> Marcelo Epstein

In diesem Buch soll es um elementare Differentialgeometrie gehen und es wurde geschrieben für Leser, die Informatik studieren. Aber man muss nicht unbedingt an einer Hochschule eingeschrieben sein, um das Buch mit Gewinn zu lesen. Es reicht, wenn man Interesse an mathematischen Fragen hat und ein paar Grundkenntnisse mitbringt. Auf den folgenden Seiten möchte ich kurz umreißen, worum es im Buch gehen wird und wie es nach meiner Vorstellung „funktionieren" soll.

Was ist elementare Differentialgeometrie?

Man kann Differentialgeometrie als den Teil der Mathematik verstehen, in dem geometrische Fragestellungen mit den Methoden der Differential- und Integralrechnung (die auch *Analysis* genannt wird) bearbeitet werden. Klassische Geometrie wird bereits seit weit über 2000 Jahren betrieben und insbesondere griechische Mathematiker wie Euklid und Archimedes haben sie schon in der Antike zu einem beeindruckenden Gedankengebäude ausgebaut. Allerdings gab es auch Fragen, die man lange für praktisch unlösbar hielt, z.B. die nach der Länge einer beliebigen Kurve. Erst mittels der Ende des 17. Jahrhunderts entwickelten Analysis konnten solche Probleme schließlich ganz allgemein (und nicht nur für Spezialfälle) gelöst werden.

Gleichzeitig eröffneten sich durch die neuen Methoden auch ganz neue Sichtweisen auf die Beziehungen zwischen geometrischen Objekten. Die Frage, warum keine verzerrungsfreie Landkarte der Erdoberfläche möglich ist, lässt sich z.B. mithilfe des Konzeptes der *Krümmung* einer Fläche erklären. Die moderne Differentialgeometrie ist inzwischen in vielen Anwendungsbereichen unverzichtbar geworden. Unter anderem ist sie die Sprache, in der die allgemeine Relativitätstheorie formuliert ist, ohne die Satellitennavigation nicht korrekt funktionieren würde.

So wie sie in einem Studium der Mathematik heutzutage gelehrt wird, ist moderne Differentialgeometrie aber auch sehr abstrakt. Es wird ein hoher formaler Aufwand betrieben, um die zu untersuchenden Objekte (sogenannte *Mannigfaltigkeiten*) und deren Eigenschaften möglichst allgemein beschreiben zu können. Dabei geht häufig leider auch die Anschaulichkeit verloren. Wenn im Titel dieses Buches von „elementar" die Rede ist, dann ist damit gemeint, dass wir uns stattdessen auf Kurven und Flächen in der Ebene und im dreidimensionalen Raum beschränken werden, die man sich konkret vorstellen und im Allgemeinen auch grafisch darstellen kann. Man könnte auch sagen, dass wir uns größtenteils mit *klassischer* Differentialgeometrie beschäftigen werden, wie sie zur Zeit von Gauß aussah.[1]

Bei der Stoffauswahl habe ich mich an den drei Büchern [Pre10], [Gra06] und [Bär10] orientiert, die ich alle sehr gut finde. (Siehe Seite 233.) [Gra06] sticht dabei auch noch durch die Fülle an Beispielen und Grafiken sowie durch den Einsatz eines Computeralgebrasystems hervor. Allerdings sind diese Bücher für Studenten der Mathematik in höheren Semestern geschrieben.[2] Wir werden in vorliegenden Buch wesentlich weniger Themen abdecken und dabei auch nicht immer so präzise und stringent vorgehen, wie es für ein Mathematikstudium nötig wäre. Sie sollen zwar lernen, dass genaue Formulierungen und Beweise in der Mathematik wichtig sind, aber ab und zu werden wir uns auch mit anschaulichen Argumenten zufriedengeben.

[1] Der hier abgebildete Carl Friedrich Gauß wurde 1777 in Braunschweig als Sohn armer Eltern geboren und konnte nur dank der finanziellen Unterstützung durch den Landesherrn studieren. Er verbrachte den größten Teil seines Lebens als Professor an der Universität Göttingen und gilt heute als einer der wichtigsten Mathematiker aller Zeiten. Unter anderem wurde er durch seine Arbeiten über Flächen auch einer der Begründer der Differentialgeometrie. Der „krönende Abschluss" dieses Buches wird dann auch ein bedeutendes Theorem von Gauß sein.

[2] Sehr empfehlenswert ist in diesem Zusammenhang auch das fast 90 Jahre alte, aber immer noch angenehm zu lesende und wunderbar illustrierte Buch [Hil96], das nicht so streng mathematisch daherkommt wie die drei vorgenannten Bücher. Hilbert schreibt im Vorwort: „Der Leser soll gleichsam in dem großen Garten der Geometrie spazieren geführt werden, und jeder soll sich einen Strauß pflücken können, wie er ihm gefällt."

Warum Differentialgeometrie?

Differentialgeometrie für Informatiker? Brauchen die das überhaupt? Ist das nicht nur was für Mathematiker und vielleicht noch für Physiker?

Die folgenden Seiten sind entstanden als Skript für eine Mathematikvorlesung für Medieninformatiker im Masterstudium; genauer: für die Vorlesung *Mathematische Methoden der Computergrafik* im Studiengang *Digital Reality* an der Hochschule für Angewandte Wissenschaften Hamburg. Ich habe lange überlegt, welche Themen man sinnvollerweise in einer solchen Vorlesung behandeln sollte und wie man den Stoff am besten vermittelt. Es gibt zwar schon diverse Bücher, in denen es um Mathematik mit dem Schwerpunkt der Anwendung in der Computergrafik geht, aber die, die ich mir angeschaut habe, richten sich entweder an Autodidakten und fangen mathematisch bei Adam und Eva an (was für ein Masterstudium sicher unpassend wäre) oder sie fühlen sich wie ein inkohärentes Sammelsurium verschiedener Techniken an, die in der Hoffnung präsentiert werden, dass die Leser sie vielleicht mal brauchen werden.

Nach meiner Erfahrung haben aber auch die Studenten, die mit der Mathematik auf Kriegsfuß stehen, im Allgemeinen keine größeren Probleme damit, sich spezifische mathematischen Techniken anzueignen, wenn sie sie wirklich benötigen, z.B. für ein Projekt oder eine Abschlussarbeit. Solche Dinge, die man später *vielleicht* mal braucht, „auf Vorrat" zu lernen, halte ich für keine gute Idee. Natürlich kann auch ich Ihnen nichts präsentieren, was Sie später garantiert verwenden werden. Aber ich möchte Ihnen zumindest eine durchgehende mathematische „Story" erzählen und hoffe, dass Sie dabei im besten Falle wirklich *verstehen.* (Denn Mathematik „funktioniert" nur durch Verstehen, ansonsten rechnen Sie lediglich. Das können Computer besser.)

Wenn man die Grundlagen der Hochschulmathematik erst mal verdaut hat, dann eignet sich die klassische Differentialgeometrie ganz wunderbar dafür, in eine Teildisziplin der Mathematik etwas tiefer einzutauchen. Sie ist anschaulich und im Vergleich zu anderen Bereichen der modernen Mathematik ziemlich konkret. Und sie vereint in sich Methoden der drei großen Gebiete der Mathematik: in erster Linie Geometrie und Analysis, aber auch Algebra.

Ich hoffe, dass Sie durch die eingehende Beschäftigung mit diesen Themen ein tieferes Verständnis und einen „geometrischen Blick" entwickeln. Natürliche werden Sie dabei auch diverse Techniken erlernen, aber wichtiger ist mir, dass Sie eine bestimmte *Denkweise* erkennen, die Sie hoffentlich später mal gewinnbringend einsetzen können.

Und außerdem ist *diskrete* Differentialgeometrie sogar ein momentan recht „heißes" Thema in der Computergrafik. Schauen Sie sich dazu auf YOUTUBE mal ein paar der schönen Videos von Keenan Crane an oder lesen Sie den Übersichtsartikel [Cra17]. Dieses Buch wird Sie nicht in die Lage versetzen, gleich an der Spitze der Forschung mitmischen zu können, aber vielleicht bringt es Sie ja zumindest auf den Geschmack.

Einsatz des Computers

Schon in den Grundvorlesungen zur Mathematik im Bachelorstudium setze ich seit Jahren konsequent Computer ein und ich meine, dass diese Herangehensweise sinnvoll und erfolgreich ist. Nach meiner Erfahrung verstehen (zukünftige) Informatiker mathematische Konzepte häufig besser, wenn sie nicht nur „trocken“ rezipiert, sondern selbst am PC umgesetzt werden. Daher werde ich es auch in diesem Buch so halten. So oft wie möglich werden neue Begriffe oder Methoden nicht nur durch Grafiken visualisiert, sondern auch durch Programmbeispiele unterfüttert. Ein wesentlicher Bestandteil dieses didaktischen Ansatzes sind dabei die in den Text eingestreuten Aufgaben (bei denen Sie das „Rechnen“ gerne einem Computer überlassen können) sowie insbesondere die Programmierprojekte. Obwohl Letztere am Ende der Kapitel zu finden sind, sind sie nicht als „Anhängsel“ gedacht! Ich betrachte sie in meinen Vorlesungen als integralen Bestandteil und räume ihnen daher auch entsprechend viel Zeit ein. So sollten Sie es beim eigenständigen Durcharbeiten des Buches auch halten.

Damit dies aber ein Mathebuch bleibt und nicht zu einem Programmierkurs wird, muss ich davon ausgehen, dass Sie bereits programmieren können. Sie müssen keine bestimmte Programmiersprache kennen, aber mindestens in einer sollten Sie „verhandlungssicher“ sein. Mehr dazu in Kapitel 1.

Was sollte man mitbringen?

Für ein Buch dieser Art muss ich zwangsläufig gewisse mathematische Grundkenntnisse voraussetzen. Ich würde am liebsten sagen, dass man den Stoff beherrschen sollte, der in einem Bachelorstudium der Informatik oder einem verwandten Studiengang typischerweise gelehrt wird. Das wäre aber eine sehr vage Formulierung, weil es in diesem Bereich große Unterschiede zwischen verschiedenen Hochschulen, zwischen Fachhochschulen und Universitäten und zwischen verschiedenen Studiengängen gibt; und selbst an derselben Hochschule und im selben Fach setzt Professorin Müller vielleicht andere Schwerpunkte als Professor Schmidt.

Ich werde daher im Folgenden einen Minimalkonsens vorstellen, den ich voraussetze. Ich hoffe, dass Sie im Laufe Ihrer Schul- und Hochschulkarriere mit all diesen Themen schon mal in Berührung gekommen sind und dass Sie nicht alles wieder vergessen haben.

- Aus der klassischen (*synthetischen*) **Geometrie** sollten Sie sich an Sätze wie die von Thales und Pythagoras oder die Strahlensätze, an Konzepte wie Kongruenz und Ähnlichkeit und an grundlegende Beziehungen zwischen Winkeln und Seitenverhältnissen erinnern.

- Aus der **Trigonometrie** setze ich Kenntnisse über elementare Funktionen wie Sinus, Kosinus und Tangens und deren Umkehrfunktionen voraus. Auch von Grad und Bogenmaß sollte Sie schon mal gehört haben.

- Aus der **analytischen Geometrie** werden Sie den Umgang mit Koordinatensystem und Vektoren sowie mit Verknüpfungen wie dem Skalar- und dem Vektorprodukt benötigen.

- Aus der **linearen Algebra** werden wir insbesondere die Matrizen brauchen. Sie sollten z.B. wissen, wann eine Matrix regulär oder orthogonal ist, welcher Zusammenhang zwischen Matrizen und linearen Abbildungen besteht oder was Determinanten sind und welche geometrische Bedeutung diese haben.

- Schließlich gehe ich davon aus, dass Sie Grundkenntnisse der **Analysis** in einer Variablen haben. Das bedeutet, dass Sie wissen, was Grenzwerte, Ableitungen und Integrale sind, dass Sie z.B. schon mal von der Kettenregel gehört haben und dass Sie etwas über Polynome, Logarithmen und Exponentialfunktionen wissen.

Sie werden zugeben müssen, dass das nicht so viel ist. Einen wesentlichen Teil davon sollte sogar schon die Schule vermittelt haben. Es wird sich trotzdem nicht vermeiden lassen, dass manche Leser in einigen der obigen Bereiche Defizite haben. Die müssen sie dann nacharbeiten – das ist das Schicksal vieler Masterstudenten. Ich empfehle dafür ganz schamlos mein eigenes Buch [Wei18], das in so ziemlich jeder deutschen Hochschulbibliothek zumindest digital kostenlos zur Verfügung stehen sollte. Alles, was in [Wei18] *nicht* steht, wird hier erklärt werden.

Wenn es darum geht, tatsächlich etwas auszurechnen, etwa Determinanten oder Integrale, werden wir uns meistens nicht „die Hände schmutzig machen", sondern die Arbeit einem Computer überlassen. Daher wäre es ganz gut, wenn Sie schon mal mit einem Computeralgebrasystem gearbeitet hätten, wenn das auch keine zwingende Voraussetzung ist. Dieses Thema wird auch in [Wei18] behandelt.

Videos und QR-Codes

Die Vorlesung, in deren Rahmen dieses Buch entstanden ist, habe ich aufgezeichnet. Die so entstandenen Videos finden Sie jeweils anhand der QR-Codes an den entsprechenden Stellen im Buch. Sollte Ihnen also etwas beim Lesen nicht sofort klar sein, dann können Sie sich das quasi von mir „persönlich“ noch mal erklären lassen. Sie können sich darauf verlassen, dass in den Videos tatsächlich dieselben Dinge besprochen werden wie im Buch und dass auch dieselben Schreibweisen und Konventionen verwendet werden. Außerdem sollte sich das Buch dadurch auch zum Selbststudium eignen. Wenn Sie das Buch als PDF lesen, dann sind die QR-Codes gleichzeitig Links, die man anklicken kann.[3]

Danksagungen

Die Druckvorlage für dieses Buch wurde von mir selbst in LaTeX angefertigt. Die meisten Grafiken wurden direkt in LaTeX mittels PGF/TikZ erstellt.[4] Ich danke allen Entwicklern, die seit Jahrzehnten unentgeltlich und unermüdlich an der TeX-Infrastruktur arbeiten.

Als dieses Buch noch ein Vorlesungsskript war, haben Mike Boschanski, Xuan Linh Do, Iordanis Lazaridis und Vincent Schnoor mich auf Fehler hingewiesen, wofür ich mich hiermit bedanken möchte. Und ganz besonders gilt mein Dank Jörg Balzer und Mario Keller, die beide das gesamte Manuskript gewissenhaft durchgelesen und viele kleine und größere Fehler gefunden haben.

Trotzdem wird es in diesem Buch leider Fehler geben und die gehen natürlich auf meine Kappe. Wenn Sie einen finden (und sei es „nur“ ein Tippfehler), dann schicken Sie mir bitte eine Mail an `edmund.weitz@haw-hamburg.de`. Eine Liste der aktuell bereits bekannten Fehler finden Sie mittels des QR-Codes am Rand.

Zum Schluss wieder mein herzlicher Dank an meine liebe Frau, die – wie schon für [Wei18] – viele schöne Illustrationen von Mathematikern beigesteuert und dadurch das Buch erheblich aufgewertet hat; und die immer viel Geduld mit mir haben muss, wenn ich tagaus tagein in der einen oder anderen Form mit Mathematik beschäftigt bin.

Hamburg, im August 2019 Edmund Weitz

[3] Auch Querverweise und URLs kann man in der PDF-Version anklicken. Ich habe aber aus ästhetischen Gründen darauf verzichtet, Links in einem aufdringlichen Blau einzufärben.

[4] Lediglich einige wenige 3D-Ansichten von Flächen wurden mit dem kommerziellen Computeralgebrasystem MATHEMATICA generiert.

Inhaltsverzeichnis

1 Visualisierung mit dem Computer

> Computers are good at following instructions, but not at reading your mind.
>
> Donald Knuth

Da sich dieses Buch vornehmlich an Studentinnen und Studenten der Informatik richtet, soll möglichst oft der Computer zur Darstellung geometrischer Sachverhalte eingesetzt werden.[1] Dabei geht es natürlich darum, dass man die jeweiligen Beispiele *sieht* und somit das Lernen und Verstehen durch Visualisierung unterstützt wird. In erster Linie bin ich allerdings davon überzeugt, dass man am besten lernt, wenn man nicht nur passiv rezipiert, sondern aktiv selbst etwas *macht*. Und was wäre im Kontext der Informatik dafür besser geeignet als das Schreiben kleiner Programme?

Wenn Sie mit einer Programmiersprache schon gut vertraut sind, dann sollten Sie vielleicht einfach diese Programmiersprache verwenden, um die Beispiele aus dem Buch nachzuprogrammieren oder die Programmierprojekte zu bearbeiten. Es kann aber natürlich auch nicht schaden, eine neue Sprache zu lernen. Ich werde die folgenden technischen Hilfsmittel einsetzen:

- Zum „Herumspielen" mit geometrischen Objekten eignet sich GeoGebra sehr gut. Diese Software kann man sowohl offline als App installieren als auch online im Browser (`https://www.geogebra.org/`) einsetzen. Ich werde an verschiedenen Stellen auf die Verwendung von GeoGebra eingehen.

[1] Das gilt insbesondere auch für die Programmierprojekte, mit denen die Kapitel enden!

E. Weitz, *Elementare Differentialgeometrie (nicht nur) für Informatiker*,
https://doi.org/10.1007/978-3-662-60463-2_1

Auch Computeralgebrasysteme wie MATHEMATICA sind im Allgemeinen besonders gut für Visualisierungen geeignet. In diesem Buch werde ich allerdings ausschließlich Software einsetzen, die kostenlos erhältlich ist.

- Umfangreichere Berechnungen mit dem Computer werden ab und zu in PYTHON durchgeführt werden. Das gilt sowohl für numerische Approximationen als auch für exakte algebraische Berechnungen, weil PYTHON mit SYMPY über ein integriertes Computeralgebrasystem verfügt. PYTHON ist eine weit verbreitete und leicht zu lernende Programmiersprache. Wenn Sie [Wei18] durchgearbeitet haben, wissen Sie alles über PYTHON, was man für das vorliegende Buch wissen muss.

Hauptsächlich geht es in den Programmbeispielen in diesem Buch aber um die grafische Darstellung und auch die Animation geometrischer Objekte. Dafür werden wir P5.JS verwenden und darum wird es auch im Rest dieses Kapitels gehen.

P5.JS ist die JAVASCRIPT-Variante von PROCESSING. PROCESSING wiederum ist eine Entwicklungsumgebung für grafische Applikationen, die im gewissen Sinne eine vereinfachte Version von JAVA ist. PROCESSING wurde im Jahr 2001 am MIT entwickelt und war anfänglich in erster Linie für „Nicht-Programmierer" aus den Bereichen Kunst und Design gedacht. P5.JS ist die „offizielle" Portierung von PROCESSING von JAVA nach JAVASCRIPT und kann daher direkt in jedem modernen Webbrowser ausgeführt werden.[2]

Um die Programmbeispiele im Buch zu verstehen, sollten Sie Grundkenntnisse in JAVASCRIPT haben. Da JAVASCRIPT nach wie vor die einzige universelle Programmiersprache für Interaktion im Browser ist, halte ich solche Kenntnisse ohnehin für unabdingbar. Es gibt unzählige gute Bücher und Onlinekurse zu JAVASCRIPT. Ich persönlich finde das Buch [Hav18] sehr gut, das man kostenlos unter der URL `http://eloquentjavascript.net/` lesen oder auch in gedruckter Form kaufen kann. Wenn Sie sich aber für ein anderes Buch entscheiden, ist das natürlich auch OK. Sie sollten lediglich darauf achten, dass Sie eine möglichst aktuelle Version von JAVASCRIPT (offiziell eigentlich ECMASCRIPT) lernen. Das Buch sollte nicht älter als zwei Jahre sein.

Nun aber zu P5.JS! Unter der URL `http://weitz.de/v/p5t` finden Sie eine Vorlage, die aus drei Dateien besteht. Diese werden wir durchgehend verwenden. Die Idee ist, dass wir in der Datei `code.js` arbeiten und die anderen beiden Dateien gar nicht anrühren. Um im Browser ein Ergebnis zu sehen, reicht dann ein Doppelklick auf `index.html` bzw. das Aktualisieren der bereits be-

[2]Es spricht im Prinzip auch nichts dagegen, direkt mit PROCESSING zu arbeiten, wenn Ihnen das z.B. mehr zusagt, weil Sie JAVA besser beherrschen als JAVASCRIPT. Die Unterschiede zwischen PROCESSING und P5.JS sind relativ gering.

trachteten Seite im Browser. `code.js` kann mit einem beliebigen Texteditor Ihrer Wahl bearbeitet werden.

`code.js` ist anfangs leer bis auf die folgenden beiden Funktionen, die nur als „Skelett“ vorhanden sind.

```
function setup() {
}

function draw() {
}
```

Die Grundidee von P5.JS ist, dass `setup`[3] einmal am Anfang aufgerufen wird, während `draw` kontinuierlich immer wieder ausgeführt wird. Daher eignet sich `draw` dafür, ohne großen Aufwand Animationen zu erzeugen. Wir fangen aber zunächst mal mit ganz einfachen, nicht animierten Grafiken an und fügen in `setup` eine Zeile hinzu:

```
function setup() {
  line(0, 0, 30, 30);
}
```

Nach dem Laden von `index.html` sollten Sie auf dem Bildschirm nun eine diagonal verlaufende schwarze Linie sehen.

Der Rest des Browserfensters ist weiß. (Wie viel Platz die obige Linie im Vergleich zum umgebenden Weißraum einnimmt, hängt von Größe und Auflösung Ihres Bildschirms ab.) Der Befehl `line(a,b,c,d)` zeichnet eine gerade Linie, die die Punkte `(a,b)` und `(c,d)` verbindet. Welche Bedeutung Koordinaten wie `(a,b)` in P5.JS haben, werden wir gleich sehen.

Aufgabe 1: Löschen Sie die `line`-Zeile in `setup` und fügen Sie sie stattdessen in `draw` ein. Was passiert, wenn Sie die Seite neu laden?

Wir werden in Zukunft der Empfehlung der P5.JS-Entwickler folgen und alle Befehle, die etwas auf den Bildschirm zeichnen, von `draw` ausführen lassen.

[3] Wenn wie hier ein P5.JS-Befehl zum ersten Mal im Fließtext erwähnt wird, ist er in der PDF-Version des Buches anklickbar. Die Links führen zu den entsprechenden Stellen in der offiziellen Befehlsreferenz mit Code-Beispielen und näheren Erläuterungen.

Nun fügen wir eine Zeile hinzu, so dass `code.js` insgesamt folgendermaßen aussieht:

```
function setup() {
}

function draw() {
  background(240);
  line(0, 0, 30, 30);
}
```

Das führt zu folgendem Ergebnis:

Der Befehl `background` setzt die Hintergrundfarbe fest. Mit 240 ist hier ein Grauwert zwischen 0 (schwarz) und 255 (weiß) gemeint. (Es gibt diverse andere Wege, in P5.JS Farben anzugeben, zu denen wir bei Bedarf kommen werden.) Durch das Färben können wir nun die „Leinwand" (engl. *canvas*) von P5.JS erkennen. Dabei handelt es sich um ein Quadrat von 100 × 100 Pixeln. Im Allgemeinen haben alle P5.JS-Anweisungen, die etwas auf dem Bildschirm ausgeben, nur Auswirkungen auf diesen Bereich. Wie Sie sich wahrscheinlich schon gedacht haben, kann man die Größe der Leinwand ändern, dafür ist `createCanvas` da:

```
function setup() {
  createCanvas(400,400);
}
```

An unserem Beispiel kann man auch erkennen, dass das Koordinatensystem, dass P5.JS verwendet, leider eine andere Orientierung hat als die in der Mathematik übliche – die y-Achse zeigt nach unten:

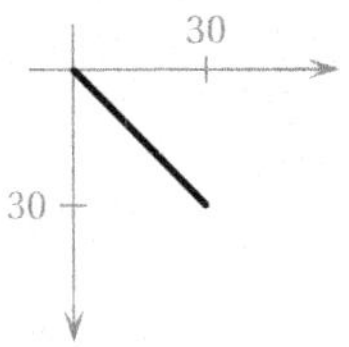

Das werden wir nun ändern. Dazu setzen wir eine grundlegende Technik von P5.JS ein: Koordinatentransformationen. Mit dem Befehl `translate` kann man z.B. den Ursprung des Koordinatensystems verschieben. Fügen Sie dazu diesen Befehl als erste Zeile in `draw` ein:

```
translate(width / 2, height / 2);
```

Wie wir sehen, wird dadurch der Mittelpunkt um die Hälfte der Breite der Leinwand nach rechts und um die Hälfte der Höhe nach unten geschoben. Gleichzeitig zeigt das Beispiel auch, dass uns diese Maße in den globalen Variablen `width` und `height` zur Verfügung stehen.

Mit `scale` können wir zudem *skalieren*. Die x- und y-Koordinaten werden mit den entsprechenden Faktoren multipliziert:

```
function draw() {
  background(240);
  translate(width / 2, height / 2);
  scale(4, 4);
  line(0, 0, 30, 30);
}
```

Aufgabe 2: Wie kann man mithilfe von `scale` erreichen, dass die y-Achse in die mathematisch korrekte Richtung (also nach oben) zeigt?

Wie Sie bemerkt haben werden, hat das Skalieren auch einen Nebeneffekt, der nicht immer erwünscht ist: Im Beispiel eben wurde die Linie nicht nur viermal so lang, sondern auch viermal so dick. Die Breite von Linien wird in P5.JS mit `strokeWeight` gesteuert und wir können diesem Nebeneffekt entgegenwirken, indem wir die Linienbreite umgekehrt proportional zur Skalierung verringern. Wir werden daher in Zukunft typischerweise so vorgehen:

```
function draw() {
  background(240);
  let scaleFactor = width / 10;
  translate(width / 2, height / 2);
  scale(scaleFactor, -scaleFactor);
  strokeWeight(1 / scaleFactor);

  line(0, 0, 3, 2);
}
```

Der Wert 10 hat den Effekt, dass die Leinwand nun die „virtuelle“ Breite 10 hat, sich also von −5 bis 5 erstreckt. Beachten Sie, dass wir grundsätzlich davon ausgehen, dass die Leinwand quadratisch ist und beide Achsen denselben Maßstab haben.

Aufgabe 3: Koordinatentransformationen in P5.JS haben einen kumulativen Effekt. Probieren Sie aus, was passiert, wenn man die Reihenfolge von `scale` und `translate` vertauscht. Und was passiert, wenn man `scale` oder `translate` zweimal nacheinander ausführt? Experimentieren Sie ein bisschen herum!

Bevor wir mit der Mathematik beginnen können, müssen wir uns noch eine P5.JS-Funktionalität anschauen, die wir häufig brauchen werden. Man kann zwischen `beginShape` und `endShape` komplexe geometrische Formen definieren. Wir werden das vorerst nur in der einfachsten Variante – für Polygonzüge – einsetzen. Ersetzen Sie dafür den `line`-Befehl in unserem bisherigen Code durch diese Zeilen:

```
beginShape();
  vertex(0, 3); vertex(0, 0); vertex(2, 0);
  vertex(2, 1); vertex(1, 1); vertex(1, 3);
endShape();
```

Das sollte wie der Umriss des Buchstabens L aussehen. Offensichtlich wird mit `vertex` jeweils ein Punkt des Polygonzugs angegeben. Da wir das oft brauchen werden, lagern wir es in eine Hilfsfunktion aus:

```
function segments (points) {
  beginShape();
  for (let point of points)
    vertex(...point);
  endShape();
}
```

Das L von oben können wir nun so zeichnen:

```
segments([[0,3], [0,0], [2,0], [2,1], [1,1], [1,3]]);
```

Etwas störend ist noch, dass der vom Polygonzug umschlossene Bereich automatisch befüllt wird. Das können wir abstellen, indem wir in `setup` den Befehl `noFill` hinzufügen:

```
noFill()
```

Als Einführung in P5.JS soll das erst mal reichen. Weitere Funktionen, die wir ggf. brauchen werden, werden im Laufe des Buches peu à peu eingeführt.

Es gibt natürlich auch ein paar Bücher zu P5.JS, unter anderem [McC15] von den Autoren von P5.JS und PROCESSING; aber die sind eigentlich alle für Leser geschrieben, die noch nie programmiert haben. Wenn man schon etwas Erfahrung hat, reicht es wahrscheinlich, sich an der Befehlsreferenz zu orientieren, die man unter der URL `https://p5js.org/reference/` findet.

Projekte

Projekt P1: Zur Eingewöhnung würde ich Ihnen empfehlen, in P5.JS den Computerspielklassiker SNAKE zu implementieren. (Sollten Sie davon noch nie etwas gehört haben, finden Sie z.B. auf Wikipedia Informationen darüber.) Dafür brauchen Sie wahrscheinlich die P5.JS-Funktionen `keyPressed` und `square`.

Projekt P2: Die in diesem Kapitel vorgestellten Koordinatentransformationen werden in P5.JS intern mithilfe von Matrizen und homogenen Koordinaten realisiert.[4] Leider kann man sich aus technischen Gründen die aktuelle Transformationsmatrix nicht anzeigen lassen. In PROCESSING ist das jedoch mit dem Befehl `printMatrix` möglich. Dort könnte man unser P5.JS-Programm so schreiben:

```
void setup () {
  size(400, 400);
}

void draw () {
  background(240);
  float scaleFactor = width / 10;
  printMatrix();                          // Matrix anzeigen
  translate(width / 2, height / 2);
  printMatrix();                          // Matrix anzeigen
  scale(scaleFactor, -scaleFactor);
  printMatrix();                          // Matrix anzeigen
  strokeWeight(1 / scaleFactor);
```

[4] Homogene Koordinaten werden z.B. in Kapitel 32 von [Wei18] eingeführt.

```
  line(0, 0, 3, 2);
}
```

Sowohl in PROCESSING als auch in P5.JS können Sie jedoch den Befehl `applyMatrix` anwenden, um direkt eine Transformationsmatrix anzugeben.[5]

Ersetzen Sie die Befehle `translate` und `scale` (und je nach Ehrgeiz auch `rotate` oder `shearX`) durch selbstgeschriebene Funktionen, die mittels `applyMatrix` implementiert werden und die es Ihnen ermöglichen, jederzeit die aktuelle Transformationsmatrix anzuzeigen.

[5] Ein Beispiel dafür sehen Sie in Programmierprojekt P15.

2 Kurven

> Was eine Kurve ist, glaubt jeder Mensch zu wissen – bis er so viel Mathematik gelernt hat, daß ihn die unzähligen möglichen Abnormitäten verwirrt gemacht haben.
>
> Felix Klein

In diesem Kapitel wollen wir in erster Linie definieren, was *Kurven* sind. Wir machen das für Kurven in Räumen beliebig hoher Dimension, aber wir werden uns in den folgenden Kapiteln auf Kurven in der zweidimensionalen Ebene $\mathbb{R}^2$ und im dreidimensionalen Anschauungsraum $\mathbb{R}^3$ konzentrieren. Obwohl der Begriff der Kurve anschaulich relativ leicht zu vermitteln ist, wird sich herausstellen, dass eine präzise Definition etwas Nachdenken erfordert. Außerdem sei darauf hingewiesen, dass es je nach Teilgebiet der Mathematik unterschiedliche Definitionen des Begriffs *Kurve* gibt. Unsere wird natürlich eine für die Differentialgeometrie passende sein, aber selbst innerhalb dieser Disziplin gibt es subtile Unterschiede. Wenn Sie also andere Bücher zur Differentialgeometrie konsultieren, sollten Sie sich zunächst vergewissern, dass die Autoren über dieselben Dinge sprechen wie wir hier.

Vielleicht wird durch die folgenden Seiten auch deutlich werden, dass es für das mathematische Arbeiten wichtig, aber nicht immer einfach ist, eine gute *Definition* der grundlegenden Begriffe zu finden. Durch Definitionen legen die Mathematiker die Fachsprache fest, mit der sie untereinander kommunizieren und in der sie Sätze und Beweise formulieren. Definitionen können nicht „falsch" sein, aber sie können umständlich sein oder schlimmstenfalls sogar in die Irre führen – wohingegen gute Definitionen im Idealfall die Arbeit sogar erleichtern.

E. Weitz, *Elementare Differentialgeometrie (nicht nur) für Informatiker*,
https://doi.org/10.1007/978-3-662-60463-2_2

Anmerkung: Übrigens sollte man sich mathematische Forschung nicht so vorstellen, dass am Anfang die Festlegung der Begriffe steht. Meistens ist es eher umgekehrt: Erst dann, wenn in einem Teilgebiet genügend berichtenswerte Resultate vorliegen, finden sich im Allgemeinen Menschen, die diese Ergebnisse in Vorlesungen, Übersichtsartikeln oder Büchern zusammenfassen und dabei die unterschiedlichen Ansätze und Bezeichnungen verschiedener Kollegen vereinheitlichen. Mit der Zeit wird sich dann typischerweise ein Konsens darüber herausbilden, welches die am besten passenden Begriffe sind.

Uneinigkeit über die „richtige" Fachsprache bedeutet aber nicht, dass nicht miteinander geredet werden kann. So waren sich im 18. Jahrhundert z.B. Christian Goldbach und Leonard Euler nicht darüber einig, ob die Eins eine Primzahl sein sollte oder nicht. Das hat sie aber nicht daran gehindert, über Jahrzehnte einen produktiven wissenschaftlichen Briefwechsel zu pflegen. (Der Konsens heutzutage ist übrigens, dass man sich für Eulers Sichtweise, dass eins keine Primzahl ist, entschieden hat. Aber wie ich schon sagte: Das heißt nicht, dass Goldbachs Definition *falsch* war. Und es gibt in der Mathematik auch keine zentrale Institution wie etwa das *Bureau International des Poids et Mesures* in der Physik, die grundlegende Begriffe per Dekret festlegen könnte. Bis heute besteht selbst bei so einer einfachen Frage wie der, ob die Null als natürliche Zahl angesehen werden sollte, keine Einigkeit unter den Mathematikern...)

ZURÜCK ZU DEN KURVEN: Mit einer Kurve soll so ein „eindimensionales Gebilde" gemeint sein:

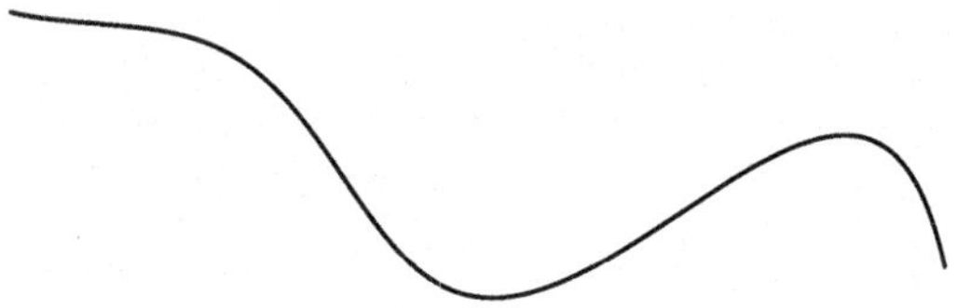

Im Allgemeinen versteht man darunter in der Mathematik die Menge der (unendlich vielen) Punkte, aus denen dieses geometrische Objekt besteht. So etwas kennen wir schon aus der Schule als *Graph* einer Funktion. Die Vorstellung einer Kurve als Graph einer Funktion ist aber nicht immer ausreichend. Wir wissen, dass das hier z.B. *nicht* der Graph einer Funktion ist, würden so eine Figur aber auch gerne als Kurve bezeichnen.

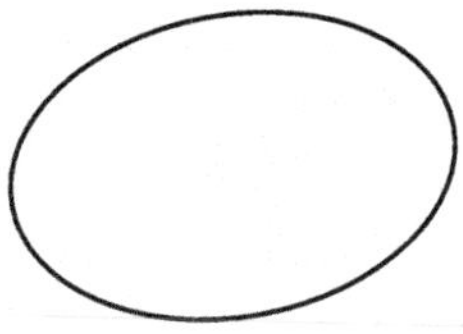

Aufgabe 4: *Warum* ist die Ellipse nicht der Graph einer Funktion?

Ein weiteres Beispiel: In der folgenden Skizze sehen wir links eine Punktmenge, die *nicht* der Graph einer Funktion ist, und rechts daneben dieselbe Punktemenge um 90° gedreht, die sich als Graph der Funktion $x \mapsto x^2$ interpretieren lässt.

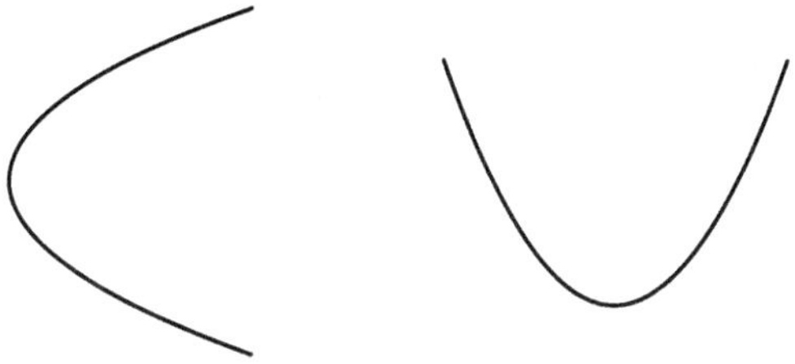

Es wäre widersinnig, eines der beiden Objekte als Kurve anzusehen und das andere nicht, weil dann die Frage, ob etwas eine Kurve ist, von der Wahl des Koordinatensystems abhinge.

Daher verwenden wir stattdessen sogenannte *Parameterdarstellungen* bzw. *Parametrisierungen.* Das haben Sie sicher auch schon mal gesehen. Ist z.B. $\boldsymbol{f}$ die Funktion von $[0, 2\pi)$ nach $\mathbb{R}^2$, die den Wert t auf $(\cos t, \sin t)$ abbildet,[1] so ist der Wertebereich von $\boldsymbol{f}$ der *Einheitskreis.*

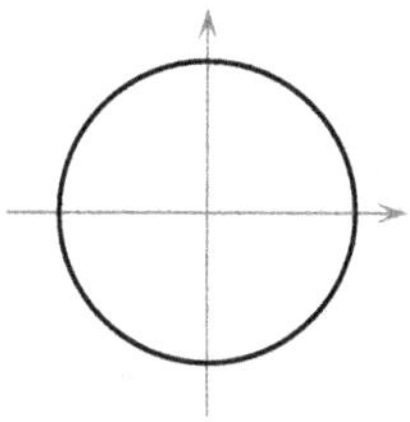

t ist hier der *Parameter* (den wir in diesem Fall als Winkel interpretieren können) und zu jedem Parameter gehört ein Punkt in der Ebene.

Wie versprochen wollen wir das nun gleich am Computer umsetzen, und zwar in P5.JS. Dafür verwenden wir in diesem Kapitel durchgehend den folgenden Code für `setup` sowie die Funktion `segments` aus Kapitel 1.

```
let scaleFactor = 1;
const max = 5;

function setup() {
  createCanvas(500, 500);
  scaleFactor = width / max / 2;
  strokeWeight(1 / scaleFactor);
```

[1] Ich werde im Buch in der Schreibweise nicht immer streng unterscheiden zwischen Vektoren und Punkten. Man hätte jetzt vielleicht präziser $(\cos t, \sin t)^T$ schreiben oder aber den Funktionswert als Spaltenvektor darstellen sollen, aber meistens spare ich mir das.

```
  noFill();
}
```

Wir haben `scaleFactor` als globale Variable deklariert und ersparen uns dadurch, `strokeWeight` in jedem Aufruf von `draw` erneut aufzurufen. Den Wert 500 können Sie an die Auflösung Ihres Bildschirms anpassen.

Um den Einheitskreis wie oben zu zeichnen, können wir so vorgehen:[2]

```
function draw() {
  background(240);
  translate(width / 2, height / 2);
  scale(scaleFactor, -scaleFactor);

  let P = [];
  for (let t = 0; t <= 2 * PI; t += 0.03) {
    P.push([cos(t), sin(t)]);
  }
  segments(P);
}
```

Hier durchläuft der Parameter t die Werte von 0 bis 2π in kleinen Schritten. Wir berechnen jeweils den zugehörigen Punkt $(\cos t, \sin t)$ und fügen ihn einer Liste von Punkten hinzu, die wir anschließend an `segments` übergeben. (Die Kurve wird also durch sehr viele kleine Geradenstücke dargestellt.)

Aufgabe 5: Experimentieren Sie mit der Schrittweite im obigen Code. Was ändert sich, wenn Sie 0.03 durch 0.1 oder 0.5 ersetzen?

Aufgabe 6: Wie oben erwähnt beruht unsere Umsetzung darauf, dass man die Kurven, die der Computer für uns zeichnen soll, gut durch eine Abfolge kleiner Geradenstücke annähern kann. Unsere Vorstellung ist also, dass die Grafik eine umso bessere Darstellung der tatsächlichen Situation ist, je kürzer die Geradenstücke sind (und je höher ggf. die Bildschirmauflösung ist). Kommt Ihnen das bekannt vor? Welche Funktionen sehen „unter dem Mikroskop“ wie Geraden aus?

Da wir immer wieder Kurven auf diese Art zeichnen werden, werden wir das obige Vorgehen als separate Funktion auslagern:

[2] Falls Sie sich mit JAVASCRIPT auskennen, ist Ihnen vielleicht aufgefallen, dass hier `cos` und nicht `Math.cos` steht. P5.JS bietet viele mathematische Funktionen an. Manchmal handelt es sich nur um eine „Abkürzung“, die das Tippen des Präfix `Math` erspart, manchmal steckt aber auch mehr dahinter – siehe z.B. `angleMode`.

```
function drawCurve (f, a, b, n = 200) {
  segments([...Array(n+1).keys()].map(k => f(a+(b-a)*k/n)));
}
```

Der Parameter läuft hier von a bis b und das Intervall $[a,b]$ wird in n gleiche Teile zerlegt. Die letzten fünf Zeilen von `draw` können wir nun durch eine ersetzen:

```
  drawCurve(t => [cos(t), sin(t)], 0, 2*PI);
```

Der Code wird dadurch nicht nur übersichtlicher, sondern es wird auch klarer, was genau wir machen: Die Funktion f – das erste Argument von `drawCurve` – bildet den Parameter $t \in [a,b]$ auf einen Punkt $f(t) \in \mathbb{R}^2$ ab.

Um noch deutlicher zu machen, *wo* in der Ebene die Kurve liegt, zeichnen wir noch die Koordinatenachsen ein. Dafür fügen wir vor dem Aufruf der Funktion `drawCurve` diese Zeilen hinzu:

```
  stroke(200);
  line(-max, 0, max, 0);
  line(0, -max, 0, max);
  stroke(0);
```

Die P5.JS-Funktion `stroke` ändert die Linienfarbe. Die Achsen werden in einem hellen Grau gezeichnet, die Kurve selbst ist schwarz.

Wir können nun auch ein bisschen herumspielen und f verändern:

```
  drawCurve(x => [3*sin(2*x), 2*cos(3*x)], 0, 2*PI);
```

Das sollte das folgende Ergebnis liefern, eine sogenannte *Lissajous-Figur*:

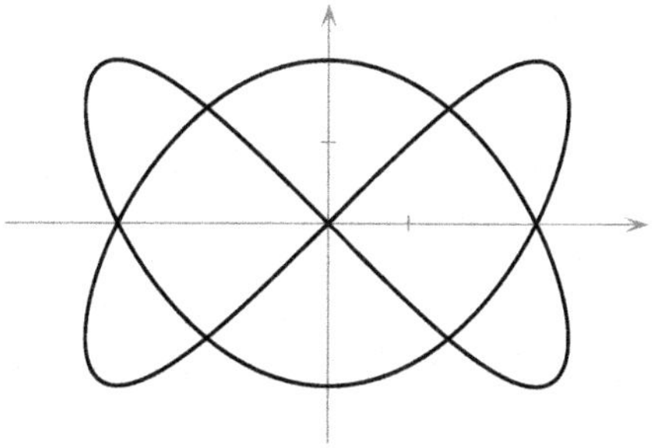

Anmerkung: Sie können auch einfach in GEOGEBRA `(3sin(2t),2cos(3t))` eintippen und das System wird dann „verstehen", was Sie meinen, und Ihnen auch zeigen, wie Sie die Kurve explizit hätten eingeben sollen:

```
Curve((3sin(2t), 2cos(3t)), t, 0, 2π)
```

Vielleicht probieren Sie ja mal herum, um zu sehen, wie die Kurve aussieht, wenn Sie ihre Definition ein bisschen abändern.

Um Kurven besser verstehen zu können, ist es manchmal sehr hilfreich, wenn man den Parameter t als „Zeit" interpretiert. Das wollen wir nun animiert darstellen. Dafür führen wir ganz am Anfang der Datei (vor `setup`) mit

```
let k = 0;
```

eine neue globale Variable ein. Außerdem fügen wir am Anfang von `draw` die beiden Zeilen

```
  k %= 1;
  clear();
```

ein. Dadurch wird der Wert von k um 1 verringert, falls er größer als 1 sein sollte. Durch den P5.JS-Befehl `clear` wird außerdem der Inhalt der Leinwand komplett gelöscht.

Schließlich ersetzen wir den Aufruf von `drawCurve` durch diese Zeilen:

```
  k += .01;
  drawCurve(t => [3*sin(2*t), 2*cos(3*t)], 0, k*2*PI);
```

Der Unterschied zum bisherigen Code ist, dass der Parameter t nun nicht die Werte von 0 bis 2π, sondern von 0 bis $2k\pi$ durchläuft, wobei k selbst langsam von 0 bis 1 ansteigt und dann wieder bei 0 beginnt.

Aufgabe 7: Ändern Sie das Programm so ab, dass man statt einer Kurve nur einen Punkt sieht, der den Weg der Kurve durchläuft. Einen Punkt können Sie in P5.JS mit der Funktion `circle` zeichnen.[3] Ersetzen Sie dafür ggf. `noFill()` durch `fill(0)`.

Aufgabe 8: Ändern Sie die Geschwindigkeit des Punktes aus Aufgabe 7. Man kann das machen, indem man den Wert 0.01, der zu k addiert wird, variiert. Man kann aber auch (in `setup`) die Funktion `frameRate` aufrufen. Probieren Sie beides aus.

[3] Es gibt auch eine Funktion namens `point`, aber deren Punkte kann man nicht skalieren.

Man könnte nun definieren, dass eine Kurve eine Funktion von einer Teilmenge der reellen Zahl nach $\mathbb{R}^n$ sein soll. Das ist aber noch nicht ganz das, was wir haben wollen. Die durch $t \mapsto (t, \lfloor t \rfloor)$ definierte Funktion von $[0,3]$ nach $\mathbb{R}^2$ wäre dann auch eine Kurve:

Das will man nicht. Daher lässt man nur *stetige* Funktionen zu. Auch das ist aber noch nicht ausreichend, denn auch die folgende Funktion ist stetig:[4]

$$: \begin{cases} [0,1] \cup [2,3] \to \mathbb{R}^2 \\ t \mapsto \begin{cases} (t,t) & t \leq 1 \\ (t,t-2) & t \geq 2 \end{cases} \end{cases}$$

Um so etwas zu vermeiden, fordert man, dass der Definitionsbereich einer Kurve ein echtes Intervall sein muss.[5]

Schließlich möchte man auch noch, dass man die Funktion mit den Mitteln der Analysis untersuchen kann – darum spricht man ja von *Differential*geometrie. Man lässt also nur *differenzierbare* Funktionen zu.[6]

BEVOR WIR NUN zur endgültigen Definition kommen, sind wohl ein paar Worte zur mathematischen Terminologie angebracht. Wir reden hier über *Stetigkeit* und *Differenzierbarkeit* von Funktionen, deren Werte Vektoren sind. Bisher kennen Sie diese Begriffe aber vielleicht nur im Zusammenhang mit Funktionen, die reelle Zahlen auf reelle Zahlen abbilden. Wir werden später noch im Detail darauf eingehen, was es bedeutet, dass eine Funktion, die Vektoren auf Vektoren abbildet, stetig oder differenzierbar ist. Solange es um Kurven geht, haben wir es aber „nur" mit Funktionen zu tun, die reelle Zahlen auf Vektoren abbilden. Daher kommen wir vorerst mit den folgenden Schreibweisen und Fakten aus:

- Funktionen, deren Werte Vektoren sind, nennt man vektorwertig. Aus didaktischen Gründen werden sie in diesem Buch fett gedruckt – wir werden also z.B. $\boldsymbol{f}$ statt f schreiben. (Sie können aber nicht davon ausgehen, dass das in allen Büchern so gemacht wird.)
- Sind die Werte einer Funktion Vektoren aus $\mathbb{R}^n$, so besteht sie aus n sogenannten Komponentenfunktionen. Die durch $\boldsymbol{f}(t) = (\cos t, \sin t)$ de-

[4] Sie ist stetig, wenn man für den Definitionsbereich die *Teilraumtopologie* zugrunde legt.

[5] Topologisch heißt dass, das der Definitionsbereich *zusammenhängend* ist. Da die Funktion stetig sein soll, impliziert das, dass ihr Wertebereich auch zusammenhängend ist.

[6] Es gibt aber noch einen weiteren Grund dafür, dass man nicht alle stetigen Funktionen zulässt. Siehe dazu die Ausführungen zur sogenannten *Hilbert-Kurve* am Ende dieses Kapitels.

finierte Parameterdarstellung des Kreises von vorhin hat beispielsweise Funktionswerte in $\mathbb{R}^2$ und die Komponentenfunktionen $f_1(t) = \cos t$ und $f_2(t) = \sin t$. Die i-te Komponentenfunktion von $\boldsymbol{f}$ gibt also an, wie sich die i-te Komponente des Vektors $\boldsymbol{f}(t)$ verhält. Geometrisch ist sie die Projektion der Funktion auf die i-te Koordinatenachse.

Komponentenfunktionen sind daher reellwertig und wir werden für sie immer denselben Buchstaben wie für die Funktion selbst nehmen, ihn aber nicht fett drucken und stattdessen einen Index anhängen.

- *Stetigkeit* bedeutet auch für vektorwertige Funktionen dasselbe wie im eindimensionalen Fall: Wenn man das Argument der Funktion nur ein bisschen ändert, dann ändert sich der Funktionswert auch nur ein bisschen. Der Unterschied ist nur, dass diese kleine Änderung nun ein Abstand von Vektoren und nicht von Zahlen auf dem Zahlenstrahl ist.

  Anschaulich können Sie für die Funktionen, um die es bei der Theorie der Kurven geht, bei der folgenden vertrauten Vorstellung bleiben: Stetigkeit bedeutet, dass man die Funktion „in einem Strich" zeichnen kann, ohne den Stift absetzen zu müssen.

- Eine Funktion von $A \subseteq \mathbb{R}$ nach $\mathbb{R}^n$ ist genau dann stetig, wenn ihre Komponentenfunktionen alle stetig sind. Das lässt sich ganz einfach damit begründen, dass der Abstand zweier Punkte nach Pythagoras von den Projektionen des Abstandes auf die Achsen abhängt.

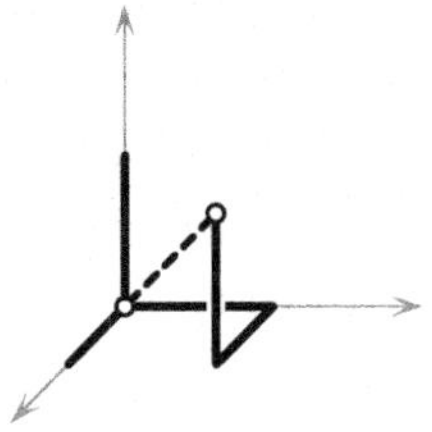

  In der Skizze wird der Abstand zweier Punkte im Anschauungsraum $\mathbb{R}^3$ als gestrichelte Linie dargestellt. Die Projektionen sind die durchgezogenen dicken Linien. Es ist offensichtlich, dass der Abstand sich nicht stark ändern kann, wenn die projizierten Abstände sich nur ein bisschen ändern. Und umgekehrt können die auch nicht stark variieren, wenn der Gesamtabstand sich kaum ändert.

- Bevor wir das später noch mal präzise festzurren, behelfen wir uns hier mit einer anschaulichen „Definition" der Differenzierbarkeit: Eine Funktion $\boldsymbol{f}$ von $A \subseteq \mathbb{R}$ nach $\mathbb{R}^n$ ist in einem Punkt *differenzierbar*, wenn man an diesem Punkt eine Tangente anlegen kann. Die Ableitung ist in dem Fall ein Vektor, der in Richtung der Tangente zeigt.[7]

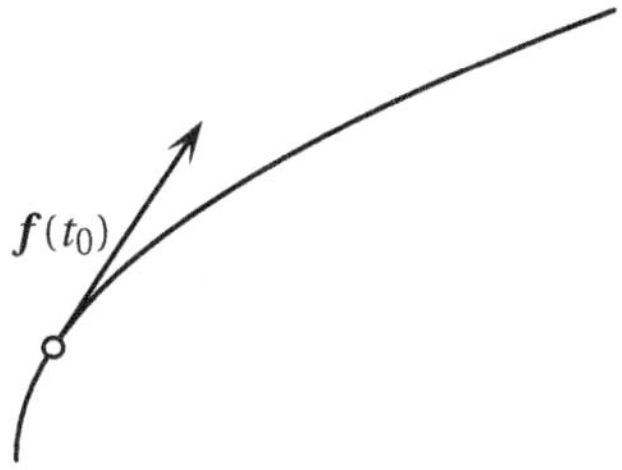

- Für die Ableitung so einer Funktion im Punkt t_0 werden wir $\boldsymbol{f}'(t_0)$ schreiben. Wie bei der Stetigkeit kann man leicht begründen, dass $\boldsymbol{f}$ bei t_0 genau dann differenzierbar ist, wenn alle Komponentenfunktionen von $\boldsymbol{f}$ an dieser Stelle differenzierbar sind. Auch die Ableitung lässt sich einfach angeben:

$$\boldsymbol{f}'(t_0) = (f_1'(t_0), f_2'(t_0), f_3'(t_0), \ldots, f_n'(t_0))$$

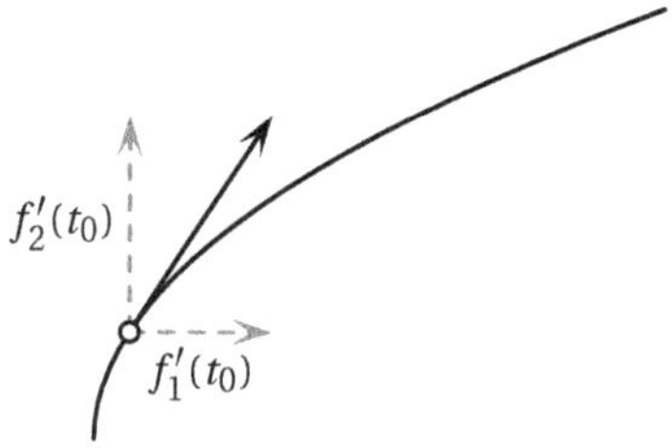

  Entsprechend kann man auch von *stetiger Differenzierbarkeit* und von der zweiten, dritten oder k-ten Ableitung sprechen. Eine Funktion, deren k-te Ableitung für jedes $k \in \mathbb{N}$ existiert, nennt man glatt bzw. englisch *smooth*.[8]

- Nebenbei folgt aus den obigen Ausführungen, dass wie im eindimensionalen Fall jede im obigen Sinne differenzierbare Funktion stetig ist.

NACH DIESEN VORBEMERKUNGEN kommen wir nun endlich zur Definition: Eine parametrisierte Kurve ist eine glatte Funktion von einem echten Intervall nach $\mathbb{R}^n$.

Ein paar Anmerkungen dazu, weil es sich um einen zentralen Begriff handelt:

---

[7] Das kann gar nicht wirklich eine Definition sein, weil man dafür zunächst klären müsste, was genau eine *Tangente* eigentlich ist. Wenn man das machen will, stellt man aber fest, dass man dafür die Ableitung bräuchte. Da beißt sich die Katze in den Schwanz…

[8] In manchen Büchern zur Differentialgeometrie hat sich die Konvention durchgesetzt, statt *glatt* einfach *differenzierbar* zu sagen und damit nicht zwischen *einmal differenzierbar* und *unendlich oft differenzierbar* zu unterscheiden. Wir werden das hier nicht machen, aber beim Lesen anderer Lehrbücher müssen Sie evtl. vorsichtig sein.

- Parametrisierte Kurven sind nach dieser Definition *Funktionen.* Die „Gebilde“, von denen am Anfang des Kapitels die Rede war, sind die *Wertebereiche* solcher Funktionen, die wir auch als ihre Spuren bezeichnen werden.

- Die Forderung, dass parametrisierte Kurven glatt sein müssen, ist nicht unbedingt nötig. Daher werden Sie in anderen Büchern ggf. auch abweichende Definitionen finden. Bei den meisten Aussagen, die wir auf den nächsten Seiten beweisen werden, reicht es, wenn die beteiligten Funktionen einmal oder zweimal stetig differenzierbar sind. Ich werde das nicht immer explizit erwähnen, aber Sie können sich zur Übung ja mal überlegen, inwieweit Voraussetzungen abgeschwächt werden können.

- Manche Autoren erlauben auch Funktionen, die nur *stückweise differenzierbar* sind. Damit ist gemeint, dass die Funktionen aus endlich vielen differenzierbaren Stücken stetig zusammengesetzt sind. Das könnte z.B. so aussehen:

  $$:\begin{cases}[-2,2]\to\mathbb{R}^2\\ t\mapsto(t,\sqrt{|t|})\end{cases}$$

  Auch das werden wir nicht machen. Aber auch hier kann man sich in vielen Fällen selbst überlegen, dass die von uns bewiesenen Sätze auch für solche Funktionen gelten.

- Viele Autoren lassen als Definitionsbereiche von parametrisierten Kurven nur *offene* Intervalle zu. Das erleichtert später das präzise Formulieren und Beweisen, weil Differenzierbarkeit im Allgemeinen nur für offene Intervalle definiert ist. Da wir in diesem Buch nicht immer ganz so streng vorgehen, kommen auch Intervalle wie $[0,2\pi]$ vor.[9]

- Das Adjektiv *parametrisiert* gehört eigentlich fest zum gerade definierten Begriff dazu. In [Bär10] wird z.B. unterschieden zwischen *parametrisierten Kurven* und *Kurven,* die Äquivalenzklassen von parametrisierten Kurven sind. (Siehe Aufgabe 25.) Wir werden das aber nicht machen. Wenn in diesem Buch von Kurven die Rede ist, dann sind damit immer parametrisierte Kurven im Sinne dieses Kapitels gemeint.

- Beim Sprechen über Kurven müssen wir etwas aufpassen. Ich werde gelegentlich von einem Punkt $\boldsymbol{\alpha}(t)$ auf einer parametrisierten Kurve $\boldsymbol{\alpha}$ sprechen. Rein technisch ist damit der Funktionswert gemeint, also ein Element des Raums $\mathbb{R}^n$ wie etwa $(1,2)$. Die Lissajous-Figur hat aber gezeigt,

[9] Man kann das so wie in [Gra06] handhaben, wo beliebige Definitionsbereiche unter der Voraussetzung erlaubt sind, dass es eine glatte Fortsetzung der Funktion gibt, die auf einem offenen Intervall definiert ist. Zur Bedeutung des Begriffs *offen* siehe auch Kapitel 5.

dass manchmal Punkte mehrfach „besucht" werden. Es wird sich später herausstellen, dass die Kurve an dieser Stelle zu verschiedenen „Zeiten" unterschiedliche Eigenschaften (z.B. Geschwindigkeit oder Krümmung) haben kann. Mit einer Formulierung wie „der Punkt $\boldsymbol{\alpha}(t)$" ist daher implizit auch immer der zugehörige Parameter t gemeint.

NUN HABEN WIR EINE DEFINITION und wir haben auch schon Beispiele gesehen: Alle Objekte, die wir in diesem Kapitel mit P5.JS gezeichnet haben, sind parametrisierte Kurven im obigen Sinne. Damit wir nicht vergessen, dass in der Definition $\mathbb{R}^n$ und nicht etwa $\mathbb{R}^2$ steht, dass es also nicht ausschließlich um *ebene* Kurven geht, zeigt Abbildung 2.1 zwischendurch exemplarisch die Spur einer parametrisierten Kurve im Raum. Diese Schraubenlinie, die sich um die

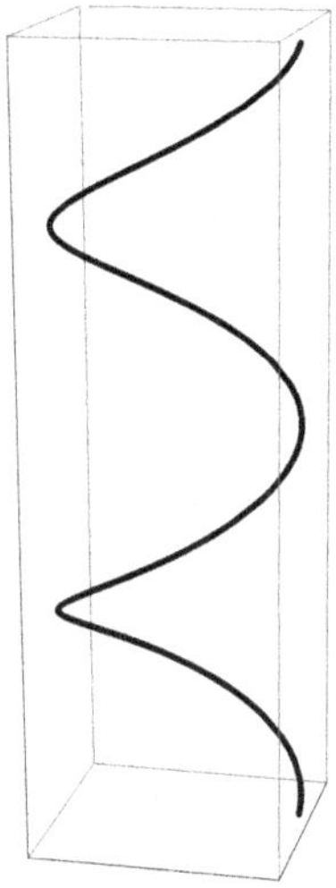

Abbildung 2.1

senkrecht stehende z-Achse herumwickelt und die man Helix nennt, hat die folgende Darstellung:

$$: \begin{cases} [-2\pi, 2\pi] \to \mathbb{R}^3 \\ t \mapsto (\cos t, \sin t, t) \end{cases}$$

Anmerkung: In GEOGEBRA müssen Sie dafür einfach nur `(cos(t),sin(t),t)` eingeben. Probieren Sie das aus und modifizieren Sie den Definitionsbereich oder die Funktion selbst, um zu sehen, was passiert!

Ein weiteres wichtiges Beispiel für eine parametrisierte Kurve ist die Verbindungsstrecke zweier Punkte, wie sie in Abbildung 2.2 dargestellt ist.

Aufgabe 9: Denken Sie zunächst mal selbst darüber nach, wie man die Strecke von $\boldsymbol{p}$ nach $\boldsymbol{q}$ als parametrisierte Kurve darstellen kann, wenn $\boldsymbol{p}$ und $\boldsymbol{q}$ zwei verschiedene Punkte in der Ebene sind.

Die Antwort auf die obige Frage sollten Sie aus der linearen Algebra kennen. Man kann das Intervall $[0,1]$ als Definitionsbereich nehmen und darauf die Funktion $\boldsymbol{\alpha}(t) = (1-t)\boldsymbol{p} + t\boldsymbol{q}$ definieren. Das ist im Prinzip die aus der linearen Algebra bekannte *Punkt-Richtungs-Form* einer Geraden mit $\boldsymbol{\alpha}(0) = \boldsymbol{p}$ und $\boldsymbol{\alpha}(1) = \boldsymbol{q}$. Und es funktioniert natürlich nicht nur in der Ebene sondern auch in höheren Dimensionen.

Aufgabe 10: Man muss als Definitionsbereich für eine Verbindungsstrecke nicht das Intervall $[0,1]$ wählen, jedes andere beschränkte Intervall würde es auch tun. Allerdings ist $[0,1]$ im gewissen Sinne das natürlichste Intervall für diesen Zweck. Geben Sie trotzdem zur Übung eine parametrisierte Kurve an, die die Punkte $(3,-4)$ und $(5,2)$ verbindet und deren Definitionsbereich das Intervall $[-2,6]$ ist.

Aufgabe 11: Wir haben bereits (am Beispiel der Ellipse) gesehen, dass sich nicht jede Spur einer ebenen parametrisierten Kurve als Graph einer Funktion darstellen lässt. Umgekehrt gilt aber: Ist f eine glatte Funktion von einem echten Intervall I nach $\mathbb{R}$, so ist der Graph von f die Spur einer parametrisierten Kurve. Begründen Sie das, indem Sie die parametrisierte Kurve konkret angeben.

Die durch $\boldsymbol{\beta}(t) = (0,0)$ auf $[0,1]$ definierte Funktion ist nach der obigen Definition auch eine parametrisierte Kurve. Ihr Wertebereich besteht aber nur aus einem einzigen Punkt. Das will man eigentlich nicht. Man belässt es aber trotzdem bei der bisherigen Definition und führt stattdessen die sogenannten *regulären* Kurven ein, zu denen solche „entarteten“ Fälle nicht gehören.

Aufgabe 12: Man könnte zur Vermeidung solcher „Ein-Punkt-Kurven“ die Ideen haben, dass parametrisierte Kurven *injektiv* sein sollen, dass also kein Punkt von der Funktion mehrfach getroffen werden darf. Warum ist das keine gute Idee? Welche Kurve, die wir in diesem Kapitel schon gesehen haben, ist nicht injektiv?

Abbildung 2.2

Um das Konzept der Regularität zu verstehen, schauen wir uns an, wie wir uns die Ableitung einer parametrisierten Kurve geometrisch vorzustellen haben. Dafür betrachten wir als Beispiel die durch $\boldsymbol{\alpha}(t) = (t^2, 3t/2)$ auf dem Intervall $[0,2]$ definierte Funktion. Die Ableitung ist $\boldsymbol{\alpha}'(t) = (2t, 3/2)$ und an der Stelle $t_0 = 1/2$ ergibt das z.B. $\boldsymbol{\alpha}'(t_0) = (1, 3/2)$.

Welche Bedeutung haben diese Zahlen? Die erste Komponente von $\boldsymbol{\alpha}'(t)$ ist die Ableitung der ersten Komponentenfunktion α_1 von $\boldsymbol{\alpha}$. Der Wert 1 gibt also die *momentane Änderungsrate* von α_1 zum „Zeitpunkt" t_0 an, d.h. in diesem Moment hat sich die Kurve mit der „Geschwindigkeit" 1 nach rechts bewegt. Ebenso hat sie sich mit der „Geschwindigkeit" 3/2 nach oben bewegt.

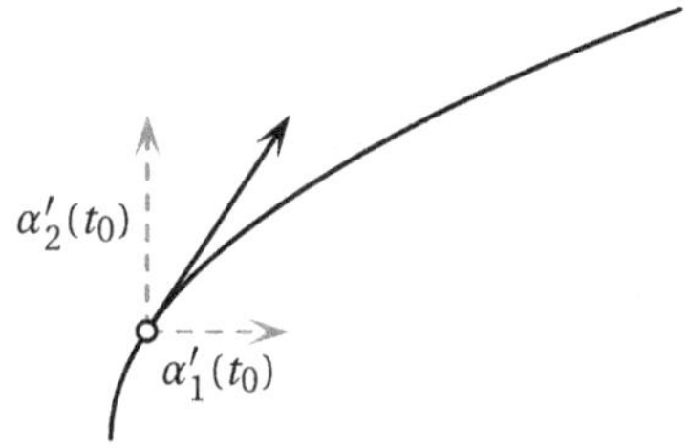

Es ist daher sinnvoll (und entspricht auch der Praxis in der Physik), die Ableitung $\boldsymbol{\alpha}'(t)$ einer Kurve als *Geschwindigkeitsvektor* zu betrachten. Stellen Sie sich vor, Sie fahren mit dem Fahrrad auf der Kurve lang und lassen zum Zeitpunkt t_0 den Lenker los. Der *Vektor* $\boldsymbol{\alpha}'(t_0)$ zeigt dann in die Richtung, in die Sie weiterfahren würden. Und die Norm $\|\boldsymbol{\alpha}'(t_0)\|$ dieses Vektors gibt Ihr *Tempo* an.[10]

Aufgabe 13: Wenn Sie die Strecke von $\boldsymbol{p} = (2,1)$ nach $\boldsymbol{q} = (4,0)$ wie oben mit dem Definitionsbereich $[0,1]$ parametrisieren, was für einen Geschwindigkeitsvektor würden Sie dann zum Zeitpunkt $t = 0$ erwarten? Und wie müsste es zum Zeitpunkt $t = 1$ aussehen? Rechnen Sie nach, ob das Ergebnis Ihren Erwartungen entspricht.

Aufgabe 14: Man kann die Strecke aus der letzten Aufgabe zum Beispiel auch durch die Funktion $\boldsymbol{\delta}(t) = (1-t^2)\cdot\boldsymbol{p} + t^2\cdot\boldsymbol{q}$ mit $t \in [0,1]$ parametrisieren. Was kann man jetzt über die Geschwindigkeit aussagen?

Aufgabe 15: Mit welchem Tempo bewegt man sich, wenn man den Einheitskreis gemäß der bisher verwendeten Parametrisierung $\boldsymbol{\alpha}(t) = (\cos t, \sin t)$ abfährt?

Nun können wir definieren, was mit einer regulären parametrisierten Kurve gemeint sein soll: Das ist eine, bei der der Geschwindigkeitsvektor nie der Nullvektor ist. Anschaulich gesprochen bleibt Ihr Fahrrad auf solchen Kurven nie

[10] Im Englischen würde man von *velocity* und *speed* sprechen.

stehen. Damit ist natürlich die konstante Funktion von vorhin ausgeschlossen. Aber auch die folgende Kurve ist *nicht* regulär:

Sie sieht zwar so ähnlich aus wie die stückweise differenzierbare Funktion von Seite 18, ist aber im Gegensatz zu dieser überall differenzierbar. (Siehe dazu Aufgabe 16.) Sie hat jedoch eine sogenannte *Spitze* (engl. *cusp*), an der die Geschwindigkeit verschwindet.

Dieses Beispiel zeigt auch, dass die Differenzierbarkeit einer Kurve nicht impliziert, dass sie aussieht wie der Graph einer differenzierbaren Funktion von $\mathbb{R}$ nach $\mathbb{R}$. Solche Graphen haben nämlich keine „Ecken" oder „Knicke", weil es an jedem Punkt eine Tangente gibt. Bei Kurven sorgt dafür erst die Regularität. Den Begriff *glatt* sollte man also nicht zu wörtlich nehmen.

Aufgabe 16: Das Beispiel für eine nicht reguläre Kurve, das wir gerade gesehen haben, beruht auf der folgenden im Intervall $[0.01\pi, 0.99\pi]$ definierten Funktion $\boldsymbol{\alpha}$:

$$t \mapsto \boldsymbol{\alpha}(t) = \begin{pmatrix} \cos t + \ln(\tan(t/2)) \\ \sin t \end{pmatrix}$$

Lassen Sie sich $\boldsymbol{\alpha}$ in P5.JS oder in GEOGEBRA zeichnen. Überzeugen Sie sich außerdem davon, dass diese Funktion auf ihrem gesamten Definitionsbereich differenzierbar ist.

Die anderen Beispiele, die wir bisher gesehen haben, sind aber regulär. Im gewissen Sinne sind die regulären Kurven der „Normalfall", mit dem wir uns in erster Linie beschäftigen werden. Es gibt allerdings eine Klasse von Kurven, die noch schönere Eigenschaften haben. Das sind die, bei denen der Geschwindigkeitsvektor immer die Norm 1 hat. Solche Kurven nennt man nach Bogenlänge parametrisiert[11] (im Englischen auch *unit speed curves*).

Der „Klassiker" ist in diesem Fall der Kreis vom Anfang des Kapitels. Dessen Geschwindigkeitsvektor zum Zeitpunkt t ist $(-\sin t, \cos t)$ und die Norm dieses Vektors ist $\sin^2 t + \cos^2 t = 1$. Die anderen Beispiele, die wir bisher gesehen haben, sind jedoch alle *nicht* nach Bogenlänge parametrisiert. Wir werden aber demnächst ein Verfahren kennenlernen, mit dem wir aus regulären Kurven immer solche machen können, die nach Bogenlänge parametrisiert sind.

Aufgabe 17: Geben Sie eine reguläre parametrisierte Kurve an, deren Spur der Einheitskreis ist, die aber *nicht* nach Bogenlänge parametrisiert ist.

[11] Die Bedeutung dieses etwas sperrigen Begriffs wird demnächst geklärt werden.

Wir hatten uns schon vorgestellt, mit einem Fahrrad auf einer Kurve entlangzufahren. Nehmen wir konkret die Funktion $\boldsymbol{\alpha}(t) = (1-t)\boldsymbol{p} + t\boldsymbol{q}$ von vorhin für die Verbindungsstrecke von $\boldsymbol{p}$ und $\boldsymbol{q}$ und stellen uns t als Zeit vor. Dass der Definitionsbereich das Intervall $[0,1]$ ist, könnte bedeuten, dass Sie um Mitternacht im Punkt $\boldsymbol{p}$ losfahren und eine Stunde später bei $\boldsymbol{q}$ ankommen. Mithilfe von $\boldsymbol{\alpha}$ könnten Sie errechnen, zu welchem Zeitpunkt Sie wo sind. Zur Zeit $t = 1/4$ („um 00:15 Uhr“) haben Sie z.B. ein Viertel der Strecke geschafft.

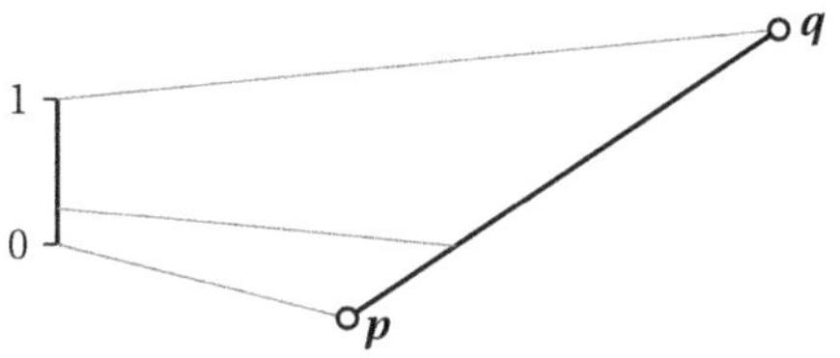

Nun wollen Sie aber vielleicht eine halbe Stunde später losfahren, die Strecke aber in derselben Zeit zurücklegen. Das kann man dadurch erreichen, dass man das Intervall $[0.5, 1.5]$ durch die Abbildung $\varphi(t) = t - 0.5$ auf das Intervall $[0,1]$ abbildet. Die Komposition $\boldsymbol{\alpha} \circ \varphi$ ist dann eine parametrisierte Kurve mit den von Ihnen gewünschten „Reisedaten“. In der folgenden Skizze zeigen die gestrichelten Linien den Effekt von φ.

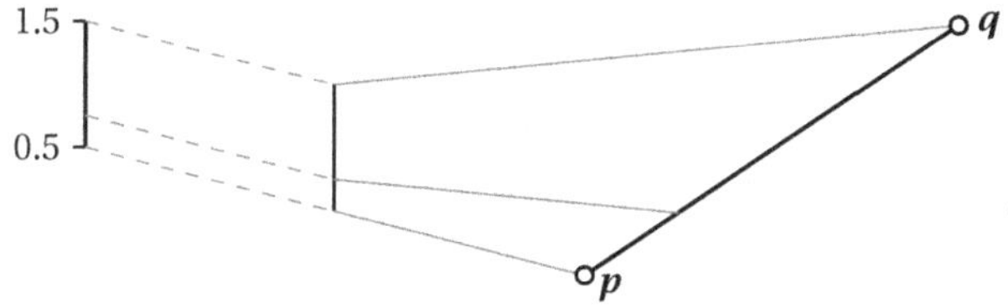

Oder Sie wollen eine halbe Stunde früher losfahren, sich aber doppelt so viel Zeit lassen. Auch das ist kein Problem. Bilden Sie $[-0.5, 1.5]$ durch die Funktion $\varphi(t) = (t + 0.5)/2$ auf $[0,1]$ ab.

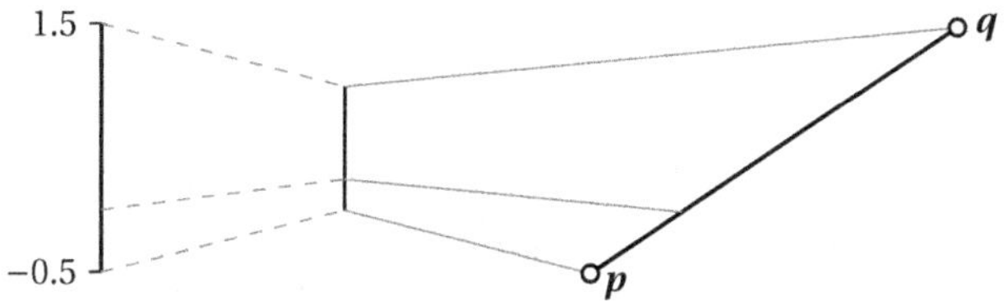

Und wie würde es aussehen, wenn Sie das Tempo variieren? Auch das kann man darstellen. Wählen Sie z.B. die Abbildung $\varphi(t) = \sqrt{t}$ vom Intervall $[0,1]$ auf sich selbst. Dann ändern sich Start- und Ankunftzeit nicht, aber nach einem Viertel der Zeit haben Sie bereits die Hälfte der Strecke zurückgelegt.

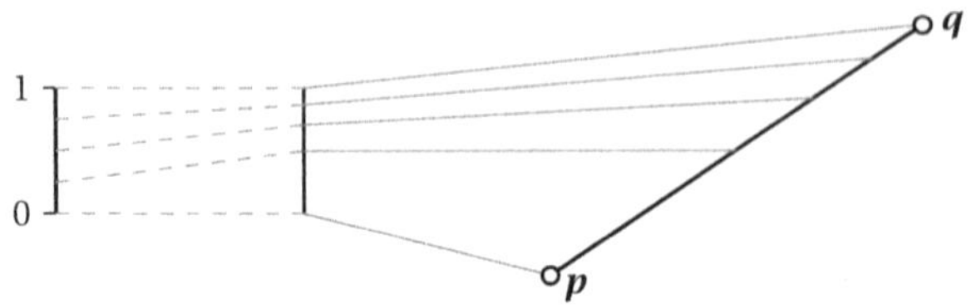

Sogar Ihre Rückfahrt lässt sich so modellieren. $\varphi(t) = 1 - t$ bildet ebenfalls $[0, 1]$ auf $[0, 1]$ ab, aber $\boldsymbol{\alpha} \circ \varphi$ beschreibt nun eine „Fahrt" von $\boldsymbol{q}$ nach $\boldsymbol{p}$ statt von $\boldsymbol{p}$ nach $\boldsymbol{q}$.

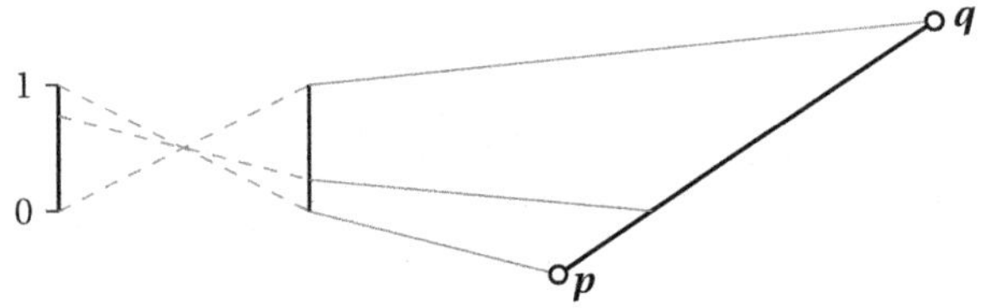

Was wir eben gemacht haben, lässt sich so beschreiben: Ist $\boldsymbol{\alpha} : I \to \mathbb{R}^n$ eine parametrisierte Kurve und J ein Intervall, so nennt man eine bijektive Abbildung φ von J auf I eine Parametertransformation von $\boldsymbol{\alpha}$, wenn sowohl φ als auch φ^{-1} glatt sind. Weil J durch φ surjektiv auf I abgebildet wird, hat $\boldsymbol{\beta} = \boldsymbol{\alpha} \circ \varphi$ denselben Wertebereich wie $\boldsymbol{\alpha}$. Und weil φ glatt ist, ist $\boldsymbol{\beta}$ auch glatt. $\boldsymbol{\beta}$ ist daher eine parametrisierte Kurve mit derselben Spur wie $\boldsymbol{\alpha}$ und wird eine Umparametrisierung von $\boldsymbol{\alpha}$ genannt.

φ soll aber auch injektiv sein, damit die Umkehrabbildung φ^{-1} existiert. Und diese soll zudem glatt sein. Das fordert man, damit φ^{-1} eine Parametertransformation von $\boldsymbol{\beta}$ und damit $\boldsymbol{\alpha}$ eine Umparametrisierung von $\boldsymbol{\beta}$ ist:

$$\boldsymbol{\beta} \circ \varphi^{-1} = (\boldsymbol{\alpha} \circ \varphi) \circ \varphi^{-1} = \boldsymbol{\alpha} \circ (\varphi \circ \varphi^{-1}) = \boldsymbol{\alpha} \tag{2.1}$$

Aufgabe 18: Eine von den vier „Umparametrisierungen" der obigen Fahrradtour war gemäß unserer Definition gar keine. Welche war das und wieso? Und wie könnte man das evtl. reparieren?

SCHAUEN WIR UNS DEN EFFEKT eine Parametertransformation in P5.JS an. Dazu greifen wir den Code von Seite 14 wieder auf. Damit wir vergleichbare Bezeichnungen benutzen, fügen wir am Anfang der Datei die Zeile

```
const a = t => [3*sin(2*t), 2*cos(3*t)];
```

hinzu und ersetzen den Aufruf von `drawCurve` durch diese Zeile:

```
drawCurve(a, 0, k*2*PI);
```

Wenn Sie sich die Animation jetzt anschauen, sollte sich nichts geändert haben. a ist nun der Name einer JAVASCRIPT-Funktion, die die Rolle von $\boldsymbol{\alpha}$ spielt.

Nun fügen wir am Anfang der Datei die Parametertransformationen φ hinzu:

```
const phi = t => 2*PI * t;
```

Und wir ändern erneut den Aufruf von `drawCurve`:

```
drawCurve(t => a(phi(t)), 0, k*1);
```

Die Animation hat sich nicht geändert, aber rein technisch zeichnen wir nun statt $\boldsymbol{\alpha}$ die Funktion $\boldsymbol{\alpha} \circ \varphi$, die den Definitionsbereich $[0,1]$ hat.

Wir können nun verschiedene Änderungen an φ vornehmen und jeweils den Effekt beobachten. Wir müssen lediglich darauf achten, dass nach der obigen Definition φ das Intervall $[0,1]$ bijektiv auf den Definitionsbereich $[0,2\pi]$ von $\boldsymbol{\alpha}$ abbilden muss. Hier sind ein paar Anregungen zum Ausprobieren:

```
const phi = t => 2*PI * (1-t);
const phi = t => 2*PI * t*t;
const phi = t => 2*PI * (3*t*t-2*t*t*t);
```

Aufgabe 19: Zwei der obigen Anregungen verletzen auch wieder die Bedingung, dass φ^{-1} glatt sein muss – siehe Aufgabe 18. Ersetzen Sie diese durch Funktionen, die tatsächlich Parametertransformationen sind und die annähernd denselben Effekt haben.

Aufgabe 20: Sei $\boldsymbol{p} = (0,2)$ und $\boldsymbol{q} = (3,-2)$ sowie $\boldsymbol{\alpha}$ die durch $\boldsymbol{\alpha}(t) = (1-t)\boldsymbol{p} + t\boldsymbol{q}$ auf dem Intervall $[0,1]$ definierte Verbindungsstrecke von $\boldsymbol{p}$ nach $\boldsymbol{q}$. Geben Sie eine Umparametrisierung von $\boldsymbol{\alpha}$ an, die nach Bogenlänge parametrisiert ist.

Aufgabe 21: Im Lösungshinweis der letzten Aufgabe stand „zum Beispiel". Wieso? Gibt es noch andere Möglichkeiten, die Aufgabe zu lösen?

Aufgabe 22: Oben wurde behauptet, dass $\boldsymbol{\beta} = \boldsymbol{\alpha} \circ \varphi$ glatt ist. Stimmt das? Begründen Sie, dass $\boldsymbol{\beta}$ differenzierbar ist, wenn $\boldsymbol{\alpha}$ und φ differenzierbar sind. (Hinweis: Wie sehen die Komponentenfunktionen von $\boldsymbol{\beta}$ aus?)

Ist $\varphi : I \to J$ eine Parametertransformation, so existiert φ^{-1} nach Definition und es gilt $\varphi^{-1} \circ \varphi = \mathrm{id}_I$. Außerdem ist die Ableitung der Identität natürlich 1. Mit der Kettenregel folgt für alle $x \in I$:

$$1 = \mathrm{id}'_I(x) = (\varphi^{-1} \circ \varphi)'(x) = \varphi'(x) \cdot (\varphi^{-1})'(\varphi(x))$$

Darum kann $\varphi'(x)$ offenbar nie verschwinden, denn sonst hätte man rechts ja ein Produkt stehen, dessen einer Faktor null wäre. Da φ' außerdem stetig sein muss, kann es nach dem Zwischenwertsatz nicht sein, dass $\varphi'(x)$ mal positiv und mal negativ ist. Die Ableitung einer Parametertransformation ist also entweder *immer* positiv oder *immer* negativ. Man spricht daher auch von positiven und negativen Parametertransformationen. Die positiven nennt man auch orientierungserhaltend. Den Grund dafür haben hoffentlich die obigen P5.JS-Beispiele klargemacht.

Aufgabe 23: Lassen Sie sich die parametrisierte Kurve $\boldsymbol{\beta}(t) = (\sin t, \cos t)$ für $t \in [0, 2\pi]$ zeichnen. Sie werden sehen, dass die Spur von $\boldsymbol{\beta}$ der Einheitskreis ist. Ebenfalls für $t \in [0, 2\pi]$ sei $\boldsymbol{\alpha}(t) = (\cos t, \sin t)$ die Parametrisierung vom Anfang des Kapitels. Begründen Sie, warum $\boldsymbol{\beta}$ keine Umparametrisierung von $\boldsymbol{\alpha}$ sein kann.

Aufgabe 24: Geben Sie eine Parametrisierung der Verbindungsstrecke zweier Punkte an, die *nicht* regulär ist.

Aufgabe 25: Falls Sie wissen, was eine Äquivalenzrelation ist: Begründen Sie, warum die Beziehung „ist Umparametrisierung von“ eine Äquivalenzrelation zwischen parametrisierten Kurven ist. Können reguläre und nicht reguläre parametrisierte Kurven in diesem Sinne äquivalent sein?

WEITER OBEN HATTEN WIR die Definition von parametrisierten Kurven als *glatte* Funktionen damit begründet, dass wir die Methoden der Analysis anwenden können wollen. Dass wir nicht beliebige *stetige* Funktionen zulassen, hat aber auch den Grund, dass diese sich sehr unintuitiv verhalten können. Ein klassisches Beispiel dafür ist die *Hilbert-Kurve*, die ich hier (informell) vorstellen möchte.[12] Dafür betrachten wir zunächst die Folge der sogenannten Hilbert-Polygone H_1, H_2, H_3 und so weiter.[13] Die ersten sechs Hilbert-Polygone werden in Abbildung 2.3 dargestellt (die letzten beiden in einem anderen Maßstab), wobei das graue Hintergrundquadrat die Fläche $Q = [0,1] \times [0,1]$ sein soll.

[12] Es handelt sich nicht um eine *Kurve* im Sinne unserer Definition, aber sie wird typischerweise so genannt und wir werden das auch machen. Benannt ist sie nach David Hilbert aus Königsberg, der Anfang des 20. Jahrhunderts der wohl einflussreichste Mathematiker der Welt war.

[13] Auch dieser Begriff wird hier anders als in üblichen mathematischen Zusammenhängen verwendet. Man müsste eigentlich von Polygon*zügen* sprechen.

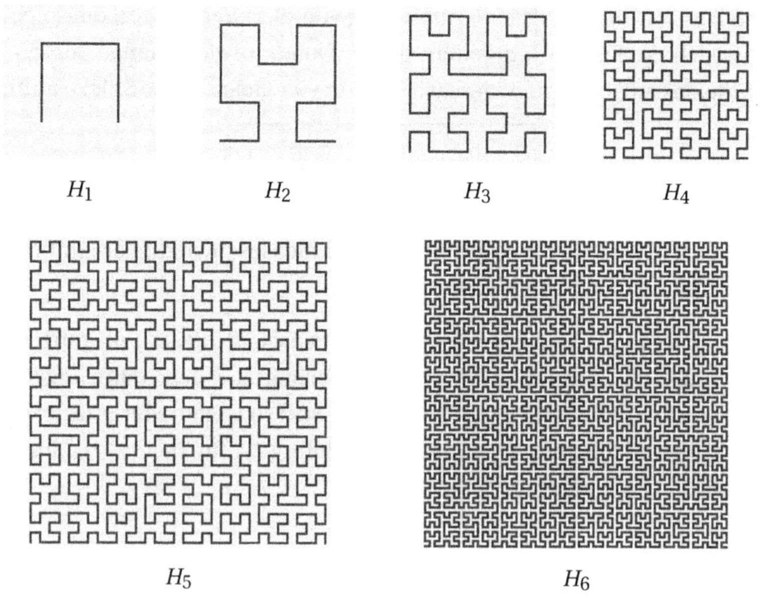

Abbildung 2.3

Das jeweils nächste Polygon H_{n+1} entsteht also immer durch rekursive Verfeinerung der vorherigen.[14] Zum besseren Verständnis habe ich die ersten drei Hilbert-Polygone in Abbildung 2.4 noch einmal dargestellt und dabei jeweils das Quadrat Q in Teilquadrate unterteilt. Außerdem wird durch Pfeile angedeutet, in welcher Richtung die Polygone durchlaufen werden sollen.

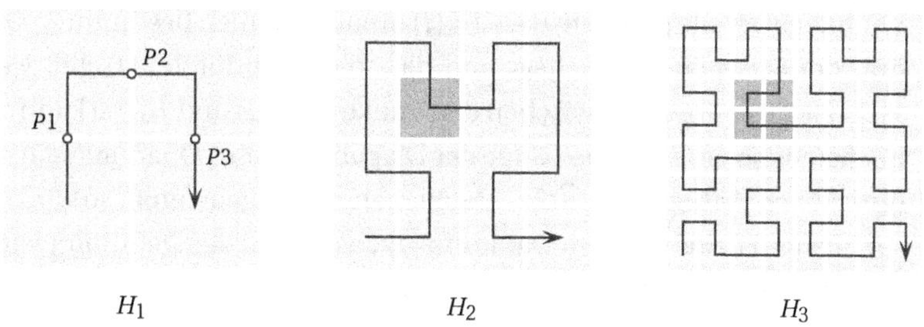

Abbildung 2.4

Für H_1 haben wir vier Teile, für H_2 16 Teile und für H_3 64. Allgemein unterteilen wir für H_n das Quadrat Q in 4^n gleich große Quadrate. Die entscheidende Beobachtung dabei ist, dass H_n jeweils *alle* 4^n Teilquadrate durchläuft und dass beim Wechsel von einem Teilquadrat zu einem anderen das nächste Teilquadrat immer ein *direkter Nachbar* des vorherigen ist.

[14] Mehr dazu im Programmierprojekt P4.

Nun stellen wir uns H_n als eine Abbildung von $[0,1]$ nach Q vor, die so gebaut ist, dass sich die Funktion in jedem der 4^n Quadrate gleich lange aufhält. Für H_1 würde das z.B. bedeuten, dass wir $[0,1]$ in vier gleich große Stücke aufteilen

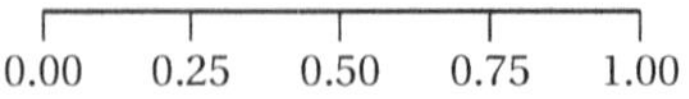

und dass $H_1(0)$ der Startpunkt ist, $H_1(1/4)$ der Punkt P_1, $H_1(1/2)$ der Punkt P_2 und so weiter. Zwischen diesen Punkten soll die Geschwindigkeit, mit der das Polygon durchlaufen wird, konstant sein.

Das führt zu einer weiteren essentiellen Eigenschaft dieser Polygone: Wenn $H_n(t)$ in einen bestimmten Quadrat der Seitenlänge 2^{-n} liegt, dann liegen auch die entsprechenden Werte $H_{n+1}(t)$, $H_{n+2}(t)$ und so weiter aller folgenden Polygone in diesem Quadrat. Das wird in Abbildung 2.4 für H_2 und H_3 durch die abgedunkelten Teilquadrate dargestellt.

Aufgabe 26: Für welche t liegen $H_2(t)$ und $H_3(t)$ in dem abgedunkelten Quadrat?

Nun können wir die Hilbert-Kurve H im folgenden Sinne als den Grenzwert der Hilbert-Polygone definieren:

$$H : \begin{cases} [0,1] \to Q \\ t \mapsto \lim\limits_{n\to\infty} H_n(t) \end{cases}$$

Darauf aufbauend können wir grob die drei wichtigsten Eigenschaften von H begründen:

- Wir haben gerade gesehen, dass $H_n(t)$ immer in einem bestimmten Quadrat der Seitenlänge 2^{-n} liegt und dass das auch für $H_m(t)$ gilt, wenn $m > n$ ist. Der Abstand zwischen den Punkten $H_n(t)$ und $H_m(t)$ kann also höchstens so groß wie die Länge der Diagonale dieses Quadrats sein und die ist nach Pythagoras $\sqrt{2}/2^n$. Macht man n genügend groß, so wird dieser Abstand beliebig klein. Daraus folgt, dass der in der Definition von H vorkommende Grenzwert immer existiert, dass es H also überhaupt gibt.
- Sind t_1 und t_2 zwei Punkte aus dem Intervall $[0,1]$, deren Abstand geringer als 4^{-n} ist, so liegen sie, wenn man $[0,1]$ in 4^n gleich große Teile unterteilt, entweder im selben Teilintervall oder in zwei benachbarten Teilintervallen. Daher liegen ihre Bilder $H_n(t_1)$ und $H_n(t_2)$ im selben Quadrat der Seitenlänge 2^{-n} oder in zwei benachbarten Quadraten dieser Art. Daher kann, wieder nach Pythagoras, der Abstand der Bildpunkte nicht größer als $\sqrt{5}/2^n$ sein. H ist also stetig.[15]

[15] Falls Ihnen der Begriff etwas sagt: Wir haben mit dieser Argumentation sogar gezeigt, dass H *gleichmäßig* stetig ist.

– Schließlich verbleibt noch zu zeigen, dass H *surjektiv* ist, dass also jeder Punkt in Q auch getroffen wird. Das machen wir anhand eines Beispiels, das man leicht verallgemeinern kann. Wir greifen uns dazu den Punkt $P = (1/3, 3/5)$ aus Q heraus. Dann schreiben wir die beiden Komponenten von P in Binärdarstellung auf:

$$1/3 = 0.\overline{01}_2 \quad = 0.010101010101010101010101\ldots$$
$$3/5 = 0.\overline{1001}_2 = 0.100110011001100110011001\ldots$$

Nun verwenden wir sukzessive die Nachkommastellen dieser Darstellungen, um damit jeweils Teilquadrate auszuwählen. Die Stellen der x-Komponente $1/3$ interpretieren wir als *links* (0) und *rechts* (1), die der y-Komponente $3/5$ als *unten* (0) und *oben* (1). Jede folgende Nachkommastelle wählt dabei immer eines der vier Teilquadrate des vorherigen Teilquadrats, beginnend mit Q selbst, aus.[16]

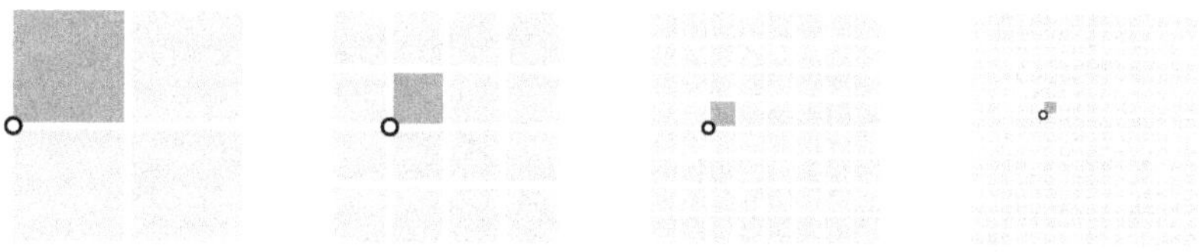

$(0.0, 0.1)$	$(0.01, 0.10)$	$(0.010, 0.100)$	$(0.0101, 0.1001)$
$t_1 = 1/4$	$t_2 = 7/16$	$t_3 = 30/64$	$t_4 = 120/256$

Zum n-ten Teilquadrat wählen wir jeweils einen Punkt t_n so aus, dass $H_n(t_n)$ in dem Teilquadrat liegt.[17] Man kann sich nun leicht überlegen, dass die Folge dieser t_n gegen eine Zahl t im Intervall $[0,1]$ konvergiert und dass $H(t)$ gerade P sein muss.

Die Hilbert-Kurve ist also stetig und trifft jeden Punkt im zweidimensionalen Quadrat Q. Sie ist ein Beispiel für eine sogenannte raumfüllende Kurve. Das entspricht aber eher nicht unserer intuitiven Vorstellung eines „eindimensionalen Gebildes".

Aufgabe 27: Ist H injektiv? (Hinweis: Ist die Binärdarstellung von Zahlen in $[0,1]$ immer eindeutig?)

Aufgabe 28: Als Ergänzung zur vorherigen Aufgabe: Können Sie einen Punkt benennen, bei dem die Kurve sogar viermal vorbeikommt?

[16] In der folgenden Skizze haben die markierten linken unteren Ecken der Teilquadrate jeweils die darunter angegebenen binären Koordinaten.

[17] Für die Skizze wurden die t_n so gewählt, dass $H_n(t_n)$ der Eintrittspunkt von H_n in das Teilquadrat ist.

Man kann übrigens beweisen, dass H *nirgends* differenzierbar ist. Und man kann auch zeigen, dass parametrisierte Kurven nach unserer Definition nicht raumfüllend sein können, dass ihr Wertebereich also keine zweidimensionale Fläche sein kann. Siehe dazu Aufgabe 33.

Projekte

Projekt P3: Ändern Sie die Animation der Lissajous-Figur so ab, dass nicht das Stück zwischen $\boldsymbol{\alpha}(0)$ und $\boldsymbol{\alpha}(2k\pi)$, sondern das zwischen $\boldsymbol{\alpha}(2k\pi - d)$ und $\boldsymbol{\alpha}(2k\pi)$ für einen festen Wert $d > 0$ gezeigt wird. Das erinnert dann an die Schlange aus Projekt P1.

Fügen Sie außerdem zwei achsenparallele Geraden hinzu, die dem „Kopf" der Schlange folgen. Daran kann man ganz gut die Schwingungen der beiden Komponentenfunktionen erkennen.

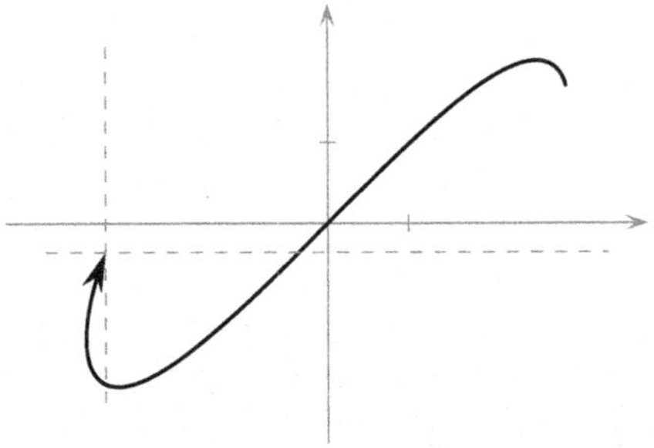

Projekt P4: Schreiben Sie ein Programm, das die am Ende dieses Kapitels beschriebenen Hilbert-Polygone zeichnen kann. Es ist empfehlenswert, dabei *rekursiv* vorzugehen: Im ersten Schritt zeichnen Sie einfach H_1. Für den nächsten Schritt stellen Sie sich H_1 wie in der folgenden Skizze links in vier Teile zerlegt vor und ersetzen Sie diese vier Teile durch kleine „Kopien" von H_1 wie in der mittleren Grafik. Die verbinden Sie dann wie in der rechten Grafik.

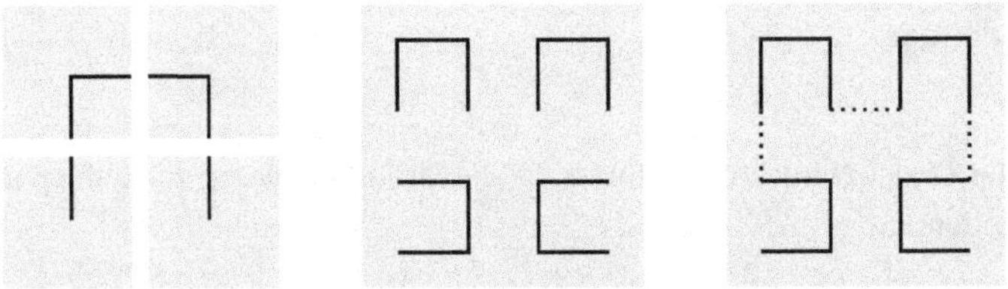

Für H_3 zerlegen Sie nun jede der vier Kopien wie eben wieder in vier Teile und wiederholen Sie den Vorgang. Und so geht es weiter.

3 Die Länge einer Kurve

Geometrie ist die Kunst, richtige Schlüsse aus falschen Skizzen zu ziehen.

Henri Poincaré

In Aufgabe 20 haben wir eine Umparametrisierung einer regulären parametrisierten Kurve gefunden, die nach Bogenlänge parametrisiert war. In diesem Kapitel werden wir sehen, dass das im Prinzip immer möglich ist. Dafür werden wir die *Länge* einer Kurve definieren. Es wird dann auch klar werden, was mit „Bogenlänge" gemeint ist.

Wir werden anschaulich begründen, wieso die Länge auf eine bestimmte Art und Weise definiert wird. Aber im Endeffekt wird es wie mit dem Begriff der Tangente sein: Wir haben für gewisse einfache Kurven eine klare Vorstellung davon, welche Länge sie haben. Für *beliebige* Kurven können wir deren Länge aber nur *per definitionem* festsetzen und dabei versuchen, es so zu machen, dass diese Definition für die einfachen Fälle mit dem übereinstimmt, was wir erwarten würden.

Aufgabe 29: Geben Sie eine glatte Funktion vom Intervall $(0, 1]$ nach $\mathbb{R}$ an, deren Funktionsgraph unendlich lang ist. (Verwenden Sie dafür Ihre intuitive Vorstellung von „Länge", weil dieser Begriff ja bisher nicht definiert wurde.)

Die einfachsten Kurven sind Verbindungsstrecken und für die gibt es in der linearen Algebra schon einen Längenbegriff: Die Strecke, die die Punkte $\boldsymbol{p}$ und $\boldsymbol{q}$ verbindet, hat die Länge $\|\boldsymbol{q} - \boldsymbol{p}\|$. Das ist die (euklidische) Norm des Verbin-

E. Weitz, *Elementare Differentialgeometrie (nicht nur) für Informatiker*,
https://doi.org/10.1007/978-3-662-60463-2_3

dungsvektors der beiden Punkte und die wird bekanntlich mithilfe des Satzes des Pythagoras berechnet:

$$\|(a_1, a_2, a_3, \ldots, a_n)\| = \sqrt{a_1^2 + a_2^2 + a_3^2 + \cdots + a_n^2} \tag{3.1}$$

Unser neuer Längenbegriff sollte für Strecken mit diesem übereinstimmen.

Sei nun $\boldsymbol{\alpha}$ eine beliebige parametrisierte Kurve. Für die Begründung werden wir nur Kurven in der Ebene betrachten, aber Sie werden sehen, dass das keine signifikante Einschränkung ist. Außerdem gehen wir davon aus, dass der Definitionsbereich von $\boldsymbol{\alpha}$ ein beschränktes Intervall der Form $[a, b]$ ist. (Aufgabe 29 hat gezeigt, warum diese Einschränkung sinnvoll ist.)

Wir teilen nun das Intervall $[a, b]$ in n Stücke auf, d.h. wir wählen Zahlen t_0 bis t_n mit $a = t_0$, $b = t_n$ und $t_i < t_{i+1}$ für alle $i \in 0, \ldots, n-1$. Wie die folgende Skizze zeigt, müssen die Stücke nicht dieselbe Breite haben:

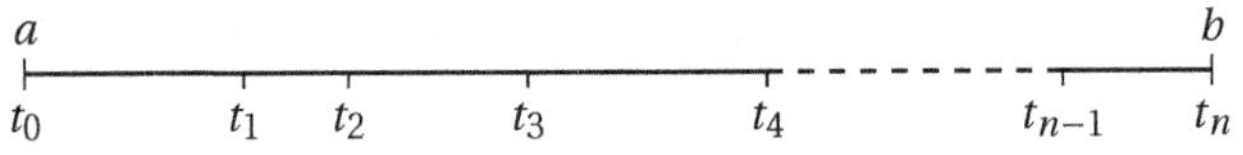

Dadurch unterteilen wir die Spur der Kurve ebenfalls in n Stücke. Den Abstand zwischen den Kurvenpunkten $\boldsymbol{\alpha}(t_i)$ und $\boldsymbol{\alpha}(t_{i+1})$ nennen wir Δs_i.

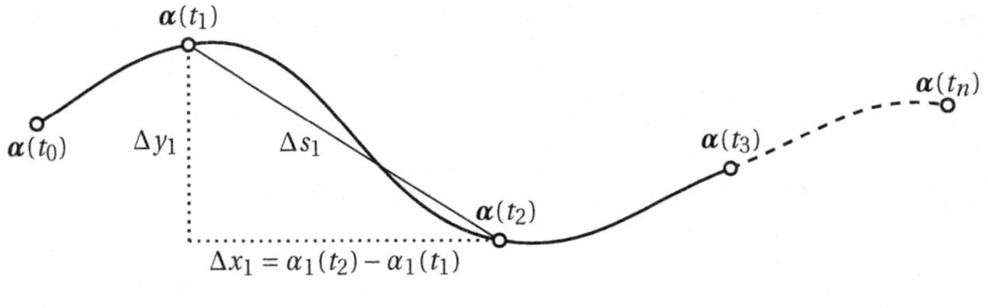

Mit (3.1) ergibt sich

$$\begin{aligned}
\Delta s_i &= \|\boldsymbol{\alpha}(t_{i+1}) - \boldsymbol{\alpha}(t_i)\| \\
&= \left\| \begin{pmatrix} \alpha_1(t_{i+1}) \\ \alpha_2(t_{i+1}) \end{pmatrix} - \begin{pmatrix} \alpha_1(t_i) \\ \alpha_2(t_i) \end{pmatrix} \right\| = \left\| \begin{pmatrix} \alpha_1(t_{i+1}) - \alpha_1(t_i) \\ \alpha_2(t_{i+1}) - \alpha_2(t_i) \end{pmatrix} \right\| = \left\| \begin{pmatrix} \Delta x_i \\ \Delta y_i \end{pmatrix} \right\| \\
&= \sqrt{\Delta x_i^2 + \Delta y_i^2}
\end{aligned}$$

wobei die Werte Δx_i und Δy_i wie in der Zeichnung als Differenzen der einzelnen Komponenten definiert sein sollen.

Nach dem Mittelwertsatz der Differentialrechnung gibt es innerhalb des Intervalls (t_i, t_{i+1}) einen Wert ξ_i, für den $\Delta x_i = \alpha_1'(\xi_i) \cdot (t_{i+1} - t_i)$ gilt. Ebenso findet man in diesem Intervall eine Zahl ψ_i mit $\Delta y_i = \alpha_2'(\psi_i) \cdot (t_{i+1} - t_i)$. (Typischerweise wird *nicht* $\xi_i = \psi_i$ gelten. Das spielt aber keine Rolle.) Damit ergibt sich:

$$\Delta s_i = \sqrt{\alpha_1'(\xi_i)^2 \cdot (t_{i+1} - t_i)^2 + \alpha_2'(\psi_i)^2 \cdot (t_{i+1} - t_i)^2}$$

$$= \sqrt{\alpha_1'(\xi_i)^2 + \alpha_2'(\psi_i)^2} \cdot (t_{i+1} - t_i) \tag{3.2}$$

Nun stellen wir uns natürlich vor, dass n immer größer wird und die Abstände zwischen den Punkten t_i immer kleiner werden. Konvergiert t_{i+1} gegen t_i, so gehen sowohl ξ_i als auch ψ_i gegen t_i und aus (3.2) wird der folgende Zusammenhang:

$$\mathrm{d}s_i = \sqrt{\alpha_1'(t_i)^2 + \alpha_2'(t_i)^2} \cdot \mathrm{d}t_i = \|\boldsymbol{\alpha}'(t_i)\| \cdot \mathrm{d}t_i \tag{3.3}$$

Dabei ist $\mathrm{d}t_i$ als *infinitesimal* kleine Veränderung von t_i in Richtung t_{i+1} zu verstehen und $\mathrm{d}s_i$ als infinitesimal kleines Stück der Spur der Kurve.[1]

Diese (unendlich vielen unendlich kleinen) Längen $\mathrm{d}s_i$ wollen wir nun aufsummieren. Wenn wir uns an die Sichtweise des Integrals als „kontinuierliche Summe" erinnern, dann ergibt die folgende Definition der Länge von $\boldsymbol{\alpha}$, für die wir $L(\boldsymbol{\alpha})$ schreiben werden, Sinn:

$$L(\boldsymbol{\alpha}) = \int_a^b \|\boldsymbol{\alpha}'(t)\| \,\mathrm{d}t \tag{3.4}$$

Sie soll nicht nur in der Ebene, sondern auch für höhere Dimensionen gelten. Da $\boldsymbol{\alpha}'$ stetig ist, ist der Integrand stetig;[2] das Integral existiert also immer.

Anmerkung: Alternativ können Sie sich als Motivation der Formel (3.4) auch vorstellen, dass Sie die Spur von $\boldsymbol{\alpha}$ entlangfahren und dabei regelmäßig vom Tacho das momentane Tempo $\|\boldsymbol{\alpha}'(t)\|$ ablesen. Wenn Sie das jeweils mit der seit dem letzten Ablesen verstrichenen Zeit multiplizieren und alle Produkte addieren, erhalten Sie eine Näherung für die gefahrene Strecke, die umso besser wird, je öfter Sie auf den Tacho schauen. Das Integral liefert Ihnen die „ideale" Näherung, bei der die Zeitintervalle zwischen den Messungen auf den „winzigen Augenblick" $\mathrm{d}t$ zusammenschrumpfen.

Wir wollen nun zunächst einmal nachrechnen, ob (3.4) zumindest für Strecken das liefert, was wir erwarten. Sei also für zwei Punkte $\boldsymbol{p}$ und $\boldsymbol{q}$ die auf $[0,1]$ definierte parametrisierte Kurve

$$\boldsymbol{\alpha}(t) = (1-t)\boldsymbol{p} + t\boldsymbol{q}$$

gegeben. Es ergibt sich:

$$\boldsymbol{\alpha}'(t) = -\boldsymbol{p} + \boldsymbol{q}$$

[1] Wir werden es im Buch noch öfter mit solchen infinitesimalen Stücken zu tun haben. Dabei sind Buchstabenkombinationen der Form $\mathrm{d}x$ immer als *eine* Variable zu lesen und nicht etwa mit dem Produkt $dx = d \cdot x$ zu verwechseln. Beachten Sie den typographischen Unterschied zwischen d und d.

[2] Man kann das damit begründen, dass die Norm als Abbildung von $\mathbb{R}^n$ nach $\mathbb{R}$ stetig ist, aber mit solchen Funktionen haben wir uns „offiziell" noch nicht beschäftigt. Man kann die Abbildung $t \mapsto \|\boldsymbol{\alpha}'(t)\|$ aber auch explizit als Funktion von $\mathbb{R}$ nach $\mathbb{R}$ hinschreiben und sieht dann, dass es sich um eine stetige Funktion handelt.

$$L(\boldsymbol{\alpha}) = \int_0^1 \|\boldsymbol{q}-\boldsymbol{p}\|\,\mathrm{d}t = \Big[t\cdot\|\boldsymbol{q}-\boldsymbol{p}\|\Big]_0^1 = \|\boldsymbol{q}-\boldsymbol{p}\|$$

Das sieht schon mal gut aus!

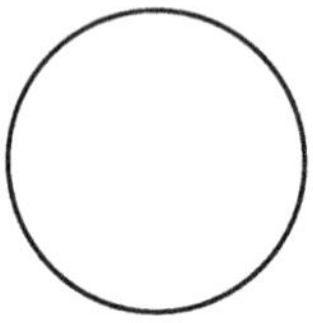

Aufgabe 30: Der Umfang des Einheitskreises beträgt bekanntlich 2π. Verwenden Sie die parametrisierte Kurve $t \mapsto (\cos t, \sin t)$ und unsere neue Definition der Länge, um zu überprüfen, dass sich derselbe Wert ergibt.

Aufgabe 31: Lassen Sie sich die parametrisierte Kurve $\boldsymbol{\alpha}(t) = (\cos t, \cos t)$ mit dem Definitionsbereich $[0, 2\pi]$ animiert darstellen und berechnen Sie dann ihre Länge. Was fällt Ihnen auf?

Die Pfeiler der *Golden Gate Bridge* in San Francisco haben eine Höhe von 152 Metern über der Straße. Der Abstand der beiden Türme, an denen das tragende Kabel aufgehängt ist, beträgt 1280 Meter. Aus physikalischen Gründen verläuft das Kabel entlang einer Parabel.[3] Wir nehmen außerdem der Einfachheit halber an, dass der tiefste Punkt des Kabels genau der Höhe der Straße entspricht.

Als etwas anspruchsvolleres Beispiel wollen wir die Länge dieses Kabels ermitteln.

Aufgabe 32: Vielleicht versuchen Sie das erst mal selbst, bevor Sie weiterlesen. Verwenden Sie für die Berechnung einen Computer.

Zunächst brauchen wir eine parametrisierte Kurve, die den Verlauf des Kabels beschreibt. Wenn wir den Fußpunkt des linken Pfeilers als Ursprung des Koordinatensystems wählen, so wissen wir aus den obigen Angaben, dass die drei in der Skizze markierten Punkte die Koordinaten $(0, 152)$, $(640, 0)$ und $(1280, 152)$ haben. Wir müssen nun zuerst mithilfe der Technik der Polynominterpolation eine Parabel finden, die durch diese drei Punkte geht. Das können wir z.B. mit SymPy machen:

```
from sympy import *
t = symbols("t")

p = interpolate([(0,152), (640,0), (1280,152)], t)
```

[3] Nein, es handelt sich nicht um eine Katenoide…

Das liefert uns das Polynom $p(t) = 19t^2/51200 - 19t/40 + 152$. Nun können wir das Kabel als parametrisierte Kurve darstellen: $\boldsymbol{\gamma}(t) = (t, p(t))$, wobei t das Intervall $[0, 1280]$ durchläuft. Die Ableitung von $\boldsymbol{\gamma}$ ist $(1, p'(t))$ und die Länge der Kurve (also des Kabels) ergibt sich somit folgendermaßen:

$$L(\boldsymbol{\gamma}) = \int_0^{1280} \sqrt{1 + p'(t)^2}\,\mathrm{d}t$$

Das lassen wir auch vom Computer ausrechnen:

```
integrate(sqrt(1+diff(p,t)**2), (t,0,1280))
N(_)
```

Das Kabel ist also knapp 1327 Meter lang.

Anmerkung: In GeoGebra hätte man diese Aufgabe auch lösen können. Dazu gibt man zuerst nacheinander die Koordinaten $(0, 152)$, $(640, 0)$ und $(1280, 152)$ ein. Das System versieht diese automatisch mit den Namen A, B und C. Nun tippt man

```
Polynomial(A,B,C)
```

ein. GeoGebra wird das Interpolationspolynom berechnen und ihm den Namen f geben. (Damit Sie es sehen können, müssen Sie herauszoomen.) Nun tippt man

```
Integral(sqrt 1+f'(x)^2, 0, 1280)
```

ein und erhält dieselbe Lösung wie eben. (Nach Eingabe von `sqrt` und einer Klammer erzeugt das System automatisch ein Quadratwurzelzeichen, unter dem man weiterschreibt. Man verlässt diesen Bereich dann z.B. mit der Pfeiltaste, um das Komma vor der Null einzugeben.)

Übrigens hätte GeoGebra auch ohne unsere Hilfe gewusst, wie man die Länge des Kabels berechnet: `Length(f, 0, 1280)`

Leider lässt sich selbst mit Computerhilfe selten so einfach eine Lösung finden, zumindest keine exakte. Schon bei scheinbar ganz simplen Kurven kann das passieren. Nehmen wir als Beispiel eine Ellipse, die sich z.B. folgendermaßen parametrisieren lässt:

$$\boldsymbol{\alpha} : \begin{cases} [0, 2\pi] \to \mathbb{R}^2 \\ t \mapsto (2\cos t, \sin t) \end{cases}$$

Mit dem p5.js-Code aus dem letzten Kapitel lässt sich eine Ellipse auch leicht zeichnen, wenn man einfach die Definition von a ändert und beim Aufruf von `drawCurve` die Parametertransformationen φ nicht verwendet:

```
const a = t => [2*cos(t), sin(t)];

  // am Ende von draw:
  drawCurve(a, 0, k*2*Math.PI);
```

Die Länge von $\boldsymbol{\alpha}$ ergibt sich nun folgendermaßen:

$$L(\boldsymbol{\alpha}) = \int_0^{2\pi} \sqrt{4\sin^2 t + \cos^2 t}\,\mathrm{d}t$$

Allerdings wird kein Computeralgebrasystem der Welt den Wert dieses Integrals – das man aus naheliegenden Gründen ein *elliptisches Integral* nennt – berechnen können. Obwohl der Integrand nach dem Hauptsatz der Differential- und Integralrechnung eine Stammfunktion haben muss, kann man nämlich beweisen, dass man diese Stammfunktion nicht als sogenannte *elementare Funktion* darstellen kann. (Falls es Sie interessiert, wieso das so ist, schauen Sie sich das am Rande verlinkte Video an.) Etwas flapsig ausgedrückt: man kann sie nicht „einfach so hinschreiben". Wir werden daher in Zukunft Integrale, die im Zusammenhang mit der Länge von Kurven auftreten, meistens numerisch approximieren.

Anmerkung: Es sei noch darauf hingewiesen, dass die Stetigkeit der Ableitung einer parametrisierten Kurve schon wichtig ist. Die Funktion $f(x) = x^2 \sin(1/x^2)$ ist z.B. auf $[0,1]$ differenzierbar, wenn man sie im Nullpunkt durch $f(0) = 0$ ergänzt, aber ihre Ableitung ist in der Nähe von null unbeschränkt. Der Graph dieser Funktion oszilliert immer stärker, wenn er sich dem Nullpunkt nähert, und lässt sich dort daher auch nicht mehr vernünftig zeichnen. Ich zeige hier nur den Ausschnitt zwischen $x = 0.14$ und $x = 0.7$:

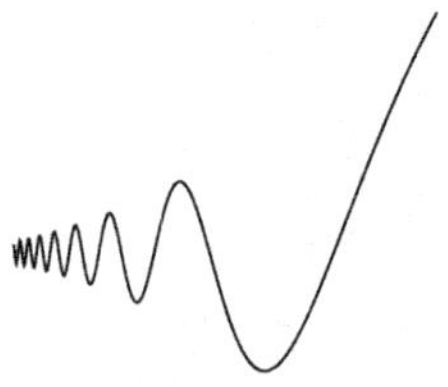

Formel (3.4) könnten wir hier nicht anwenden. Das Integral existiert nicht.

Aufgabe 33: Bei der Vorstellung der Hilbert-Kurve hatte ich gesagt, dass parametrisierte Kurven nach unserer Definition nicht raumfüllend sein können. Etwas konkreter formuliert: Wenn $\boldsymbol{\alpha} : [a,b] \to \mathbb{R}^2$ eine parametrisierte Kurve ist, dann kann der Wertebereich von $\boldsymbol{\alpha}$ nicht ganz $Q = [0,1]^2$ enthalten. Fällt Ihnen dafür jetzt eine Begründung ein?

Sind Sie mit dieser Definition der Länge zufrieden? Das sollten Sie noch nicht sein. In der Formel (3.4) wurde eine bestimmte Parametrisierung $\boldsymbol{\alpha}$ verwendet. Wir wissen aber schon, dass unterschiedliche Parametrisierungen dieselbe Spur haben können. Würden wir für diese verschiedene Längen erhalten, dann wäre das so, als würde die Länge eines Weges davon abhängen, wie schnell wir diesen Weg mit dem Fahrrad abfahren!

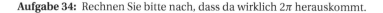

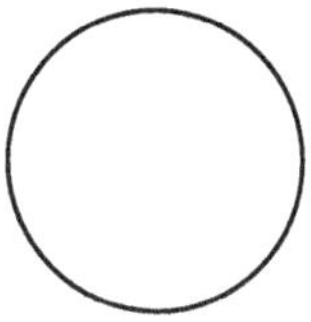

Fangen wir mit einem einfachen Beispiel an. Wir können den Einheitskreis auch durch die Funktion

$$\boldsymbol{\gamma} : \begin{cases} [0,1] \to \mathbb{R}^2 \\ t \mapsto (\cos(2\pi t), \sin(2\pi t)) \end{cases}$$

darstellen. Es ergibt sich $L(\boldsymbol{\gamma}) = 2\pi$ und das entspricht ja auch dem, was wir in Aufgabe 30 berechnet hatten.

Aufgabe 34: Rechnen Sie bitte nach, dass da wirklich 2π herauskommt.

Wir können es aber auch ein bisschen komplizierter machen und den Kreis durch die Funktion

$$\boldsymbol{\beta} : \begin{cases} [0,B] \to \mathbb{R}^2 \\ t \mapsto (\cos(t^2+t), \sin(t^2+t)) \end{cases}$$

mit $B = (\sqrt{1+8\pi} - 1)/2$ parametrisieren. Der Wert B ist natürlich gerade so gewählt, dass $B^2 + B = 2\pi$ gilt. Die Ableitung von $\boldsymbol{\beta}$ ist nun

$$\boldsymbol{\beta}'(t) = (-(2t+1)\sin(t^2+t), (2t+1)\cos(t^2+2))$$

und damit ergibt sich für $t \geq 0$:

$$\begin{aligned} \beta_1'(t)^2 + \beta_2'(t)^2 &= (2t+1)^2\big(\sin^2(t^2+t) + \cos^2(t^2+t)\big) = (2t+1)^2 \\ \|\boldsymbol{\beta}'(t)\| &= \sqrt{(2t+1)^2} = 2t+1 \\ L(\boldsymbol{\beta}) &= \int_0^B \|\boldsymbol{\beta}'(t)\| \, \mathrm{d}t = \int_0^B (2t+1) \, \mathrm{d}t = \big[t^2+t\big]_0^B = 2\pi \end{aligned}$$

„Zum Glück" kommt hier auch 2π heraus. Können wir uns darauf verlassen, dass das immer so ist? Das können wir! Ist nämlich $\varphi : [c,d] \to [a,b]$ irgendeine Parametertransformation von $\boldsymbol{\alpha}$, so gilt für die Umparametrisierung $\boldsymbol{\beta} = \boldsymbol{\alpha} \circ \varphi$ nach der Substitutionsregel:[4]

$$\begin{aligned} L(\boldsymbol{\beta}) &= \int_c^d \|\boldsymbol{\beta}'(t)\| \, \mathrm{d}t = \int_c^d \|(\boldsymbol{\alpha} \circ \varphi)'(t)\| \, \mathrm{d}t \\ &= \int_c^d \|\boldsymbol{\alpha}'(\varphi(t))\| \cdot |\varphi'(t)| \, \mathrm{d}t = \int_a^b \|\boldsymbol{\alpha}'(s)\| \, \mathrm{d}s = L(\boldsymbol{\alpha}) \end{aligned} \tag{3.5}$$

[4] Die Substitutionsregel – auch Integration durch Substitution genannt – ist eigentlich „nur" eine Umkehrung der Kettenregel. Sie wird in dem am Rande verlinkten Video ausführlich besprochen.

Die Länge ändert sich also durch Umparametrisieren nicht!

Aufgabe 35: In der Begründung, dass $L(\boldsymbol{\beta}) = L(\boldsymbol{\alpha})$ gilt, habe ich absichtlich einen kleinen Fehler versteckt. Finden Sie ihn?

Aufgabe 36: Im Beispiel hinter Aufgabe 34 ist $\boldsymbol{\beta}$ eine alternative Parametrisierung des Einheitskreises. Wenn wir dessen „übliche" Parametrisierung mit $\boldsymbol{\alpha}$ bezeichnen, können Sie dann eine Parametertransformation φ angeben, für die $\boldsymbol{\beta} = \boldsymbol{\alpha} \circ \varphi$ gilt?

Aufgabe 37: In der Lösung zu Aufgabe 24 hatten wir zwei parametrisierte Kurven gesehen, die dieselbe Spur haben, sich aber nicht ineinander umparametrisieren lassen. Eine von beiden war regulär, die andere nicht. Können Sie auch zwei verschiedene *reguläre* parametrisierte Kurven mit derselben Spur angeben, die sich nicht ineinander umparametrisieren lassen?

Nebenbei zeigt die in (3.5) verwendete Identität $\boldsymbol{\beta}'(t) = \boldsymbol{\alpha}'(\varphi(t)) \cdot \varphi'(t)$, die aus der Kettenregel folgt, noch etwas anderes. Mit der Parametrisierung $\boldsymbol{\beta}$ kommen wir zum „Zeitpunkt" t im Punkt $\boldsymbol{\beta}(t)$ vorbei, während wir mit der Parametrisierung $\boldsymbol{\alpha}$ diesen Punkt zum Zeitpunkt $\varphi(t)$ erreichen. Natürlich werden wir je nach Parametrisierung an dieser Stelle eine andere Geschwindigkeit haben. Da aber $\varphi'(t)$ ein Skalar ist, sind die beiden Geschwindigkeitsvektoren *parallel*. Oder anders ausgedrückt: Die Tangente in diesem Punkt ist unabhängig von der Parametrisierung immer dieselbe. Anschaulich mag uns das klar gewesen sein, aber auch das will mathematisch erst einmal präzisiert werden.

Wir gehen jetzt noch einen Schritt weiter und definieren für die parametrisierte Kurve $\boldsymbol{\alpha} : I \to \mathbb{R}^n$ und $a \in I$ die folgende Funktion $s_{\boldsymbol{\alpha},a}$ auf I analog zur Definition (3.4):

$$s_{\boldsymbol{\alpha},a}(t) = \int_a^t \|\boldsymbol{\alpha}'(s)\| \, \mathrm{d}s$$

Diese Funktion nennt man eine Bogenlängenfunktion von $\boldsymbol{\alpha}$. $s_{\boldsymbol{\alpha},a}$ ist offenbar so konstruiert, dass die Funktionswerte der „Wegstrecke" entsprechen, die man zurücklegt, wenn man bei $\boldsymbol{\alpha}(a)$ startet und auf der Spur von $\boldsymbol{\alpha}$ „entlangfährt". Ist a das Minimum von I, so werden wir auch einfach $s_{\boldsymbol{\alpha}}$ schreiben und von *der* Bogenlängenfunktion von $\boldsymbol{\alpha}$ sprechen.

Sei nun $I = [a, b]$. Offenbar gilt $s_{\boldsymbol{\alpha}}(a) = 0$ und außerdem $s_{\boldsymbol{\alpha}}(b) = L(\boldsymbol{\alpha})$. Nun erinnern wir uns, was *nach Bogenlänge parametrisiert* bedeutet: Die Ableitung von $\boldsymbol{\alpha}$ ist immer 1. In diesem Fall lässt sich die Bogenlängenfunktion besonders einfach ausrechnen:

$$s_{\boldsymbol{\alpha}}(t) = \int_a^t \mathrm{d}s = [s]_a^t = t - a$$

Insbesondere gilt dann $L(\boldsymbol{\alpha}) = b - a$. Das sollte die Bedeutung dieser Bezeichnung erklären: Ist eine Kurve nach Bogenlänge parametrisiert, so entspricht die gefahrene „Zeit“ immer der zurückgelegten „Wegstrecke“.

WIE AM ANFANG DES KAPITELS versprochen, wollen wir uns nun überzeugen, dass wir zumindest für „interessante“ Kurven so eine angenehme Parametrisierung immer erreichen können. Dafür gehen wir von einer *regulären* parametrisierten Kurve $\boldsymbol{\alpha} : [a, b] \to \mathbb{R}^n$ aus. Wir wollen eine Parametertransformation φ finden, so dass $\boldsymbol{\alpha} \circ \varphi$ nach Bogenlänge parametrisiert ist.

Stellen wir uns dabei die Funktion $\boldsymbol{\alpha}$ als „Wegbeschreibung“ dafür vor, wie die Spur von $\boldsymbol{\alpha}$ abgefahren wird – zum „Zeitpunkt“ t befindet man sich an den durch $\boldsymbol{\alpha}(t)$ spezifizierten Koordinaten. Um alles noch etwas plastischer zu machen, messen wir die Zeit in Sekunden und die Entfernungen in Metern. Wir wollen denselben Weg abfahren, allerdings mit einem konstanten Tempo von einem Meter pro Sekunde. Zum Glück hat jemand, der die Strecke gemäß $\boldsymbol{\alpha}$ abgefahren ist, die Tour protokolliert und kann uns für ausgewählte Zeitpunkte t_i jeweils die bis dahin zurückgelegte Strecke sagen:

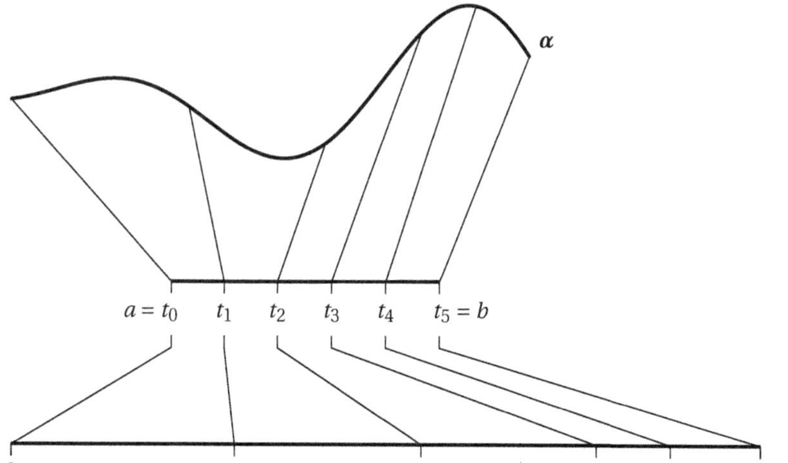

Sehen Sie die Lösung schon? Die untere waagerechte Linie soll die neue Zeitlinie werden. Die zweite Markierung entspricht z.B. einer Strecke von $s_{\boldsymbol{\alpha}}(t_1)$ Metern. Welchem Zeitpunkt muss das entsprechen? Bei einem Tempo von einem Meter pro Sekunde müssen das natürlich $s_{\boldsymbol{\alpha}}(t_1)$ Sekunden sein! Auf der Linie stehen also schon die richtigen Zeitpunkte, die gesuchte Parametertransformation φ muss sie nur „zurückübersetzen“, d.h. sie muss aus $s_{\boldsymbol{\alpha}}(t_1)$ wieder t_1 machen, aus $s_{\boldsymbol{\alpha}}(t_2)$ wieder t_2 und so weiter. Und das nicht nur für ein paar ausgewählte Zeitpunkte, sondern für jeden möglichen Wert von $s_{\boldsymbol{\alpha}}$. Mit anderen Worten: φ muss die Umkehrfunktion von $s_{\boldsymbol{\alpha}}$ sein.

Das ist eigentlich schon alles. Wir müssen es nur noch mathematisch begründen. Zunächst gilt offenbar $s'_{\boldsymbol{\alpha}}(t) = \|\boldsymbol{\alpha}'(t)\|$, das folgt direkt aus der Definition der Bogenlängenfunktion. Wenn wir nun $\boldsymbol{\beta} = \alpha \circ \varphi$ setzen und die Regel für die Ableitung von Umkehrfunktionen auf $\varphi = s_{\boldsymbol{\alpha}}^{-1}$ anwenden, so erhalten wir:

$$\boldsymbol{\beta}'(t) = \boldsymbol{\alpha}'(\varphi(t)) \cdot \varphi'(t) = \boldsymbol{\alpha}'(\varphi(t)) \cdot \frac{1}{s'_{\boldsymbol{\alpha}}(\varphi(t))} = \frac{\boldsymbol{\alpha}'(\varphi(t))}{\|\boldsymbol{\alpha}'(\varphi(t))\|}$$

Und das impliziert wie gewünscht $\|\boldsymbol{\beta}'(t)\| = 1$. Das war's...

Es bleibt nur noch die Frage, ob man $s_{\boldsymbol{\alpha}}$ überhaupt immer umkehren kann. Das geht aber, weil $\boldsymbol{\alpha}$ regulär ist. Die Bogenlängenfunktion muss deswegen streng monoton steigend sein. φ existiert also nicht nur, sondern ist nach dieser Konstruktion auch immer orientierungserhaltend.

Aufgabe 38: Na gut, es bleibt eigentlich noch eine weitere Frage offen. Welche?

Wir rechnen das mal anhand eines einfachen Beispiels tatsächlich durch und setzen dafür $\boldsymbol{\alpha}(t) = (t^2/10 - 3, 3t^2/20 - 5)$ für $t \in [1,8]$. In P5.JS sieht es also so aus:

```
const a = t => [0.1*t*t-3, 0.15*t*t-5];

  // am Ende von draw:
  drawCurve(a, 1, k*8);
```

Das ist einfach nur eine Strecke, aber man kann an der Animation erkennen, dass sie nicht im gleichmäßigen Tempo durchlaufen wird.

Nun berechnen wir:

$$\boldsymbol{\alpha}'(t) = (t/5, 3t/10)$$

$$\|\boldsymbol{\alpha}'(t)\| = \sqrt{t^2/25 + 9t^2/100} = \sqrt{13t^2/100} = \sqrt{13}\,t/10$$

$$\int_1^y \|\boldsymbol{\alpha}'(t)\|\,\mathrm{d}t = \left[\sqrt{13}t^2/20\right]_1^y = \sqrt{13}/20 \cdot (y^2 - 1)$$

Um die Umkehrfunktion zu finden, lösen wir $x = \sqrt{13}/20 \cdot (y^2 - 1)$ nach y auf und erhalten:

$$\varphi(x) = y = \sqrt{1 + \frac{20x}{\sqrt{13}}}$$

Nun müssen wir nur noch wissen, wann φ die Werte 1 und 8 (die Grenzen des Definitionsbereichs von $\boldsymbol{\alpha}$) annimmt. Weil wir schon die Umkehrfunktion von φ kennen, ist das ganz einfach:

$$\varphi^{-1}(1) = \sqrt{13}/20 \cdot (1^2 - 1) = 0$$

$$\varphi^{-1}(8) = \sqrt{13}/20 \cdot (8^2 - 1) = 0 = 63\sqrt{13}/20 \approx 11.36$$

Wir können uns nun $\boldsymbol{\beta} = \boldsymbol{\alpha} \circ \varphi$ und $\boldsymbol{\alpha}$ im Vergleich anschauen:

```
const f = 20/Math.sqrt(13);
const phi = x => sqrt(1+f*x);
const b = t => a(phi(t));

  // am Ende von draw statt der obigen Zeile:
  drawCurve(b, 0, k*11.36);
  // α vertikal leicht versetzt und rot
  stroke(255, 0, 0);
  drawCurve(t => [a(t)[0], a(t)[1]+0.2], 1, k*8);
```

Man sieht, dass $\boldsymbol{\beta}$ immer dieselbe Geschwindigkeit hat, während $\boldsymbol{\alpha}$ anfangs langsamer ist, zum Ende aber $\boldsymbol{\beta}$ einholt.

Wir haben gerade bewiesen, dass wir so eine Parametertransformation immer finden können. Im Allgemeinen werden wir sie jedoch nicht so einfach auf analytischem Wege berechnen können, häufig sogar gar nicht – denken Sie an die elliptischen Integrale. In der Praxis muss man sich für konkrete Kurven häufig mit Näherungslösungen zufriedengeben.

Aufgabe 39: Man sieht zwar, dass die Spur von $\boldsymbol{\alpha}$ eine Strecke ist, aber können Sie das auch mathematisch begründen?

Aufgabe 40: Wie sieht die Gleichung von $\boldsymbol{\beta}$ explizit aus?

Aufgabe 41: Wir sind bei der Berechnung der Umparametrisierung von $\boldsymbol{\alpha}$ aus didaktischen Gründen nach der gerade hergeleiteten allgemeinen Methode vorgegangen. Wäre es uns nur um eine nach Bogenlänge parametrisierte Kurve gegangen, die die Spur von $\boldsymbol{\alpha}$ abläuft, hätten wir das auch einfacher und ohne Integrale haben können. Nämlich wie?

Aufgabe 42: Durch $\boldsymbol{\alpha}(t) = (t, 0)$ für $t \in [0, 1]$ wird eine ganz einfache nach Bogenlänge parametrisierte Kurve definiert. Können Sie eine Umparametrisierung von $\boldsymbol{\alpha}$ angeben, die ebenfalls nach Bogenlänge parametrisiert ist? Gibt es mehr als eine Möglichkeit?

AUFGABE 42 HAT EXEMPLARISCH GEZEIGT, dass wir durch eine (orientierungserhaltende) Parametertransformation der Form $\varphi(t) = t + C$ mit einer Konstanten C aus einer nach Bogenlänge parametrisierten Kurve eine nach Bogenlänge parametrisierte Kurve machen können. Das liegt natürlich daran, dass C beim Differenzieren keine Rolle spielt.

Zum Schluss des Kapitels wollen wir uns noch kurz überlegen, dass es keine weiteren Möglichkeiten gibt, das zu erreichen. Wir betrachten dazu eine nach Bogenlänge parametrisierte Kurve $\boldsymbol{\alpha}$ mit Definitionsbereich $[a,b]$ und eine Parametertransformation $\varphi : [c,d] \to [a,b]$, so dass $\boldsymbol{\alpha} \circ \varphi$ ebenfalls nach Bogenlänge parametrisiert ist. Dann gilt für alle $t \in [c,d]$:

$$1 = \|(\boldsymbol{\alpha} \circ \varphi)'(t)\| = \|\boldsymbol{\alpha}'(\varphi(t)) \cdot \varphi'(t)\| = \|\boldsymbol{\alpha}'(\varphi(t))\| \cdot |\varphi'(t)| = |\varphi'(t)|$$

Da φ' das Vorzeichen nicht wechselt, ist φ' also konstant 1 oder konstant -1. Damit kommen nur Parametertransformationen der Form $\varphi(t) = t + C$ oder $\varphi(t) = -t + C$ infrage. Und nur erstere sind orientierungserhaltend.

Projekte

Projekt P5: Schreiben Sie das Programm aus Kapitel 2 zur animierten Darstellung von parametrisierten Kurven so um, dass die Kurven unabhängig von ihrer Definition immer in konstantem Tempo durchlaufen werden. (Das Tempo muss nicht notwendig 1 sein.)

Hier ist ein Vorschlag dafür, wie Sie vorgehen könnten: Nennen wir die zu animierende parametrisierte Kurve $\boldsymbol{\alpha}$. Ihr Definitionsbereich sei $[a,b]$. Wählen Sie eine Reihe von äquidistant verteilten Punkten $t_0, t_1, \ldots, t_n$ in $[a,b]$ aus und ermitteln Sie für diese jeweils *näherungsweise* $s_{\boldsymbol{\alpha}}(t_i)$. Übertragen Sie diese Werte proportional in das Intervall $I = [0,1]$. Damit erhalten Sie eine Zuordnung einiger Punkte von I in $[a,b]$. Für andere Punkte aus I verwenden Sie eine lineare Interpolation. Wenn Sie n groß genug wählen, sollte das für „normale“ Kurven ausreichen.

Ein Beispiel (bei dem n natürlich viel zu klein ist):

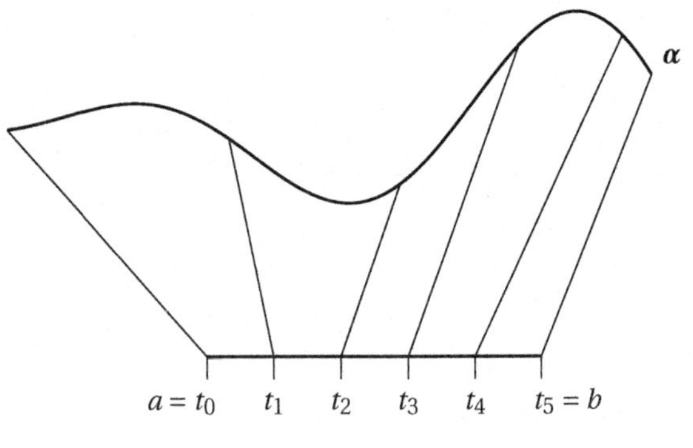

i	0	1	2	3	4	5
t_i	0.3	2.0	3.7	5.4	7.1	8.8
$s_{\boldsymbol{\alpha}}(t_i)$	0.00	3.15	5.75	8.20	9.84	10.49
in I	0.00	0.30	0.55	0.78	0.94	1.00

Um etwa den Kurvenpunkt zum Parameter $0.5 \in I$ zu berechnen, der zwischen den Zahlen 0.30 und 0.55 liegt, die beide in der letzten Zeile der Tabelle stehen, verwendet man, dass $0.5 = 0.2 \cdot 0.30 + 0.8 \cdot 0.55$ gilt. Zwei Zeilen höher entspricht das dem Wert $0.2 \cdot 2.0 + 0.8 \cdot 3.7 \approx 3.36$. Dem Punkt $0.5 \in I$ würde also der Punkt $\boldsymbol{\alpha}(3.36)$ auf der Spur von $\boldsymbol{\alpha}$ zugeordnet werden.

Bleibt die Frage, wie man $s_{\boldsymbol{\alpha}}(t_i)$ näherungsweise bestimmen soll. Verwenden Sie dazu eine Zerlegung der Kurve in kleine Streckenstücke wie bei der Herleitung der Längenformel (3.4).

Projekt P6: Man kann numerisch die Ableitung $f'(x_0)$ einer Funktion $f : \mathbb{R} \to \mathbb{R}$ an einer Stelle x_0 ermitteln, indem man diese Näherungsformel verwendet:[5]

$$f'(x_0) \approx \frac{f(x_0 + h) - f(x_0 - h)}{2h}$$

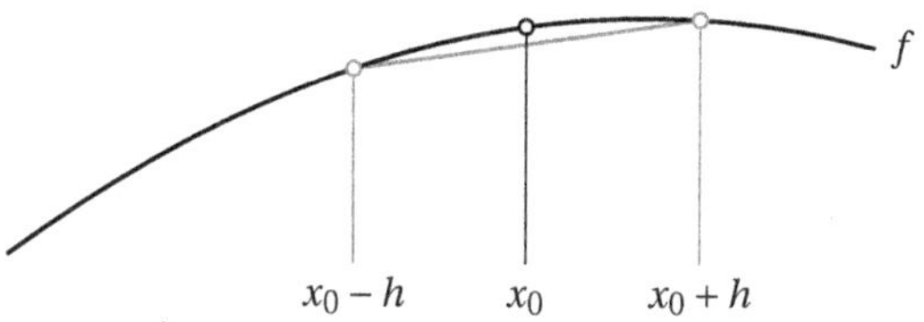

Man berechnet also statt der Tangentensteigung im Punkt $f(x_0)$ ersatzweise die Steigung der in der Skizze gezeichneten Sekante. Dabei wird das Ergebnis theoretisch umso genauer, je kleiner die Schrittweite h gewählt wird. (In der Praxis sind dem durch die Fließkommaarithmetik des Computers Grenzen gesetzt.)

Verwenden Sie diese Formel, um bei der animierten Darstellung einer Kurve zusätzlich noch den aktuellen Geschwindigkeitsvektor anzuzeigen.

Projekt P7: Es gibt inzwischen auch eine Reihe von „kleinen" Computeralgebrasystemen (CAS) für JAVASCRIPT. Ohne Anspruch auf Vollständigkeit seien hier z.B. ALGEBRITE, JAVASCRIPT-CAS und ΠΞRDΔMΞR (Nerdamer) genannt. Ersetzen Sie in Projekt P6 das numerische Differenzieren durch das symbolische mit einem CAS.

[5] Diese Formel ist natürlich nur anwendbar, wenn f nicht nur an der Stelle x_0, sondern auch links und rechts davon noch definiert ist. Siehe Fußnote 9 in Kapitel 2.

4 Die Krümmung ebener Kurven

To learn mathematics is to reinvent it.

Donal O'Shea

In diesem Kapitel und den folgenden werden wir uns ausschließlich mit ebenen Kurven beschäftigen. Damit sind die Kurven gemeint, deren Spuren in $\mathbb{R}^2$ liegen. Unser erstes Thema wird dabei deren *Krümmung* (engl. *curvature*) sein. Wir werden später auch die Krümmung beliebiger Kurven definieren, aber in der Ebene ist dieser Begriff noch etwas ergiebiger als im allgemeinen Fall.

Zunächst benötigen wir die Beschleunigung einer parametrisierten Kurve $\boldsymbol{\alpha}$. Damit ist der Vektor $\boldsymbol{\alpha}''(t)$ gemeint, dessen Komponenten die zweiten Ableitungen der Komponentenfunktionen von $\boldsymbol{\alpha}$ sind. Dieses Konzept sollte Ihnen aus der Physik vertraut sein: Während die Geschwindigkeit die Änderungsrate des Ortes angibt, gibt die Beschleunigung die Änderungsrate der Geschwindigkeit an.

Aufgabe 43: Berechnen Sie die Beschleunigung für eine Verbindungsstrecke zweier Punkte sowie für den Einheitskreis. Beiden sollen auf die „übliche" Art parametrisiert sein.

Aufgabe 44: Seien $\boldsymbol{\alpha}$ und $\boldsymbol{\beta}$ zwei parametrisierte ebene Kurven mit demselben Definitionsbereich I. Dann ist durch $t \mapsto \boldsymbol{\alpha}(t) \cdot \boldsymbol{\beta}(t)$ eine reellwertige Funktion auf I definiert. (Mit $\cdot$ ist das Skalarprodukt gemeint.) Berechnen Sie die Ableitung dieser Funktion.

Aufgabe 45: Wie hängen noch mal das Skalarprodukt und die (euklidische) Norm eines Vektors zusammen?

E. Weitz, *Elementare Differentialgeometrie (nicht nur) für Informatiker*,
https://doi.org/10.1007/978-3-662-60463-2_4

Aufgabe 46: Wie sieht eine 2×2-Matrix für eine Drehung um den Nullpunkt um $\pi/2$ – also um 90 Grad – aus? Was wird also aus einem Vektor (v_1, v_2), wenn man ihn entsprechend dreht?

Haben wir es mit einer nach Bogenlänge parametrisierten Kurve $\boldsymbol{\alpha}$ zu tun, so gilt immer $\|\boldsymbol{\alpha}'(t)\| = 1$ und damit $\boldsymbol{\alpha}'(t) \cdot \boldsymbol{\alpha}'(t) = 1$. Wenn wir beide Seiten dieser Gleichung ableiten, erhalten wir $2\boldsymbol{\alpha}'(t) \cdot \boldsymbol{\alpha}''(t) = 0$. Das bedeutet, dass in diesem Fall Geschwindigkeits- und Beschleunigungsvektor immer senkrecht aufeinander stehen (wenn nicht einer der beiden der Nullvektor ist).[1]

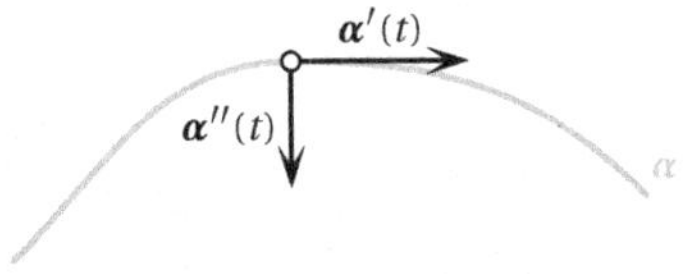

DIE KRÜMMUNG, die wir nun quantifizieren wollen, soll angeben, wie stark $\boldsymbol{\alpha}$ in einem vorgegebenen Punkt von einer geradlinigen Bewegung abweicht. Aufgabe 43 hat gezeigt, dass eine solche Bewegung längs einer Gerade vorliegt, wenn die Beschleunigung verschwindet. Wir wählen als Maß für die Krümmung daher die Länge des Beschleunigungsvektors, da er ja quasi an der Geschwindigkeit „zerrt", um sie zu ändern. Je stärker orthogonal zur Geschwindigkeit beschleunigt wird, desto stärker wird die Kurve an dieser Stelle „gekrümmt".

Allerdings können wir in der Ebene auch noch angeben, in welche Richtung gekrümmt wird. Dazu fügen wir noch einen weiteren Vektor hinzu, der ebenfalls immer senkrecht auf dem Geschwindigkeitsvektor steht, und zwar den sogenannten Normalenvektor, der durch Drehung des Geschwindigkeitsvektors um $\pi/2$ entsteht:

$$\boldsymbol{n}_{\boldsymbol{\alpha}}(t) = (-\alpha_2'(t), \alpha_1'(t))$$

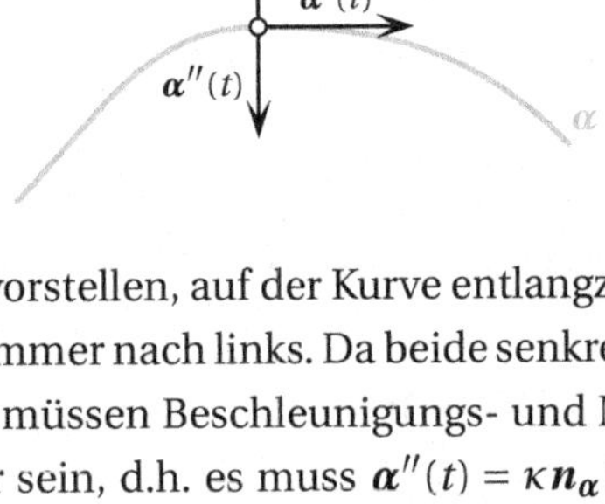

Wenn Sie sich wieder vorstellen, auf der Kurve entlangzufahren, dann zeigt der Normalenvektor also immer nach links. Da beide senkrecht auf dem Geschwindigkeitsvektor stehen, müssen Beschleunigungs- und Normalenvektor skalare Vielfache voneinander sein, d.h. es muss $\boldsymbol{\alpha}''(t) = \kappa \boldsymbol{n}_{\boldsymbol{\alpha}}(t)$ gelten, wobei $|\kappa|$ die

[1] Dass es keinen Beschleunigungsanteil parallel zum Geschwindigkeitsvektor gibt, liegt natürlich daran, dass sich das Tempo bei einer nach Bogenlänge parametrisierten Kurve nie ändert.

Norm von $\boldsymbol{\alpha}''(t)$ ist (weil $\boldsymbol{n}_{\boldsymbol{\alpha}}(t)$ normiert ist) und das Vorzeichen von κ angibt, ob nach links $(+)$ oder rechts $(-)$ gekrümmt wird. Für diese Zahl κ werden wir in Zukunft $\kappa_{\boldsymbol{\alpha}}(t)$ schreiben, weil sie natürlich von t abhängt. Das ist die (vorzeichenbehaftete) Krümmung (engl. *signed curvature*) von $\boldsymbol{\alpha}$ an der Stelle $\boldsymbol{\alpha}(t)$.

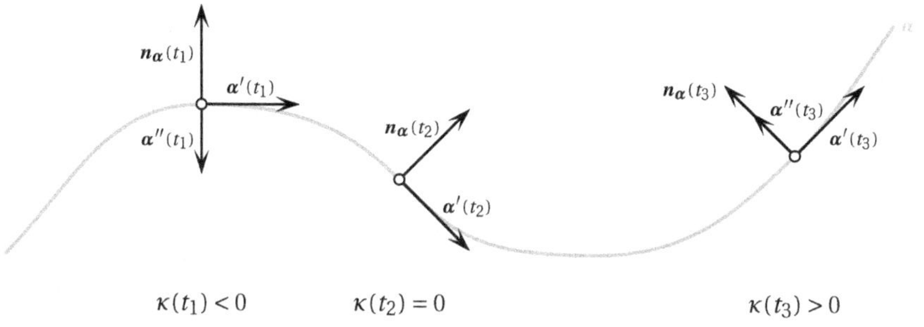

Bezeichnen wir mit $\det(\boldsymbol{v}, \boldsymbol{w})$ die Determinante der 2×2-Matrix mit den Spalten $\boldsymbol{v}$ und $\boldsymbol{w}$, so erhalten wir nun:

$$\begin{aligned}\kappa_{\boldsymbol{\alpha}}(t) &= \kappa_{\boldsymbol{\alpha}}(t)\boldsymbol{n}_{\boldsymbol{\alpha}}(t) \cdot \boldsymbol{n}_{\boldsymbol{\alpha}}(t) = \boldsymbol{\alpha}''(t) \cdot \boldsymbol{n}_{\boldsymbol{\alpha}}(t) \\ &= \alpha_1''(t) \cdot (-\alpha_2'(t)) + \alpha_2''(t) \cdot \alpha_1'(t) = \det(\boldsymbol{\alpha}'(t), \boldsymbol{\alpha}''(t)) \qquad (4.1)\end{aligned}$$

Damit haben wir für nach Bogenlänge parametrisierte Kurven eine Formel, mit deren Hilfe wir die Krümmung einfach berechnen können. Es gibt sogar eine allgemeinere Formel, die für jede reguläre parametrisierte Kurve $\boldsymbol{\beta}$ anwendbar ist:

$$\kappa_{\boldsymbol{\beta}}(t) = \frac{\det(\boldsymbol{\beta}'(t), \boldsymbol{\beta}''(t))}{\|\boldsymbol{\beta}'(t)\|^3} \qquad (4.2)$$

Dass das für nach Bogenlänge parametrisierte Kurven zum selben Ergebnis wie Formel (4.1) führt, ist klar. In der folgenden Aufgabe wird verifiziert, dass (4.2) auch für andere Parametrisierungen tatsächlich den richtigen Wert berechnet.

Aufgabe 47: Sei $\boldsymbol{\alpha} = \boldsymbol{\beta} \circ \varphi$ eine Umparametrisierung nach Bogenlänge der regulären parametrisierten Kurve $\boldsymbol{\beta}$. Berechnen Sie die Krümmung von $\boldsymbol{\alpha}$ an der Stelle t, indem sie (4.2) auf $\boldsymbol{\alpha}$ anwenden und dann $\boldsymbol{\alpha}$ durch $\boldsymbol{\beta} \circ \varphi$ ersetzen.

Weil die Beschleunigung einer geraden (nach Bogenlänge parametrisierten) Strecke überall verschwindet, wissen wir, dass solche Kurven durchgehend die Krümmung null haben. Als Nächstes wollen wir uns einen beliebigen Kreis vorknöpfen. Hat dieser den Radius r und den Mittelpunkt $\boldsymbol{m}$, so kann man ihn durch

$$t \mapsto \boldsymbol{m} + r(\cos t, \sin t)$$

für $t \in [0, 2\pi)$ parametrisieren. Man rechnet leicht nach, dass die Ableitung dieser parametrisierten Kurve an jeder Stelle die Norm r hat. Um daraus eine nach Bogenlänge parametrisierte Kurve zu machen, müssen wir also einfach

$$\boldsymbol{\alpha}(t) = \boldsymbol{m} + r(\cos(t/r), \sin(t/r))$$

für $t \in [0, 2r\pi)$ schreiben. Nun können wir mit der Formel (4.1) die Krümmung berechnen:[2]

$$\begin{aligned}\kappa_{\boldsymbol{\alpha}}(t) &= \det(\boldsymbol{\alpha}'(t), \boldsymbol{\alpha}''(t)) = \begin{vmatrix} -\sin(t/r) & -\cos(t/r)/r \\ \cos(t/r) & -\sin(t/r)/r \end{vmatrix} \\ &= (\sin^2(t/r) + \cos^2(t/r))/r = 1/r\end{aligned}$$

Die Krümmung ist demnach immer der Kehrwert des Radius. Das ergibt anschaulich auch Sinn, weil ein kleiner Kreis offenbar „stark gekrümmt“ ist, wohingegen ein Ausschnitt des Randes eines sehr großen Kreises fast wie eine gerade Strecke aussieht.

Anmerkung: Kreise und Geraden sind übrigens die *einzigen* ebenen Kurven, die überall konstante Krümmung haben. Das wird am Ende dieses Kapitels deutlich werden.

Nun erinnern wir uns, dass der Beschleunigungsvektor beim Kreis immer vom aktuellen Punkt auf den Mittelpunkt zeigt. Das bedeutet, dass er beim Durchlaufen des Kreises jede mögliche Richtung einmal annimmt. Das kann man auch so interpretieren: Jeder beliebige Vektor außer dem Nullvektor, den wir vorgeben, kann als Beschleunigungsvektor eines Kreises, der nach Bogenlänge parametrisiert ist, realisiert werden. Die gewünschte Länge erreicht man durch geeignete Wahl des Radius, die Richtung durch die Wahl des „Zeitpunkts“.

Das hat die folgende interessante Konsequenz. Wenn wir irgendeine nach Bogenlänge parametrisierte Kurve $\boldsymbol{\alpha}$ haben und uns einen Punkt $\boldsymbol{\alpha}(t_a)$ herausgreifen, dann können wir einen ebenfalls nach Bogenlänge parametrisierten Kreis $\boldsymbol{\gamma}$ und einen Zeitpunkt t_c finden, so dass $\boldsymbol{\alpha}''(t_a)$ und $\boldsymbol{\gamma}''(t_c)$ identisch sind. Da $\boldsymbol{\alpha}'(t_a)$ und $\boldsymbol{\gamma}'(t_c)$ beide die Norm eins haben und senkrecht auf dem Beschleunigungsvektor stehen müssen, können wir zudem erreichen, dass die beiden Geschwindigkeitsvektoren auch gleich sind. Schließlich können wir den Mittelpunkt des Kreises noch so verschieben, dass die beiden Punkte zur Deckung kommen. Das hat keine Auswirkungen auf Geschwindigkeit und Krümmung.

Wir können also einen Kreis finden, der die Kurve im Punkt $\boldsymbol{\alpha}(t_a)$ berührt und sich dort an die Spur von $\boldsymbol{\alpha}$ „anschmiegt“ in dem Sinne, dass dort Geschwindigkeit, Beschleunigung und Krümmung beider Kurven übereinstimmen. Man

[2] Da wir Formel (4.2) haben, wäre die Umparametrisierung auf Bogenlänge eigentlich nicht nötig gewesen. Wir brauchen diese Darstellung aber später noch.

nennt diesen Kreis den Krümmungskreis in diesem Punkt und seinen Radius (der der Kehrwert der Krümmung ist) den Krümmungsradius. Im Englischen spricht man übrigens vom *osculating circle*. Das entspricht dem lateinischen Namen *circulus osculans* („küssender Kreis"), der ihm von seinem „Erfinder" Leibniz[3] gegeben wurde.

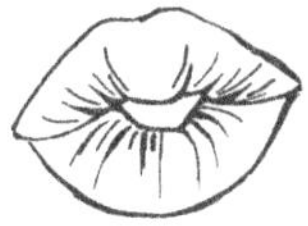

In der folgenden Skizze werden einige Krümmungskreise dargestellt. Man beachte, dass die Kurve zwischen $\boldsymbol{p}_1$ und $\boldsymbol{p}_2$ ein Kreissegment ist und dass daher zu beiden Punkten derselbe Krümmungskreis gehört.

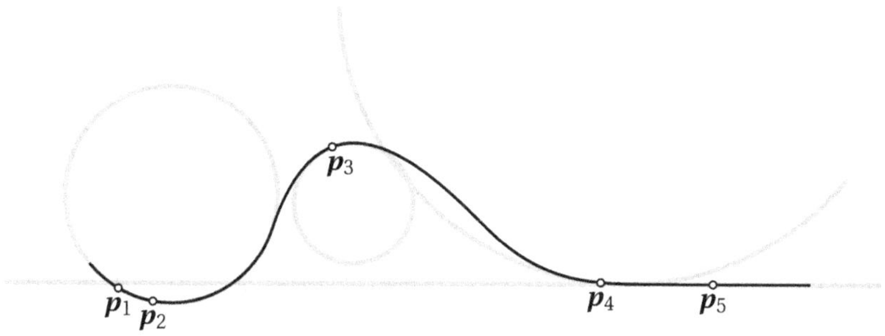

Aufgabe 48: Bei den Ausführungen zum Krümmungskreis habe ich einen Spezialfall nicht erwähnt. Welchen?

Aufgabe 49: Oben habe ich behauptet, man könne erreichen, dass die beiden Geschwindigkeitsvektoren gleich sind. Wie war das gemeint?

Aufgabe 50: Wenn wir im Code aus Kapitel 2 den Aufruf von `drawCurve` folgendermaßen modifizieren

```
drawCurve(t => [t, t*t], -2, -2+k*4);
```

dann erhalten wir eine Parabel. Berechnen Sie deren Krümmung.

Aufgabe 51: Ersetzen Sie die Zeile aus der letzten Aufgabe nacheinander durch eine der folgenden:

```
drawCurve(t => [-t,  t*t], -2, -2+k*4);
drawCurve(t => [ t, -t*t], -2, -2+k*4);
drawCurve(t => [-t, -t*t], -2, -2+k*4);
```

[3] Gottfried Wilhelm Leibniz war ein deutscher Universalgelehrter, der im 17. Jahrhundert lebte und heute als einer der einflussreichsten und orginellsten Denker seiner Zeit gilt. Sein wichtigster Beitrag zur Mathematik (aber bei weitem nicht der einzige) war die Entwicklung der *Infinitesimalrechnung*, auf deren Ideen die heutige Analysis beruht. (Unabhängig von Leibniz hatte der englische Physiker Isaac Newton dieselben Ideen.)

Überlegen Sie jeweils, welche Krümmung Sie erwarten, und berechnen Sie diese anschließend, um Ihre Vermutung zu verifizieren.

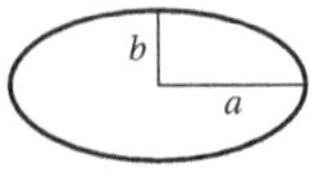

Aufgabe 52: Lassen Sie sich vom Computer eine Ellipse mit den Halbachsen a und b zeichnen, berechnen Sie die Krümmung und lassen Sie sich den Graphen der Krümmung in Abhängigkeit vom Parameter t ebenfalls zeichnen. An welchen Stellen wird die Krümmung minimal bzw. maximal?

Aufgabe 53: Ermitteln Sie anhand der in Aufgabe 52 berechneten Formel (A.2) noch einmal die Krümmung eines Kreises.

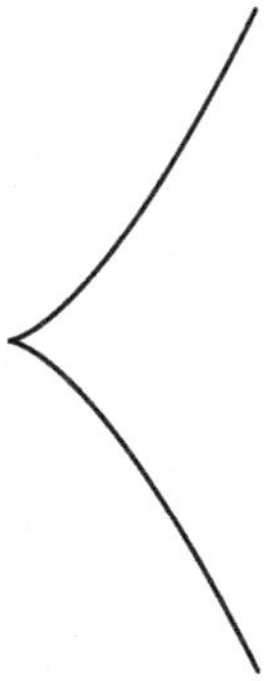

Aufgabe 54: Am Rand ist eine *Neilsche Parabel*[4] abgebildet, die durch $t \mapsto (t^2, t^3)$ parametrisiert ist. Berechnen Sie mit Computerhilfe die Krümmung und für $t \in [0, s]$ auch die Länge dieser Kurve.

Aufgabe 55: Die folgende Grafik zeigt ein Beispiel für eine *logarithmische Spirale.*

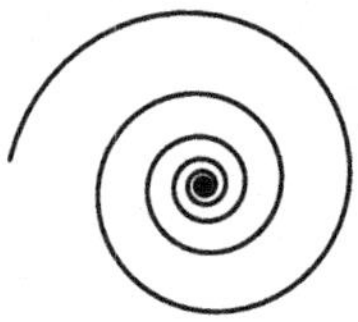

Allgemein wird so eine Spirale durch $\boldsymbol{\alpha}(t) = ae^{bt} \cdot (\cos t, \sin t)$ parametrisiert. Berechnen Sie für den Fall $a = b = 1$ Bogenlänge und Krümmung.

WIR WOLLEN NUN EINEN ZUSAMMENHANG zwischen der Krümmung und der Richtung der Tangente herstellen. Die grundsätzliche Idee für dieses Verfahren stammt von dem bereits erwähnten Carl Friedrich Gauß[5] und lässt sich anschaulich recht leicht erklären. Wir verfolgen den Weg eines Punktes auf einer regulären parametrisierten Kurve. Dabei betrachten wir parallel ein „Ziffernblatt“, auf dem sich eine Kopie des Geschwindigkeitsvektors befindet, dessen Anfangspunkt im Mittelpunkt sitzt.[6] Dieser „Zeiger“ wird sich hin- und herbewegen, mal im und mal gegen den Uhrzeigersinn, aber die Bewegung wird *stetig* sein, weil parametrisierte Kurven nach Definition glatt sind.

[4] Die Kurve ist benannt nach dem englischen Mathematiker William Neile, der im 17. Jahrhundert ihre Länge berechnet hat. Das war damals überraschend, weil man zu der Zeit glaubte, dass Kreise und Geraden die einzigen Kurven seien, deren Länge ermittelt werden kann.

[5] Siehe dazu die *Gauß-Abbildung* in Kapitel 15.

[6] Dafür sollte der Vektor immer gleich lang sein. Das können wir einfach durch Normieren erreichen, weil uns nur die Richtung interessiert.

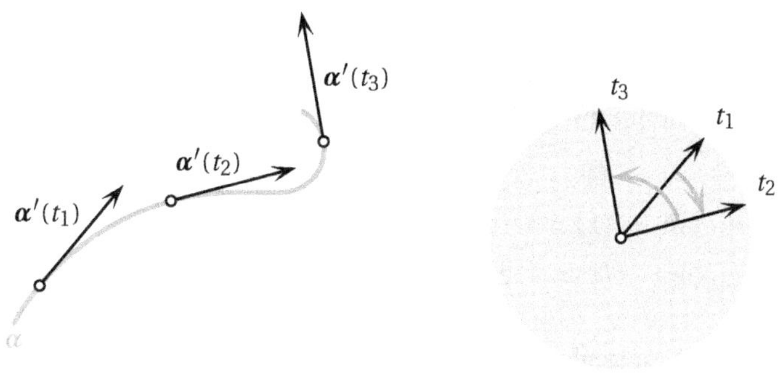

Das ist eigentlich schon alles. Lediglich bei der technischen Umsetzung müssen wir ein bisschen aufpassen, denn der „Uhrzeiger“ soll für einen Winkel $\vartheta(t)$ in Abhängigkeit von der Zeit stehen. Typischerweise wird dieser Winkel relativ zur gedachten x-Achse gemessen.

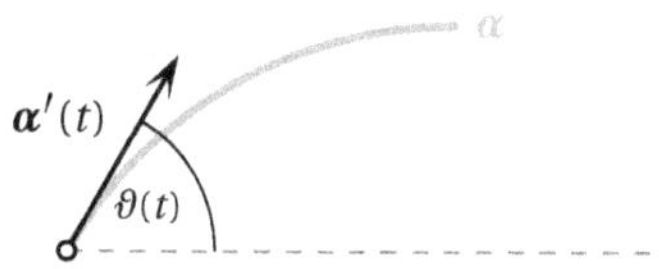

Es ist unproblematisch, den Winkel (mit dem Computer) zu berechnen, wenn man den Geschwindigkeitsvektor hat. Dafür kann man die Funktion `atan2` verwenden, die von vielen Programmiersprachen angeboten wird.[7] Allerdings gibt `atan2` Werte zwischen $-\pi$ und π zurück. Wandert unser Zeiger gegen den Uhrzeigersinn von 10 Uhr nach 8 Uhr, dann springt der Winkel bei Verwendung von `atan2` zwischendurch direkt von π nach $-\pi$. Würden wir $\vartheta(t)$ so „naiv“ implementieren, dann wäre die Funktion an dieser Stelle nicht stetig.

Stattdessen geht man etwas cleverer vor. Der Arkustangens liefert nur Winkel zwischen $-\pi/2$ und $\pi/2$, aber durch geschicktes Umstellen kann man mit ihm verschiedene Winkelbereiche der „Breite“ π so abdecken, dass jeder mögliche Winkel zweimal als Wert vorkommt:

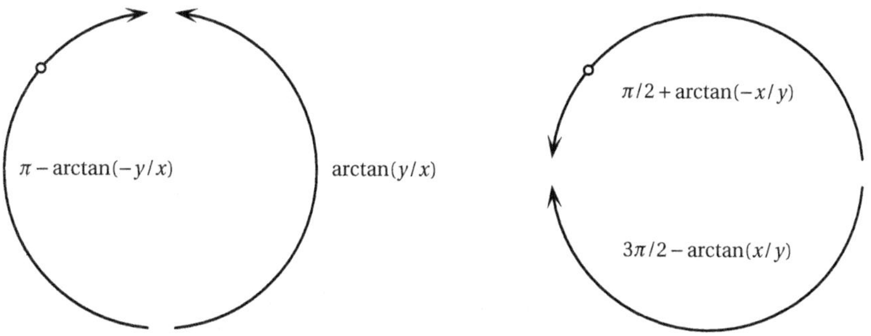

Die obigen Formeln sind zudem so gewählt, dass Sie an den Stellen, an denen sich ihre „Zuständigkeiten“ überschneiden, äquivalente Winkel liefern. (Damit

[7] Siehe Kapitel 24 in [Wei18].

ist gemeint, dass die Winkel entweder identisch sind oder sich um eine volle Umdrehung von 2π unterscheiden.) Beispielsweise hat der in der Skizze markierte Punkt auf dem Einheitskreis die Koordinaten $(x, y) \approx (-0.77, 0.64)$ und es ergibt sich:

$$\pi - \arctan(-y/x) = \pi - \arctan(0.64/0.77) \approx 2.44$$
$$\pi/2 + \arctan(-x/y) = \pi/2 + \arctan(0.77/0.64) \approx 2.44$$

Eine stetige (und sogar glatte!) Funktion erhält man nun, wenn man den Winkel in Abhängigkeit von den Koordinaten mit jeweils einer der obigen Formeln berechnet und immer „rechtzeitig“ vom einen „Zuständigkeitsbereich“ in den nächsten wechselt, z.B. an den folgenden Punkten:

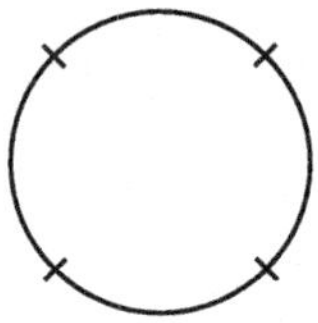

Dabei addiert oder subtrahiert man an den „Übergabepunkten“ ggf. 2π (also $360°$), damit es nicht zu Sprüngen kommt.

Anmerkung: Falls Sie sich an dieser Stelle fragen, ob man statt des Arkustangens nicht auch die erwähnte Funktion `atan2` hätte verwenden können: Ja, hätte man. Ich habe hier aus didaktischen Gründen die „klassische“ Vorgehensweise gezeigt. Mit `atan2` ist es vordergründig sogar einfacher; die Komplexität wird in diesem Fall jedoch in der Implementation von `atan2` versteckt.

Was haben wir mit dieser Methode erreicht? Wir haben gezeigt: Zu jeder regulären parametrisierten Kurve $\boldsymbol{\alpha}$ gibt es eine *glatte* Funktion ϑ mit demselben Definitionsbereich wie $\boldsymbol{\alpha}$, die für alle t die folgende Bedingung erfüllt:

$$\frac{\boldsymbol{\alpha}'(t)}{\|\boldsymbol{\alpha}'(t)\|} = \begin{pmatrix} \cos(\vartheta(t)) \\ \sin(\vartheta(t)) \end{pmatrix} \tag{4.3}$$

Wir werden so eine Funktion eine Winkelfunktion für $\boldsymbol{\alpha}$ nennen.

Aufgabe 56: Hier war von *einer* Winkelfunktion die Rede. Es gibt also wohl mehr als eine. In welcher Beziehung stehen die verschiedenen Winkelfunktionen zueinander?

Aufgabe 57: Ich habe oben behauptet, dass so eine Winkelfunktion ϑ glatt ist. Wieso ist das so?

Nun sind wir soweit, wie versprochen die Richtung in Beziehung zur Krümmung zu setzen. Was passiert mit einer Winkelfunktion bei Umparametrisierungen? Sei dafür $\boldsymbol{\beta} = \boldsymbol{\alpha} \circ \varphi$ und φ eine *positive* Parametertransformation. Nach der Kettenregel gilt $\boldsymbol{\beta}'(t) = \varphi'(t) \cdot \boldsymbol{\alpha}'(\varphi(t))$. Da hier nur mit dem Skalar $\varphi'(t)$ multipliziert wird, zeigen die Vektoren $\boldsymbol{\beta}'(t)$ und $\boldsymbol{\alpha}'(\varphi(t))$ also in dieselbe Richtung. Daher muss für die zugehörigen Winkelfunktionen $\vartheta_{\boldsymbol{\beta}}(t) = \vartheta_{\boldsymbol{\alpha}}(\varphi(t))$ gelten. Insbesondere müssen sie an Anfangs- und Endpunkt übereinstimmen.[8]

Für Betrachtungen über die Winkelfunktion können wir uns also auf eine nach Bogenlänge parametrisierte Kurve $\boldsymbol{\alpha}$ konzentrieren. Ihre Winkelfunktion nennen wir ϑ. Differenzieren wir Gleichung (4.3) auf beiden Seiten,[9] so erhalten wir:

$$\boldsymbol{\alpha}''(t) = \vartheta'(t) \cdot \begin{pmatrix} -\sin(\vartheta(t)) \\ \cos(\vartheta(t)) \end{pmatrix} = \vartheta'(t) \cdot \boldsymbol{n}_{\boldsymbol{\alpha}}(t)$$

Nun bilden wir jeweils das Skalarprodukt mit dem Normalenvektor $\boldsymbol{n}_{\boldsymbol{\alpha}}(t)$:

$$\kappa_{\boldsymbol{\alpha}}(t) = \boldsymbol{\alpha}''(t) \cdot \boldsymbol{n}_{\boldsymbol{\alpha}}(t) = \vartheta'(t) \cdot \boldsymbol{n}_{\boldsymbol{\alpha}}(t) \cdot \boldsymbol{n}_{\boldsymbol{\alpha}}(t) = \vartheta'(t)$$

Das liefert eine weitere geometrische Interpretation der Krümmung – sie ist die Änderungsrate des Winkels relativ zur Bogenlänge. Allerdings ist das auf den ersten Blick vielleicht nicht ganz klar. Eigentlich haben wir ja nach dem „Zeitparameter“ t abgeleitet (der allerdings bei nach Bogenlänge parametrisierten Kurven der Bogenlänge entspricht). Dass es wirklich um die Bogenlänge geht, kann man sich geometrisch mithilfe des Krümmungskreises (siehe Abbildung 4.1) klarmachen:

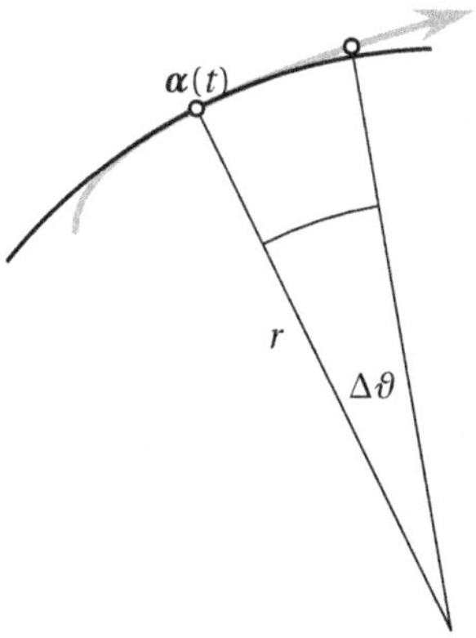

Abbildung 4.1

Die graue Linie mit dem Pfeil am Ende stellt einen Ausschnitt der Kurve dar, die schwarze Linie einen Ausschnitt des Krümmungskreises im Punkt $\boldsymbol{\alpha}(t)$. Wenn

[8] Damit ist natürlich Gleichheit bis auf ein Vielfaches von 2π gemeint.

[9] Verschiedene Winkelfunktionen unterscheiden sich nur durch eine additive Konstante, die keine Rolle spielt, weil sie beim Differenzieren wegfällt.

man nun vom Punkt $\boldsymbol{\alpha}(t)$ aus ein kleines Stück Δs auf der Kurve weiterwandert (in der Skizze bis zum zweiten Punkt) und das einer Winkeländerung $\Delta\vartheta$ entspricht, dann kann man dieses Wegstück durch ein Stück auf dem Kreisbogen approximieren: $\Delta s \approx r\,\Delta\vartheta$, wobei r der Krümmungsradius ist. Da der Kreis sich bei $\boldsymbol{\alpha}(t)$ perfekt an die Kurve anschmiegt, gilt im Infinitesimalen sogar Gleichheit: $\mathrm{d}s = r\,\mathrm{d}\vartheta$. Umformen dieser Gleichung liefert dann:

$$\frac{\mathrm{d}\vartheta}{\mathrm{d}s} = 1/r = \kappa_{\boldsymbol{\alpha}}(t)$$

Weil in Gleichung (4.1) nur Addition, Subtraktion und Multiplikation vorkommen, ist die Funktion $\kappa_{\boldsymbol{\alpha}}$, die jedem „Zeitpunkt“ t eine Krümmung zuordnet, offenbar eine glatte Funktion. Erstaunlicherweise kann man auch umgekehrt immer eine Kurve zu einer vorgegebenen Krümmung konstruieren. Das besagt der sogenannte Hauptsatz der ebenen Kurventheorie:

Zu jeder auf einem Intervall $[a,b]$ definierten glatten Funktion k gibt es eine parametrisierte ebene Kurve $\boldsymbol{\beta} : [a,b] \to \mathbb{R}^2$, für deren Krümmung auf ganz $[a,b]$ immer $\kappa_{\boldsymbol{\beta}}(t) = k(t)$ gilt.

Und obwohl das eine weitreichende und zunächst vielleicht überraschende Aussage ist, lässt sie sich sehr leicht beweisen. Man definiert für $s \in [a,b]$:

$$\begin{aligned} \vartheta(s) &= \int_a^s k(t)\,\mathrm{d}t \\ \boldsymbol{\beta}(s) &= \left(\int_a^s \cos(\vartheta(t))\,\mathrm{d}t, \int_a^s \sin(\vartheta(t))\,\mathrm{d}t\right) \end{aligned} \tag{4.4}$$

Da k glatt ist, ist ϑ definiert und ebenfalls glatt. Damit ist dann auch $\boldsymbol{\beta}$ definiert und glatt. Es ist außerdem kein Problem, die Ableitung von $\boldsymbol{\beta}$ anzugeben:

$$\boldsymbol{\beta}'(s) = (\cos(\vartheta(s)), \sin(\vartheta(s)))$$

Man sieht dadurch sofort, dass erstens immer $\|\boldsymbol{\beta}'(s)\| = 1$ gilt, $\boldsymbol{\beta}$ also nach Bogenlänge parametrisiert ist, und dass zweitens ϑ als Winkelfunktion für $\boldsymbol{\beta}$ konstruiert wurde. Da wir einerseits wissen, dass die Ableitung einer solchen Winkelfunktion die Krümmung ist, und da andererseits die Ableitung von ϑ nach Konstruktion gerade k ist, sind wird schon fertig!

Es bleibt lediglich noch anzumerken, dass ϑ und $\boldsymbol{\beta}$ nicht eindeutig bestimmt sind. Mit konstanten Werten ϑ_0 und $\boldsymbol{\beta}_0$ würden die Funktionen $s \mapsto \vartheta(s) + \vartheta_0$ statt ϑ bzw. $s \mapsto \boldsymbol{\beta}(s) + \boldsymbol{\beta}_0$ statt $\boldsymbol{\beta}$ die Bedingungen auch erfüllen.

Aufgabe 58: Was genau wählen wir, wenn wir ϑ_0 und $\boldsymbol{\beta}_0$ vorgeben?

Aufgabe 59: Berechnen Sie parametrisierte Kurven für die konstanten Krümmungen, die durch $k_1(t) = 0$ für $t \in [0,1]$ bzw. $k_2(t) = 1$ für $t \in [0, 2\pi]$ vorgegeben sind. Überlegen Sie vorher, welche Kurven Sie erwarten. Experimentieren Sie mit unterschiedlichen Werten für ϑ_0. Was wird wohl passieren, wenn man andere konstante Werte als 0 oder 1 wählt?

In der Theorie ist die Existenz so einer Kurve also gesichert. In der Praxis werden wir im Allgemeinen daran scheitern, die in (4.4) auftretenden Funktion analytisch zu integrieren. Wie kann man $\boldsymbol{\beta}$ numerisch approximieren?

Eine Möglichkeit wäre der folgende geometrische Ansatz:

(i) Man beginnt mit einer beliebigen Startposition $P \in \mathbb{R}^2$ und einem beliebigen normierten Geschwindigkeitsvektor $\boldsymbol{v}$. (Siehe Aufgabe 58.)

(ii) Man addiert $\boldsymbol{v}$ zu P, um die Position P zu aktualisieren.

(iii) Man dreht $\boldsymbol{v}$ um 90°, um den Normalenvektor $\boldsymbol{n}$ zu erhalten.

(iv) Man berechnet den Beschleunigungsvektor $\boldsymbol{a} = k(t) \cdot \boldsymbol{n}$.

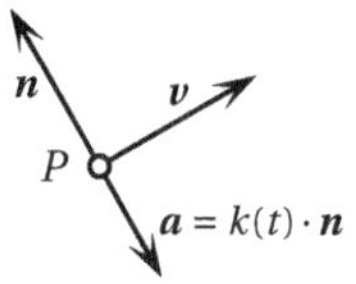

(v) Man verwendet $\boldsymbol{a}$, um $\boldsymbol{v}$ zu aktualisieren. Der Geschwindigkeitsvektor wird dann wieder normiert.

(vi) Man erhöht den Zeitparameter t, der anfangs den Wert a hatte, und kehrt dann zu (ii) zurück, solange t kleiner als b ist.

Wenn Sie an dieser Stelle t nicht um 1 erhöhen (im Allgemeinen werden Sie eine wesentlich kleinere Schrittweite wählen wollen), dann müssen Sie (ii) und (v) entsprechend anpassen.

Alternativ kann man ϑ und $\boldsymbol{\beta}$ auch durch numerische Integration berechnen.

Projekte

Projekt P8: Unter der URL `http://weitz.de/v/angle.js` finden Sie P5.JS-Code, mit dem Sie mit der Maus einen Punkt auf dem Rand eines Kreises bewegen können. Dazu wird jeweils der mit `atan2` berechnete Winkel angezeigt. Wir haben gelernt, dass diese „naive“ Winkelfunktion eine Unstetigkeitsstelle bei 180° bzw. −180° hat. Gehen Sie wie in diesem Kapitel vor, um eine stetige Winkelfunktion zu implementieren. (Sie müssen dafür nicht den Arkustangens verwenden, sondern Sie können auch direkt mit `atan2` arbeiten.)

Projekt P9: Schreiben Sie eine Funktion, die numerisch den Hauptsatz der ebenen Kurventheorie implementiert. Mit Parametern wie

```
let k = t => 1;          // vorgegebene Krümmung k(t)
let a = 0;               // Grenzen für Intervall [a,b]
let b = 2 * Math.PI;
let start = [0,0];       // Startpunkt β0
let phi = 0;             // Startwinkel ϑ0
```

soll also z.B. ein Kreis gezeichnet werden – siehe Aufgabe 59.

Zum numerischen Approximieren eines Integrals wie $\int_a^b g(t)\,\mathrm{d}t$ können Sie die folgende Funktion verwenden:

```
function integral (g, a, b, n = 1000) {
  let sum = 0;
  let step = (b - a) / n;
  for (let i = 0; i <= n; i++)
    sum += g(a + i*step);
  return sum * step;
}
```

Sie zerlegt das Intervall $[a, b]$ in n Stücke und berechnet eine Riemann-Summe. Eine auf $[a, b]$ definierte Stammfunktion von $g : [a, b] \to \mathbb{R}$ erhält man als JAVASCRIPT-Funktion dann z.B. so:

```
function integrate (g, a, b, s = 1000, n = 1000) {
  let vals = [];
  let step = (b - a) / s;
  for (let i = 0; i <= s; i++)
    vals.push(integral(g, a, a+i*step, n));
  return t => {
    let pos = (t - a) / step;
    let i = floor(pos);
    let part = pos - i;
    if (i >= s)
      return vals[s];
    if (i < 0)
      return vals[0];
    return (1- part) * vals[i] + part * vals[i+1];
  };
}
```

Hier wird das Integral an $s+1$ Stellen vorab numerisch berechnet und die Werte werden in der Liste `vals` gespeichert. Für Argumente zwischen diesen Stützstellen wird linear interpoliert.

Diese beiden Funktionen fallen in die Kategorie *quick and dirty* und sind keinesfalls als universelle Werkzeuge für die numerische Integration gedacht. Aber für die Verwendung im Rahmen dieser Aufgabe sollten sie genau genug und nicht zu langsam sein.

Probieren Sie auch Krümmungen wie $t \mapsto 1/t$ und $t \mapsto 1/\sqrt{1+t}$ aus und überlegen Sie jeweils vorher, was für Kurven Sie als Ergebnis erwarten.

Projekt P10: Schreiben Sie eine Funktion, die dasselbe leistet wie die aus Aufgabe P9, die aber den geometrischen Ansatz von Seite 55 verwendet.

5 Etwas Topologie

> If it's just turning the crank, it's algebra,
> but if it's got an idea in it, it's topology.
>
> Solomon Lefschetz

Als kleines „Zwischenspiel" möchte ich in diesem Kapitel ein paar grundlegende topologische Begriffe einführen und einige einfache Aussagen erwähnen, die wir in Zukunft benötigen werden. Die Topologie ist ein fundamentales Teilgebiet der Mathematik mit vielen Berührungspunkten zu anderen Teilgebieten. Sie ist sehr umfangreich und wird heutzutage in einer ziemlich abstrakten Form betrieben. Wir können uns aber zum Glück auf einen kleinen Ausschnitt und einige wenige konkrete Beispiele beschränken, nämlich auf sogenannte *metrische Räume* der Form $\mathbb{R}^n$ mit *euklidischem Abstand.*[1] In einem Buch für angehende Mathematiker hätte dies wohl das erste Kapitel sein müssen. Mir schien es aber sinnvoller zu sein, mit konkreten Beispielen anzufangen. Erfahrungsgemäß erschließen sich die topologischen Ideen erst durch den Gebrauch. Wie üblich ist es mir wichtig, dass Sie eine intuitive Vorstellung entwickeln, während die Exaktheit etwas auf der Strecke bleiben wird.

Auch uns schon vertraute Begriffe wie *Grenzwert* und *Stetigkeit* sind eigentlich topologische Begriffe. Es beginnt aber alles mit dem Konzept des *Abstands.* Dafür betrachten wir Elemente der Menge $\mathbb{R}^n$ und interpretieren sie als Punkte.[2] Wie man den Abstand zweier solcher Punkte $\boldsymbol{p}$ und $\boldsymbol{q}$ berechnet, wissen wir. Wir schreiben dafür statt $\|\boldsymbol{p}-\boldsymbol{q}\|$ in diesem Kapitel meistens $d(\boldsymbol{p},\boldsymbol{q})$ und rufen uns ein paar wichtige Fakten über den Abstand in Erinnerung:

---

[1] Daher werden einige Aussagen auch nur für diese Beispiele und nicht für beliebige topologische Räume gelten.

[2] Auch in diesem Kapitel identifizieren wir wieder Punkte und ihre Ortsvektoren.

E. Weitz, *Elementare Differentialgeometrie (nicht nur) für Informatiker*,
https://doi.org/10.1007/978-3-662-60463-2_5

- Der Abstand zweier Punkte ist immer eine nichtnegative reelle Zahl.
- $d(\boldsymbol{p}, \boldsymbol{q}) = 0$ gilt dann und *nur* dann, wenn $\boldsymbol{p} = \boldsymbol{q}$ gilt.
- Es gilt immer $d(\boldsymbol{p}, \boldsymbol{q}) = d(\boldsymbol{q}, \boldsymbol{p})$.
- Für je drei Punkte $\boldsymbol{p}, \boldsymbol{q}, \boldsymbol{r}$ gilt die sogenannte Dreiecksungleichung:

$$d(\boldsymbol{p}, \boldsymbol{q}) \leq d(\boldsymbol{p}, \boldsymbol{r}) + d(\boldsymbol{r}, \boldsymbol{q})$$

Dabei dürfte wohl nur der letzte Punkte ggf. erklärungbedürftig sein. Für den Fall, dass Sie diese Ungleichung zum ersten Mal sehen, vertraue ich auf die Überzeugungskraft einer Skizze:

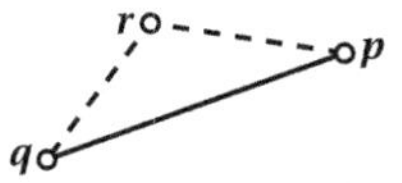

Aufgabe 60: Was bedeutet $d(\boldsymbol{p}, \boldsymbol{q})$ für den Fall $n = 1$?

Aufgabe 61: Sei $\boldsymbol{p}$ ein fest gewählter Punkt des Raums $\mathbb{R}^n$. Wie viele Elemente enthalten die folgenden drei Mengen jeweils?

$$\{\boldsymbol{q} \in \mathbb{R}^n : d(\boldsymbol{p}, \boldsymbol{q}) < 0\}$$
$$\{\boldsymbol{q} \in \mathbb{R}^n : d(\boldsymbol{p}, \boldsymbol{q}) \leq 0\}$$
$$\{\boldsymbol{q} \in \mathbb{R}^n : d(\boldsymbol{p}, \boldsymbol{q}) \leq 10^{-42}\}$$

Aufgabe 62: Sei $\boldsymbol{p}$ ein fest gewählter Punkt des Raums $\mathbb{R}^2$ bzw. $\mathbb{R}^3$. Welche geometrischen Figuren werden durch die folgenden beiden Mengen beschrieben?

$$\{\boldsymbol{q} \in \mathbb{R}^2 : d(\boldsymbol{p}, \boldsymbol{q}) < 5\}$$
$$\{\boldsymbol{q} \in \mathbb{R}^3 : d(\boldsymbol{p}, \boldsymbol{q}) < 5\}$$

Punktmengen wie die aus Aufgabe 62 bekommen einen Namen: Ist $\boldsymbol{p}$ ein Punkt des Raums $\mathbb{R}^n$ und ε eine positive reelle Zahl, so nennen wir die Menge

$$B_\varepsilon(\boldsymbol{p}) = \{\boldsymbol{q} \in \mathbb{R}^n : d(\boldsymbol{p}, \boldsymbol{q}) < \varepsilon\}$$

die offene Kugel (engl. *open ball*) um $\boldsymbol{p}$ mit dem Radius ε. Wie wir gerade gesehen haben, ist das nur im Fall $n = 3$ wirklich eine Kugel. Für $n = 2$ ist es eine Kreisscheibe und für $n > 3$ handelt es sich um ein geometrisches Gebilde, das wir uns nicht vorstellen können. Beachten Sie, dass so eine offene Kugel außer $\boldsymbol{p}$ selbst immer noch unendlich viele weitere Punkte enthält, weil wir $\varepsilon > 0$ gefordert haben.

Aufgabe 63: Wie sehen offene Kugeln im Raum $\mathbb{R} = \mathbb{R}^1$ aus?

Aufgabe 64: Ist jedes Intervall der Form (a, b) mit $a < b$ eine offene Kugel?

Der zentrale Begriff ist nun der der offenen Menge. Damit meint man Teilmengen von $\mathbb{R}^n$, die mit jedem Punkt auch eine offene Kugel um diesen Punkt enthalten. Ist also A offen und $\boldsymbol{p} \in A$, so muss es ein $\varepsilon > 0$ geben, so dass $B_\varepsilon(\boldsymbol{p}) \subseteq A$ gilt. (Wohlgemerkt: Das kann für jeden Punkt ein anderes ε sein.)

Das einfachste Beispiel für offene Mengen sind die offenen Kugeln selbst – sonst wäre es auch dumm gewesen, sie so zu nennen. Wir wollen das zur Übung mal begründen und betrachten dafür die offene Kugel $B_\varepsilon(\boldsymbol{p})$ und einen Punkt $\boldsymbol{q}$ aus dieser Kugel. Nach Definition gilt $d_0 = d(\boldsymbol{p}, \boldsymbol{q}) < \varepsilon$. Das bedeutet, dass die Differenz $\delta = \varepsilon - d_0$ positiv ist. Dann liegt $B_\delta(\boldsymbol{q})$ ganz in $B_\varepsilon(\boldsymbol{p})$, denn für jeden Punkt $\boldsymbol{r} \in B_\delta(\boldsymbol{q})$ gilt nach der Dreiecksungleichung:

$$d(\boldsymbol{r}, \boldsymbol{p}) \leq d(\boldsymbol{r}, \boldsymbol{q}) + d(\boldsymbol{q}, \boldsymbol{p}) < \delta + d_0 = \varepsilon$$

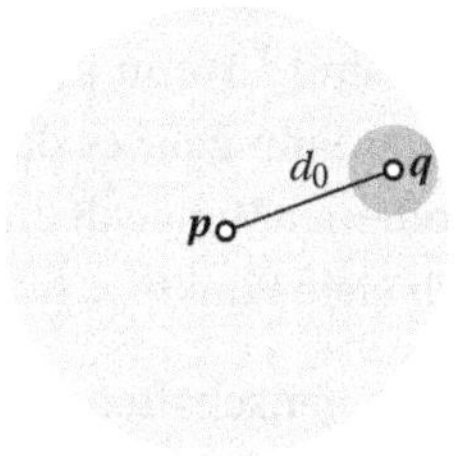

In offenen Mengen sind Punkte also gewissermaßen nie „alleine“. Um sie herum befindet sich immer eine evtl. sehr kleine, aber dichte „Wolke“ von anderen Punkten, die ebenfalls zur Menge gehören.

Aufgabe 65: Welche der folgenden Mengen sind offen?

$(0,2) \cup (10,11)$

$[0,2)$

$B_1((0,0,0)) \setminus \{(0,0,0)\}$

$\{(x, y) \in \mathbb{R}^2 : 0 < x < 1 \text{ und } 2 < y < 3\}$

$\{\boldsymbol{q} \in \mathbb{R}^2 : d((1,0), \boldsymbol{q}) \leq 1/10\}$

Aufgabe 66: Sind $\varnothing$ und $\mathbb{R}^n$ offene Mengen?

WIE ICH SCHON SAGTE, geht es in der Topologie unter anderem auch um Grenzwerte. Wir erinnern uns, dass man eine Zahl a den *Grenzwert* einer Zahlenfolge nennt, wenn für jedes $\varepsilon > 0$ fast alle Folgenglieder im Intervall $(a - \varepsilon, a + \varepsilon)$ liegen.[3] Aber so ein Intervall ist nichts anderes als die offene Kugel $B_\varepsilon(a)$, die wir

[3] Dabei ist *fast alle* keine vage Formulierung, sondern ein klar definierter mathematischer Begriff. Siehe z.B. Kapitel 37 in [Wei18].

gerade definiert haben. Und dass eine Zahl in $B_\varepsilon(a)$ liegt, heißt einfach, dass ihr *Abstand* von a geringer als ε ist. Damit kann man dieses Konzept sofort wortwörtlich auf höhere Dimensionen übertragen: Eine Folge von Punkten des Raumes $\mathbb{R}^n$ konvergiert gegen den Grenzwert $\boldsymbol{a}$, wenn für jedes noch so kleine $\varepsilon > 0$ fast alle Punkte der Folge in der offenen Kugel $B_\varepsilon(\boldsymbol{a})$ liegen.

Grenzwerte und Stetigkeit von Funktionen übertragen sich ebenso. Man muss lediglich immer dann, wenn in den uns bereits vertrauten Begriffen so etwas wie $|x-y|$ auftaucht, dies in Gedanken durch den Abstand $d(\boldsymbol{x}, \boldsymbol{y})$ zweier Punkte ersetzen. Mehr dazu in Kapitel 9.

Damit wird auch die Bedeutung der offenen Mengen klar. Wenn A eine offene Menge und $\boldsymbol{p}$ ein Punkt aus A ist, gegen den eine Folge konvergiert, dann liegen fast alle Folgenglieder in A. Daher kann man sich von vornherein auf Folgen beschränken, die innerhalb von A verlaufen. Die Differenzierbarkeit von Funktionen wird z.B. üblicherweise nur für Funktionen definiert, deren Definitionsbereiche offene Mengen sind.[4] Wenn man nämlich von der Ableitung von f in einem Punkt $\boldsymbol{p}$ spricht, dann geht es darum, wie sich f *in der Nähe* von $\boldsymbol{p}$ verhält. Ist f auf einer offenen Menge definiert, so gibt es in der unmittelbaren Nähe von $\boldsymbol{p}$ unendlich viele Punkte $\boldsymbol{x}$, für die $f(\boldsymbol{x})$ existiert.

Ohne Beweis hier zwei wichtige Eigenschaften von offenen Mengen:

- Der Durchschnitt von endlich vielen offenen Mengen ist offen.
- Die Vereinigung von beliebig vielen offenen Mengen ist offen.

Aufgabe 67: Können Sie begründen, warum der Durchschnitt von zwei offenen Mengen offen ist?

Aufgabe 68: Die Mengen $I_n = (-1/n, 1/n)$ für $n \in \mathbb{N}^+$ sind alle offen. Was kann man über die folgende Menge aussagen?

$$I = \bigcap_{k=1}^{\infty} I_k = I_1 \cap I_2 \cap I_3 \cap \ldots$$

Aufgabe 69: Gibt es offene Mengen, die nur endlich viele Elemente haben?

In diesem Zusammenhang taucht auch häufig ein weiterer Begriff auf. Man nennt eine Menge A eine Umgebung eines Punktes $\boldsymbol{p}$, wenn es eine offene Menge O mit $\boldsymbol{p} \in O \subseteq A$ gibt. Das Intervall $[0,2)$ (siehe Aufgabe 65) ist z.B. eine Umgebung der Zahl 1, aber keine Umgebung der Zahl 0. Eine offene Menge ist hingegen immer Umgebung all ihrer Elemente.

[4] Siehe Fußnote 9 in Kapitel 2.

Der nächste wichtige Begriff ist der der *abgeschlossenen* Menge. Eine Teilmenge A von $\mathbb{R}^n$ heißt abgeschlossen, wenn ihr Komplement $\mathbb{R}^n \setminus A$ offen ist. Wenn man also die offenen Mengen kennt, dann kennt man auch die abgeschlossenen. Typische abgeschlossene Mengen sind Intervalle der Form $[a,b]$ (weil deren Komplement $(-\infty,a) \cup (b,\infty)$ offen ist) und endliche Mengen (weil $\mathbb{R}^n$ auch dann noch offen ist, wenn man endlich viele Punkte entfernt). Eine Faustregel, wenn auch keine mathematisch präzise Aussage, ist außerdem, dass man eine abgeschlossene Menge erhält, wenn man in der Definition einer offenen Menge überall $<$ durch $\leq$ ersetzt. Solche *abgeschlossenen Kugeln* sind z.B. abgeschlossen:[5]

$$\overline{B_\varepsilon(\boldsymbol{p})} = \{\boldsymbol{q} \in \mathbb{R}^n : d(\boldsymbol{p},\boldsymbol{q}) \leq \varepsilon\} \tag{5.1}$$

Achtung! Ein häufiges Missverständnis ist, dass Mengen entweder offen oder abgeschlossen sind. Das ist falsch. Eine Tür ist entweder offen oder abgeschlossen, aber für Mengen gilt das nicht. Im gewissen Sinne sind die meisten Mengen weder offen noch abgeschlossen, wie z.B. das Intervall $[0,1)$. Zudem gibt es Mengen, die sowohl offen als auch abgeschlossen sind, allerdings sind die die Ausnahme: Nur die leere Menge und der ganze Raum $\mathbb{R}^n$ sind gleichzeitig offen *und* abgeschlossen.

Aus Sicht der Konvergenz ist die wichtigste Eigenschaft abgeschlossener Mengen die folgende: Wenn A abgeschlossen und $(\boldsymbol{a}_n)$ eine Folge von Elementen von A ist, die konvergiert, dann gehört der Grenzwert $\boldsymbol{a}$ der Folge auch zu A. Wäre dem nämlich nicht so, dann würde $\boldsymbol{a}$ im Komplement von A liegen, das nach Definition ja offen ist. Dann würde aber auch eine ganze Umgebung von $\boldsymbol{a}$ disjunkt zu A sein und fast alle Folgenglieder müssten wegen der Konvergenz in dieser Umgebung liegen, was offensichtlich ein Widerspruch dazu ist, dass die Folge in A verläuft.

Da die beiden Charakterisierungen von offen und abgeschlossen durch Folgenkonvergenz sehr ähnlich klingen, folgt hier noch mal eine Gegenüberstellung. Es ist wichtig, dass Sie sich den Unterschied klarmachen:

- Ist A offen und $(\boldsymbol{a}_n)$ irgendeine Folge, die gegen einen Punkt aus A konvergiert, dann liegen fast alle Folgenglieder von $(\boldsymbol{a}_n)$ in A.

- Ist A abgeschlossen und $(\boldsymbol{a}_n)$ eine Folge von Elementen von A, die konvergiert, dann liegt der Grenzwert von $(\boldsymbol{a}_n)$ in A.

[5] Der Querstrich, den wir hier sehen, hat in der Topologie eine spezifische Bedeutung, auf die ich aber nicht weiter eingehen möchte. Wir verwenden diese Schreibweise in Zukunft einfach für abgeschlossene Kugeln.

Aufgabe 70: Weiter oben hatte ich eine Aussage über Durchschnitt und Vereinigung offener Mengen zitiert. Aus den Regeln von De Morgan folgen daraus sofort die Entsprechungen für abgeschlossene Mengen. Wie lauten sie?

Aufgabe 71: Sei $\boldsymbol{\alpha} : [0,1] \to \mathbb{R}^2$ die übliche Parametrisierung der Strecke von $\boldsymbol{p}$ nach $\boldsymbol{q}$. Ist diese Strecke – also die Spur von $\boldsymbol{\alpha}$ – eine offene oder abgeschlossene Teilmenge von $\mathbb{R}^2$ oder nichts von beiden? (Eine intuitive Begründung reicht völlig. Ein mathematischer Beweis wird noch nachgeliefert.)

Aus der Analysis ist Ihnen vielleicht noch der Begriff der *Beschränktheit* von Mengen geläufig. Das sind die Mengen von reellen Zahlen, für die es eine Schranke $C > 0$ gibt: jedes ihrer Elemente hat einen kleineren Absolutbetrag als C. Wenn man realisiert, dass das ja nur bedeutet, dass die Menge eine Teilmenge des Intervalls $(-C, C)$ ist, dann lässt sich auch dieses Konzept leicht auf $\mathbb{R}^n$ übertragen: Eine Menge von Punkten werden wir beschränkt nennen, wenn es eine offene Kugel gibt, deren Teilmenge sie ist.

Aufgabe 72: Begründen Sie, warum sowohl endliche Mengen von Punkten als auch Verbindungsstrecken zweier Punkte beschränkte Mengen sind.

Und nun der letzte topologische Begriff in diesem Kapitel. Eine Punktmenge heißt kompakt, wenn sie beschränkt und abgeschlossen ist.[6] Das Intervall $[0,\infty)$ ist z.B. abgeschlossen, aber nicht beschränkt, wohingegen das Intervall $[0,1)$ beschränkt, aber nicht abgeschlossen ist. Das Intervall $[0,1]$ ist jedoch ein Beispiel für eine kompakte Menge. Ebenso sind das Quadrat $[0,1] \times [0,1]$, der Kubus $[0,1] \times [0,1] \times [0,1]$, endliche Punktmengen sowie abgeschlossene Kugeln der Form (5.1) kompakt.

Eine für uns wesentliche Eigenschaft kompakter Mengen ist eine Verallgemeinerung des aus der Analysis bekannten *Satzes vom Minimum und Maximum*.[7] Sie besagt dass das stetige Bild kompakter Mengen kompakt ist. Genauer: Ist $f : A \to \mathbb{R}^n$ stetig, $A \subseteq \mathbb{R}^m$ und B eine Teilmenge von A, die kompakt ist, so ist auch das *Bild*

$$f[B] = \{f(b) : b \in B\}$$

von B unter f kompakt.

[6] Dies ist nicht die „offizielle“ Definition von *kompakt*, aber für die Räume, die wir betrachten, ist sie äquivalent. Wundern Sie sich aber nicht, wenn Sie in Büchern, die sich mit „richtiger“ Topologie beschäftigen, eine ganz andere Definition finden. In dem am Rande verlinkten Video wird erklärt, was man in der Topologie unter *kompakt* versteht.

[7] Siehe z.B. Kapitel 47 in [Wei18].

Aufgabe 73: Wenn man in der obigen Aussage *kompakt* durch *abgeschlossen* bzw. durch *beschränkt* ersetzt, dann stimmt sie nicht mehr. Fallen Ihnen dafür Beispiele ein? Konkret:

(i) Geben Sie eine stetige Abbildung $f : A \to \mathbb{R}$ mit $A \subseteq \mathbb{R}$ und eine abgeschlossene Menge $B \subseteq A$ an, für die $f[B]$ nicht abgeschlossen ist.

(ii) Geben Sie eine stetige Abbildung $f : A \to \mathbb{R}$ mit $A \subseteq \mathbb{R}$ und eine beschränkte Menge $B \subseteq A$ an, für die $f[B]$ nicht beschränkt ist.

Aufgabe 74: Geben Sie eine Abbildung $f : \mathbb{R} \to \mathbb{R}$ an, für die das Bild von $[0,1]$ unter f nicht kompakt ist.

Weil stetige Bilder kompakter Mengen kompakt sind, hat man sofort eine einfache Antwort für Aufgabe 71: Weil $\boldsymbol{\alpha}$ stetig und $[0,1]$ kompakt ist, ist auch die Spur von $\boldsymbol{\alpha}$, die ja das Bild des Intervall $[0,1]$ unter $\boldsymbol{\alpha}$ ist, kompakt. Und ganz allgemein ist die Spur einer parametrisierten Kurve immer kompakt, wenn der Definitionsbereich der Kurve ein kompaktes Intervall der Form $[a,b]$ ist.

Zum Schluss dieses Kapitels schauen wir uns noch eine weitere Eigenschaft an, die aus der Kompaktheit folgt und die wir später noch brauchen werden. Sind A und B zwei nichtleere Teilmengen von $\mathbb{R}^n$, so kann man ihren Abstand definieren:[8]

$$d(A,B) = \inf\{d(\boldsymbol{a},\boldsymbol{b}) : \boldsymbol{a} \in A \text{ und } \boldsymbol{b} \in B\}$$

Weil A und B jeweils mindestens einen Punkt enthalten und weil Abstände von Punkten nicht negativ sind, ist $d(A,B)$ definiert und ebenfalls nicht negativ.

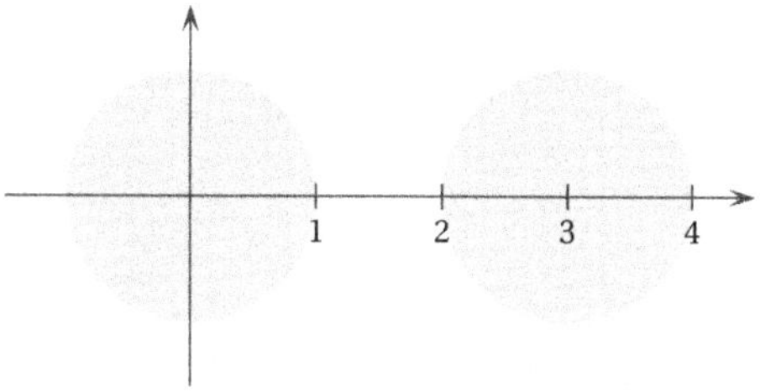

Betrachtet man beispielsweise die beiden offenen Kugeln $A = B_1((0,0))$ und $B = B_1((3,0))$ (siehe Skizze), so ist ihr Abstand $d(A,B)$ offenbar 1. Allerdings kann man keine Punkte $\boldsymbol{a} \in A$ und $\boldsymbol{b} \in B$ mit $d(\boldsymbol{a},\boldsymbol{b}) = 1$ finden. Das ist der Grund, warum man den Abstand von A und B nicht einfach als den kleinsten Abstand definiert, den Punkte aus A und B voneinander haben können. Diesen

[8] Die Schreibweise $\inf X$ steht für das *Infimum* einer Menge X von reellen Zahlen. Damit ist die größte untere Schranke von X gemeint. Dass es so eine Zahl geben muss, wenn X nach unten beschränkt ist, ist eine grundlegende Eigenschaft der Menge der reellen Zahlen. Mehr dazu in dem am Rande verlinkten Video.

kleinsten Punktabstand gibt es nämlich, wie wir gerade gesehen haben, nicht immer.

Sind aber A und B kompakt, so kann man solche Punkte tatsächlich finden, d.h. in diesem Fall gilt:

$$d(A,B) = \min\{d(\boldsymbol{a},\boldsymbol{b}) : \boldsymbol{a} \in A \text{ und } \boldsymbol{b} \in B\}$$

Das lässt sich am elegantesten damit begründen, dass die Abbildung

$$d : \begin{cases} \mathbb{R}^n \times \mathbb{R}^n \to \mathbb{R} \\ (\boldsymbol{p},\boldsymbol{q}) \mapsto d(\boldsymbol{p},\boldsymbol{q}) \end{cases}$$

stetig und die Menge, deren Infimum wir betrachten, das stetige Bild der kompakten Menge $A \times B$ unter d ist. Um diesen letzten Satz zu verstehen, müssten wir aber über sogenannte *Produkttopologien* sprechen und wir würden zu weit vom Wege abkommen. Wir merken uns einfach: Wenn wir es mit zwei nichtleeren kompakten Mengen zu tun haben, so finden wir in ihnen zwei Punkte, die so nahe beieinander liegen, dass kein anderes Punktepaar einen geringeren Abstand hat.

6 Geschlossene Kurven

A good proof is one that makes us wiser.

Yuri Manin

Zwei unserer ersten Beispiele für Kurven sahen folgendermaßen aus:

Zwischen diesen beiden Kurven besteht ein wichtiger Unterschied. Betrachten wir sie als „Straßen“, so ist die Ellipse rechts im Gegensatz zur anderen Kurve ein „Rundkurs“, auf dem man so lange fahren kann, wie man will. Man kommt dabei allerdings regelmäßig wieder an denselben Orten vorbei. Diese Eigenschaft wollen wir nun präzisieren.

Wir nennen eine beliebige auf ganz $\mathbb{R}$ definierte Funktion f **periodisch** mit **Periode** $L > 0$, wenn $f(x) = f(x + L)$ für alle $x \in \mathbb{R}$ gilt. Ein klassisches Beispiel für eine periodische Funktion ist der Sinus mit der Periode 2π.

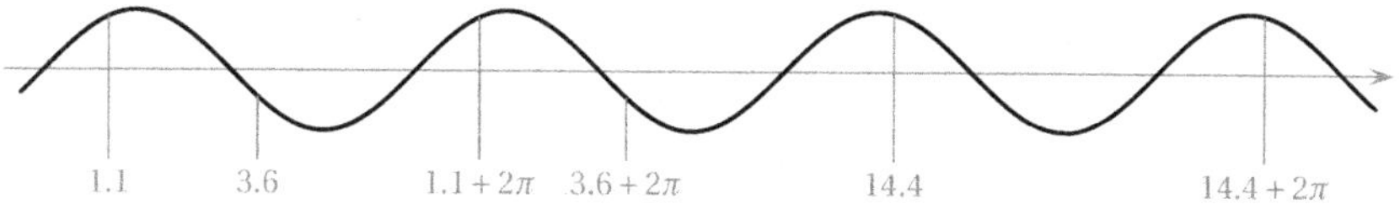

Aufgabe 75: Hat der Sinus noch andere Perioden?

Aufgabe 76: Kann es Funktionen geben, für die jede positive Zahl eine Periode ist?

E. Weitz, *Elementare Differentialgeometrie (nicht nur) für Informatiker*,
https://doi.org/10.1007/978-3-662-60463-2_6

Intuitiv würde man vielleicht vermuten, dass – abgesehen von den konstanten Funktionen (Aufgabe 76) – jede periodische Funktion eine kleinste Periode hat. Aber damit man in der Mathematik seiner Intuition trauen kann, muss man schon viel Erfahrung gesammelt haben.[1] Es gibt sehr seltsame Funktionen, die nicht konstant sind, aber trotzdem beliebig kleine Perioden haben. Ein Beispiel ist die sogenannte *Dirichlet-Funktion*:[2]

$$\chi_{\mathbb{Q}} : \begin{cases} \mathbb{R} \to \mathbb{R} \\ x \mapsto \begin{cases} 1 & x \in \mathbb{Q} \\ 0 & x \in \mathbb{R} \setminus \mathbb{Q} \end{cases} \end{cases}$$

Offenbar ist z.B. $1/10$ eine Periode von $\chi_{\mathbb{Q}}$, denn $x \in \mathbb{R}$ ist genau dann rational, wenn $x \pm 1/10$ rational ist. Aus demselben Grund sind aber auch $1/100$, $1/1000$ und so weiter Perioden von $\chi_{\mathbb{Q}}$.

Zum Glück zeigen *stetige* periodische Funktionen nicht ein so seltsames Verhalten. Dafür reicht es sogar, wenn die Funktionen in nur einem einzigen Punkt stetig sind. Nehmen wir mal an, f sei in $a \in \mathbb{R}$ stetig und hätte beliebig kleine Perioden. Wegen der Stetigkeit gibt es eine Zahl $\delta > 0$, so dass für alle x aus dem Intervall $I = (a-\delta, a+\delta)$ die Funktionswerte $f(x)$ weniger als $1/10$ von $f(a)$ entfernt sind. Nach Voraussetzung gibt es eine Periode L, die so klein ist, dass ein Intervall der Länge L ganz in I hineinpasst.

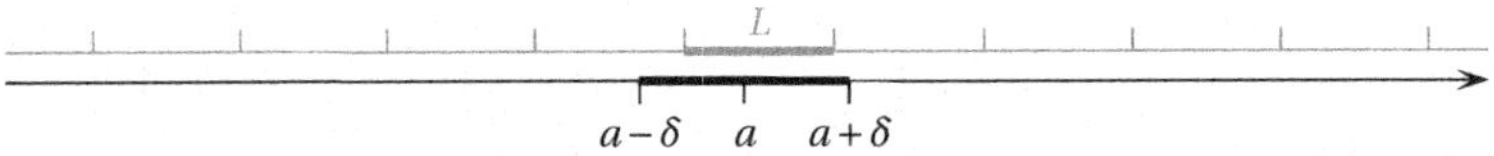

Wegen der Periodizität sind dann auch alle Funktionswerte außerhalb von I weniger als $1/10$ von $f(a)$ entfernt. Da das aber nicht nur für $1/10$, sondern auch für $1/100$ oder noch kleinere Werte funktionieren muss, folgt im Endeffekt, dass f nur konstant sein kann.

Wir werden in Zukunft parametrisierte Kurven der Form $\boldsymbol{\alpha} : \mathbb{R} \to \mathbb{R}^n$, die periodisch sind, geschlossen nennen.[3] Da sie nach Definition glatt und damit insbesondere stetig sind, haben sie eine kleinste Periode, die wir *die* Periode

[1] Außerdem ist es immer eine gute Idee, Energie in die Suche nach einem Gegenbeispiel zu stecken, wenn man etwas vermutet. Man nimmt dabei die Rolle des *Advocatus Diaboli* ein. Mathematiker werden im Studium geradezu darauf abgerichtet, alles anzuzweifeln, was nicht bewiesen ist.

[2] Sie ist das geistige Kind des deutschen Mathematikers Peter Gustav Lejeune Dirichlet, der durch diese und andere Ideen im 19. Jahrhundert den modernen Funktionsbegriff der Mathematik maßgeblich mitprägte.

[3] Wir beschäftigen uns weiterhin mit Kurven in der Ebene, aber sowohl diese Definition als auch einige der folgenden Aussagen gelten ebenso für Kurven in höherdimensionalen Räumen. Verwechseln Sie übrigens nicht *geschlossen* und *abgeschlossen*, das sind unterschiedliche Konzepte! Im Englischen ist es sogar noch gemeiner, weil in beiden Fällen das Wort *closed* verwendet wird.

der Kurve nennen werden. Wenn im Zusammenhang mit geschlossenen parametrisierten Kurven also von Perioden die Rede ist, sind damit im Folgenden immer deren kleinste Perioden gemeint.

Eins unserer ersten Beispiele für eine Kurve in der Ebene, der Einheitskreis, lässt sich durch eine geschlossene parametrisierte Kurve darstellen. Wir müssen nur den Definitionsbereich vergrößern:

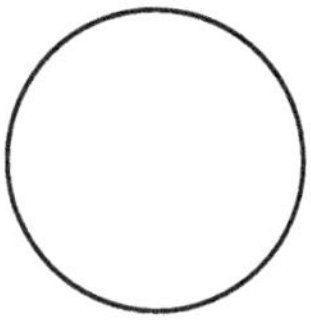

$$\boldsymbol{\alpha}: \begin{cases} \mathbb{R} \to \mathbb{R}^2 \\ t \mapsto (\cos t, \sin t) \end{cases}$$

Die Periode ist natürlich 2π. Nun schauen wir uns aber diese Funktion an:

$$\boldsymbol{\beta}: \begin{cases} \mathbb{R} \to \mathbb{R}^2 \\ t \mapsto (\cos(t^3 + t), \sin(t^3 + t)) \end{cases}$$

Das ist offenbar eine Umparametrisierung von $\boldsymbol{\alpha}$, aber $\boldsymbol{\beta}$ ist *nicht* periodisch. Periodizität ist also eine Eigenschaft, die durch eine Parametertransformation verloren gehen kann.

Aufgabe 77: Begründen Sie mathematisch präzise, dass $\boldsymbol{\beta}$ nicht periodisch ist.

Aufgabe 78: Begründen Sie, dass die Spur einer geschlossenen parametrisierten Kurve immer kompakt ist.

Allerdings gilt die folgende Aussage: Ist $\boldsymbol{\alpha}: \mathbb{R} \to \mathbb{R}^n$ geschlossen und regulär und $\boldsymbol{\beta}$ eine Umparametrisierung von $\boldsymbol{\alpha}$ nach Bogenlänge, dann ist $\boldsymbol{\beta}$ auch geschlossen.

Um das zu beweisen, geben wir der Periode von $\boldsymbol{\alpha}$ den Namen L und wählen uns einen festen Wert $a \in \mathbb{R}$ aus. Die Bogenlänge des Kurvenstücks von $\boldsymbol{\alpha}(a)$ nach $\boldsymbol{\alpha}(a+L)$ nennen wir D.[4] Wegen der Periodizität von $\boldsymbol{\alpha}$ muss das Stück von $\boldsymbol{\alpha}(a+L)$ bis $\boldsymbol{\alpha}(a+2L)$ ebenfalls die Bogenlänge D haben. Nun wählen wir uns eine beliebige Zahl b aus dem Intervall $(a, a+L)$ aus und bezeichnen die Bogenlänge von $\boldsymbol{\alpha}(a)$ bis $\boldsymbol{\alpha}(b)$ mit D^*. Die Bogenlänge von $\boldsymbol{\alpha}(b)$ bis $\boldsymbol{\alpha}(a+L)$ ist dann offenbar $D - D^*$. Wegen der Periodizität von $\boldsymbol{\alpha}$ wiederholt sich das Stück von a bis b zwischen $a+L$ und $a+L+(b-a) = b+L$, hat also ebenfalls die Bogenlänge D^*. Insgesamt hat das Stück von b bis $b+L$ damit die Bogenlänge $(D-D^*)+D^* = D$.

[4] Mal wieder eine etwas unpräzise Formulierung. Genauer ist damit $s_{\boldsymbol{\alpha},a}(a+L)$ gemeint.

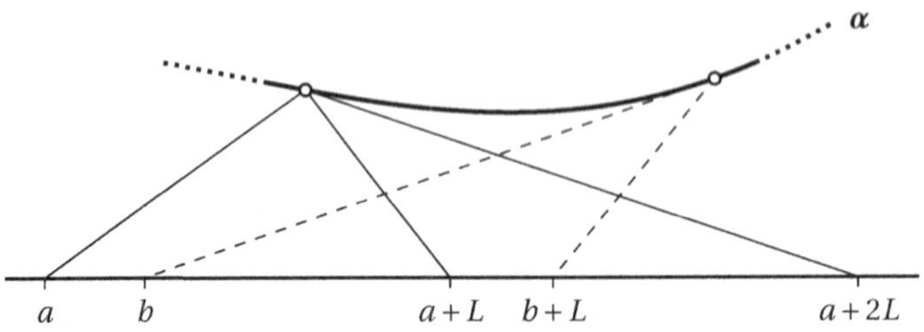

Und diese Überlegung stimmt nicht nur für $b \in (a, a+L)$, sondern für jedes $b \in \mathbb{R}$, da b entweder einer der Punkte $a+nL$ für $n \in \mathbb{Z}$ ist oder in einem Intervall der Form $(a+nL, a+L+nL)$ liegt. Wir haben also gesehen, dass ganz allgemein für zwei Punkte a_1 und a_2 aus $\mathbb{R}$, deren Abstand L ist, die Bogenlänge des Stücks von $\boldsymbol{\alpha}(a_1)$ bis $\boldsymbol{\alpha}(a_2)$ immer D ist.

Daraus folgt nun, dass $\boldsymbol{\beta}$ geschlossen mit Periode D ist. Ist nämlich t eine reelle Zahl, so hat das Stück von $\boldsymbol{\beta}(t)$ nach $\boldsymbol{\beta}(t+D)$ ja die Bogenlänge D. Dazu gehören Zahlen a_1 und a_2 mit $\boldsymbol{\beta}(t) = \boldsymbol{\alpha}(a_1)$ und $\boldsymbol{\beta}(t+D) = \boldsymbol{\alpha}(a_2)$, da wir es mit einer Umparametrisierung zu tun haben. Wir gehen o.B.d.A. davon aus,[5] dass $a_1 < a_2$ gilt. Wir wissen nach dem letzten Absatz, dass das Stück von $\boldsymbol{\alpha}(a_1)$ bis $\boldsymbol{\alpha}(a_1+L)$ die Bogenlänge D hat. Da $\boldsymbol{\alpha}$ regulär ist, muss $a_1 + L = a_2$ gelten. Also folgt:

$$\boldsymbol{\beta}(t) = \boldsymbol{\alpha}(a_1) = \boldsymbol{\alpha}(a_1+L) = \boldsymbol{\alpha}(a_2) = \boldsymbol{\beta}(t+D)$$

Nach dieser etwas technischen Begründung werden wir uns für den Rest des Kapitels nur noch mit *regulären* geschlossenen Kurven beschäftigen. Alle Umparametrisierungen nach Bogenlänge sind dann ebenfalls geschlossen.

Schließlich nennen wir eine geschlossene parametrisierte Kurve $\boldsymbol{\alpha}$ mit der Periode L einfach geschlossen, wenn sie auf $[0, L)$ injektiv ist. Das bedeutet, dass die Spur von $\boldsymbol{\alpha}$ sich nicht selbst schneidet, bevor sie anfängt, sich zu wiederholen. Ein Beispiel dafür ist die Parametrisierung $t \mapsto (\cos t, \sin t)$ des Einheitskreises, die uns schon mehrfach begegnet ist.

Ein Gegenbeispiel – eine geschlossene parametrisierte Kurve, die *nicht* einfach geschlossen ist – ist die Lissajous-Figur aus Kapitel 2. Ein weiteres ist die folgende „Acht" (die auch zu den Lissajous-Figuren zählt):

[5] Falls Sie diese Abkürzung noch nie gesehen haben sollten: Damit ist in der Mathematik „ohne Beschränkung der Allgemeinheit" gemeint. (Im Englischen *wlog* für „without loss of generality".) Diese Floskel wird in Beweisen verwendet, wenn man sich durch Zusatzannahmen das Leben leichter macht – typischerweise, um sich langweilige Fallunterscheidungen zu ersparen. Im konkreten Fall ist das so gemeint, dass ja auch $a_2 < a_1$ gelten könnte, dass aber entweder offensichtlich ist, wie dieser Fall zu behandeln ist oder dass die zusätzliche Denkarbeit dem Leser zugemutet werden kann.

Sie lässt sich durch $t \mapsto (2\sin t, \sin 2t)$ parametrisieren.

Anmerkung: Da wir gerade beim Thema Injektivität sind, noch eine kurze Anmerkung dazu. Wir haben bereits Beispiele dafür gesehen, dass verschiedene Kurven dieselbe Spur haben können. Insbesondere die Länge ist damit ein Attribut der Kurve und nicht der Punktmenge, die man ja intuitiv als „die Kurve" im Hinterkopf hat.

Unter bestimmten Bedingungen können wir jedoch eine ausgezeichnete Kurve herausgreifen. Sind nämlich zwei parametrisierte Kurven regulär und *injektiv* und haben sie dieselbe Spur, dann sind sie Umparametrisierungen voneinander.

Man kann das so interpretieren: Wenn man für eine geometrische Figur überhaupt eine Darstellung als injektive und reguläre parametrisierte Kurve finden kann, dann kann man die dadurch gegebene Länge getrost als die Länge der geometrischen Figur betrachten. Gibt es reguläre parametrisierte Kurven mit derselben Spur und einer *anderen* Länge, so können diese nicht injektiv sein – Teile der Figur werden mehrfach gemessen.

Der Beweis für diese Aussage ist nicht schwer, erfordert aber Kenntnisse aus der Topologie und der Analysis, die ich nicht unbedingt voraussetzen will. Darum müssen Sie mir das an dieser Stelle einfach glauben.

ALS „KRÖNUNG" DIESES KAPITELS möchte ich am Ende den *Vierscheitelsatz* vorstellen, der etwas über einfach geschlossene Kurven aussagt. Dafür müssen wir aber erst etwas Vorarbeit leisten. Ist E eine Menge von Punkten in der Ebene, so nennen wir einen Kreis mit Mittelpunkt $\boldsymbol{p}$ und Radius r einen umschließenden Kreis für E, wenn kein Punkt von E außerhalb des Kreises liegt, wenn also $E \setminus \overline{B_r(\boldsymbol{p})}$ leer ist.[6]

Wir überlegen uns zunächst, dass die folgende Aussage wahr ist: Zu jeder beschränkten Punktmenge der Ebene, die aus mindestens zwei Punkten besteht,[7] gibt es einen eindeutig bestimmten umschließenden Kreis mit minimalem Radius $r > 0$.

Die Eindeutigkeit kann man sich leicht anhand der folgenden Skizze klarmachen. Sind die beiden durchgezogenen Kreise (die denselben Radius haben)

[6] Wenn wir auf den folgenden Seiten vom *Kreis* reden, ist damit allerdings immer die Punktmenge $\overline{B_r(\boldsymbol{p})} \setminus B_r(\boldsymbol{p})$ gemeint, also der *Rand* von $\overline{B_r(\boldsymbol{p})}$.

[7] Gibt es nur einen Punkt, so entartet der umschließende Kreis zu diesem Punkt, also zu einem „Kreis" mit Radius null.

umschließende Kreise derselben Punktmenge, so liegt diese in dem schraffierten Bereich. Es ist aber offensichtlich, dass der grau hinterlegte Kreis dann auch ein umschließender ist und dass er einen kleineren Radius hat. Die beiden Ausgangskreise hatten also nicht minimalen Radius.

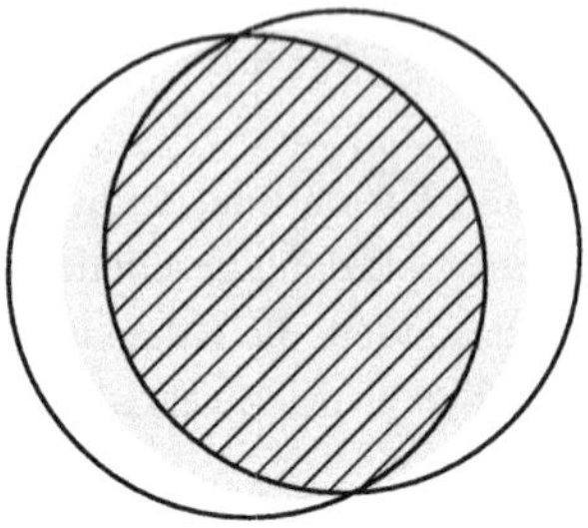

Aufgabe 79: Wenn die beiden gleich großen Kreise in der obigen Skizze den Radius r haben und wenn der Abstand ihrer Mittelpunkte d ist, welchen Radius hat dann der grau hinterlegte Kreis?

Nun zur Existenz. Da die Punktmenge beschränkt ist, gibt es – nach Definition des Begriffs *beschränkt* – mindestens einen umschließenden Kreis. Da die Menge außerdem mindestens zwei Punkte enthält, muss jeder umschließende Kreis offenbar einen Durchmesser haben, der größer als der Abstand dieser beiden Punkte ist. Die Menge der Radien aller umschließenden Kreise hat also ein Infimum $R > 0$. (Siehe Fußnote 8 in Kapitel 5.) Der umschließende Kreis mit dem Radius R ist offenbar der gesuchte mit minimalem Radius.

Aufgabe 80: Moment mal! Gibt es überhaupt einen umschließenden Kreis mit Radius R? Da R das Infimum der Menge der Radien ist, ist es prinzipiell möglich, dass es für jede Zahl $r > R$ einen umschließenden Kreis mit Radius r gibt, aber nicht für $r = R$. Wenn Sie genügend mathematischen Ehrgeiz besitzen, dann versuchen Sie mal, eine Begründung dafür zu entwickeln, dass dieser Fall nicht eintreten kann. Oder vielleicht lesen Sie zumindest den Lösungshinweis zu dieser Frage.

Aufgabe 81: Können Sie eine beschränkte Punktmenge angeben, die den kleinsten sie umschließenden Kreis nicht berührt?

Aufgabe 81 war als Warnung vor voreiligen Schlüssen gedacht: Ein minimaler umschließender Kreis muss die umschlossene Punktmenge nicht notwendig berühren. Ist die Punktmenge jedoch kompakt – also nicht nur beschränkt, sondern auch abgeschlossen –, so findet so eine Berührung auf jeden Fall statt.

Aufgabe 82: Eine weitere Aufgabe für mathematisch anspruchsvolle Leser. Wenn Sie den letzten Satz nicht einfach glauben wollen, dann versuchen Sie, eine Begründung für ihn zu finden. (Hinweis: Lesen Sie sich die Absätze über kompakte Mengen in Kapitel 5 noch mal durch.)

Tatsächlich kann man im Falle einer kompakten Punktmenge E noch mehr über die Schnittmenge mit dem minimalen umschließenden Kreis K aussagen. Zieht man nämlich eine beliebige Gerade g durch den Mittelpunkt von K und betrachtet eine der dadurch entstandenen „Hälften" von K *ohne* die beiden Schnittpunkte mit g, so können nicht alle Punkte von $K \cap E$ in dieser Hälfte liegen. Man könnte nämlich sonst, wie die folgende Skizze zeigt, K ein Stückchen rechtwinklig zu g und in Richtung von $K \cap E$ verschieben und hätte immer noch einen umschließenden Kreis – was der Eindeutigkeit von K widersprechen würde.

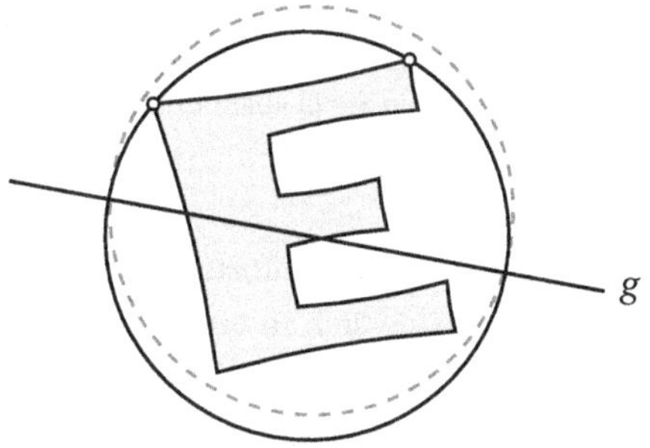

Anmerkung: Auch das müsste man eigentlich ein bisschen genauer begründen: Weil K und E kompakt sind, ist auch $K \cap E$ kompakt. Daher kann $K \cap E$ sich auf der oben genannten Hälfte von K nicht bis zum Schnitt mit g ausdehnen, denn dann wäre es keine abgeschlossene Menge. Also hat $K \cap E$ einen Minimalabstand $d_1 > 0$ zu g. Außerdem ist die andere Hälfte von K (*inklusive* der beiden Schnittpunkte mit g) kompakt und hat daher einen Minimalabstand d_2 zu E, der ebenfalls größer als null ist, weil diese Hälfte mit E keinen Punkt gemein hat. Verschiebt man nun K wie beschrieben um ein Stückchen d, das kleiner als $\min\{d_1, d_2\}$ ist, so kann man sich geometrisch leicht überlegen, dass E immer noch komplett innerhalb des neuen Kreises liegen muss.

Daraus folgt sofort, dass die Menge $K \cap E$ mindestens zwei Punkte enthalten muss. (Und wenn es tatsächlich nur zwei sind, müssen die sich auf dem Kreis gegenüberliegen.)

Als weitere Vorarbeit für den Vierscheitelsatz beschäftigen wir uns etwas intensiver mit dem „Einfluss" von Tangenten und Krümmungskreisen auf den Verlauf von Kurven. Ist $\boldsymbol{\alpha}$ eine parametrisierte Kurve, die bei t_0 einen Geschwindigkeitsvektor hat, der nicht verschwindet, so befindet sich die Spur von $\boldsymbol{\alpha}$ in einer Umgebung von t_0 zwischen zwei Geraden, die wie in der folgenden Skizze eine „Fliege" um die Tangente $\boldsymbol{\tau}$ herum bilden.[8]

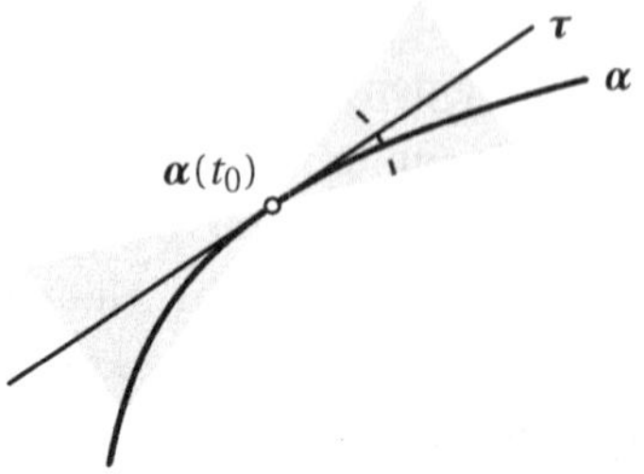

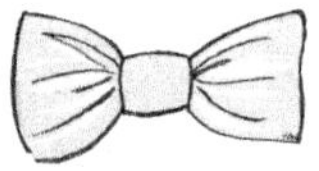

Dabei kann der in der Skizze gestrichelt angedeutete Winkel zwischen den Geraden beliebig klein (aber positiv) gewählt werden.

Aufgabe 83: In der Lösung dieser Aufgabe finden Sie einen mathematische Beweis für die obige Aussage. Vielleicht überlegen Sie ja vorher mal selbst, ob Sie das begründen können.

Wie die nächste Skizze zeigt, folgt daraus sofort, dass sich zwei parametrisierte Kurven schneiden müssen, wenn sie sich in einem Punkt treffen, in dem ihre Tangenten unterschiedliche Steigungen haben. Dafür muss man nur die „Fliegen" um die Tangenten schmal genug machen.

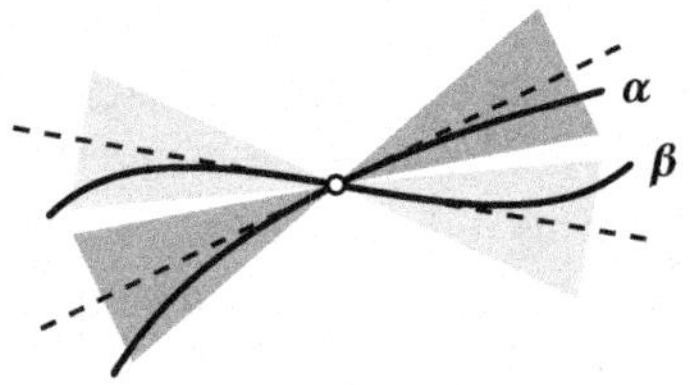

Umgekehrt – und für die nächsten Schritte wichtiger – heißt das, dass wir den folgenden Schluß ziehen können: Haben zwei parametrisierte Kurven einen Punkt gemeinsam und liegt in einer Umgebung dieses Punktes eine der Kurven immer auf derselben Seite der anderen, so müssen ihre Tangenten dort identisch sein (und der Punkt wird dann *Berührungspunkt* genannt).

Nun betrachten wir eine reguläre parametrisierte Kurve $\boldsymbol{\alpha}$ und einen regulär parametrisierten Kreis $\boldsymbol{\gamma}$, die in einem Punkt P übereinstimmen und dort auch identische Geschwindigkeitsvektoren haben.[9] Der Kreis soll im mathematisch positiven Sinn durchlaufen werden. Ist im Punkt P die Krümmung von $\boldsymbol{\alpha}$ größer als die des Kreises (also als der Kehrwert seines Radius), dann liegt ein Stück

[8] Man könnte auch von einem *Doppelkegel* sprechen, aber damit sind eigentlich dreidimensionale Objekte gemeint.

[9] Die Aussage stimmt auch noch mit schwächeren Voraussetzungen. Zum Beispiel muss $\boldsymbol{\gamma}$ kein Kreis sein. Für unsere Zwecke reicht aber diese Version.

von $\boldsymbol{\alpha}$ um P herum[10] innerhalb des Kreises. Das zeigt uns der Krümmungskreis von $\boldsymbol{\alpha}$, der in der folgenden Skizze gestrichelt eingezeichnet ist. Man kann analytisch nachrechnen (wir sparen uns das aber), dass $\boldsymbol{\alpha}$ in der Nähe von P so dicht an diesem Krümmungskreis liegt, dass kein Punkt (außer P selbst) auf $\boldsymbol{\gamma}$ oder gar außerhalb liegen kann.

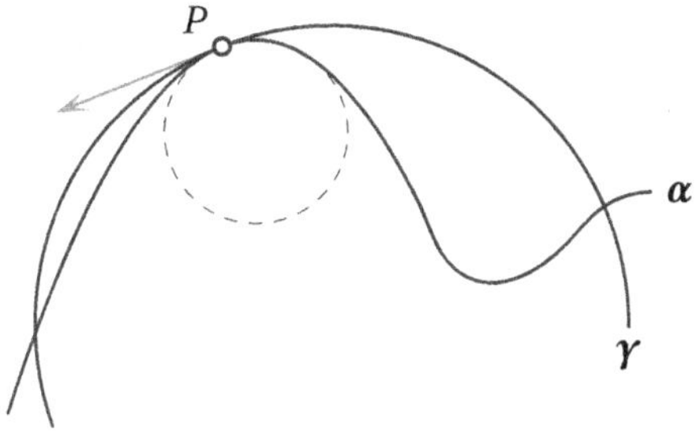

Ebenso gilt, dass unter ansonsten gleichen Voraussetzungen ein Stück von $\boldsymbol{\alpha}$ um P herum *außerhalb* von $\boldsymbol{\gamma}$ liegt, wenn die Krümmung von $\boldsymbol{\alpha}$ im Berührungspunkt P *kleiner* als die von $\boldsymbol{\gamma}$ ist.

ABER EIGENTLICH sollte es ja um den Vierscheitelsatz gehen. Das ist ein bekannter Satz der Kurventheorie, den zuerst 1909 der indische Mathematiker Syamadas Mukhopadhyaya für konvexe und anschließend 1912 der Deutsche Adolf Kneser für beliebige ebene Kurven bewies. Etwa siebzig Jahre lang waren alle bekannten Beweise des Vierscheitelsatzes vergleichsweise schwierig und zudem unanschaulich, weil es sich um Widerspruchsbeweise handelte. 1985 hat der Amerikaner Robert Osserman aber einen Beweis veröffentlicht (siehe [Oss85]), der so einfach und schön ist, dass ich seine Grundidee getrost auch hier vorführen kann.

Zunächst müssen wir den Begriff definieren, der dem Satz seinen Namen gegeben hat. Ist $\boldsymbol{\alpha}$ eine reguläre parametrisierte Kurve, so nennt man einen Punkt, an dem die Krümmung $\kappa_{\boldsymbol{\alpha}}$ ein lokales Extremum[11] hat, einen Scheitelpunkt (engl. *vertex*) von $\boldsymbol{\alpha}$.

Ein Beispiel dafür haben wir bei der Ellipse (siehe Aufgabe 52) gesehen, bei der die Krümmung zwei Minima und zwei Maxima hat. Beim Kreis (der eine spezielle Ellipse ist) ist die Krümmung konstant, so dass dort alle Punkte Scheitelpunkte sind. Der Vierscheitelsatz besagt nun, dass *jede* einfach geschlossene

[10] Genauer müsste man von einer Umgebung von t_0 sprechen, wobei $P = \boldsymbol{\alpha}(t_0)$ sein soll. Siehe die Anmerkung am Ende der Lösung von Aufgabe 83.

[11] Zur Erinnerung: Ein *lokales Minimum* einer Funktion f ist ein Punkt x_0, der eine Umgebung hat, auf der kein Funktionswert von f kleiner als $f(x_0)$ ist. *Lokale Maxima* werden analog definiert und *Extremum* ist ein Oberbegriff für Minima und Maxima. Ist f differenzierbar, so verschwindet an solchen Stellen die Ableitung von f.

reguläre parametrisierte Kurve mindestens vier Scheitelpunkte hat. Wir fangen aber gleich mal mit einer Kurve an, die nur *zwei* Scheitelpunkte hat.

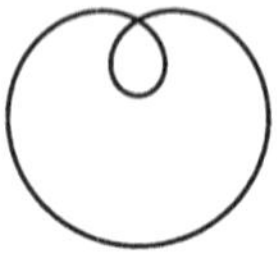

Aufgabe 84: Sie erfüllt nämlich eine Voraussetzung des Satzes nicht. Welche?

Aufgabe 85: Die obige Kurve kann durch

$$\boldsymbol{\alpha}(t) = (-1 - 2\sin t) \cdot (\cos t, \sin t)$$

für $t \in \mathbb{R}$ parametrisiert werden und hat dann offenbar die Periode 2π. Überprüfen Sie, dass $\boldsymbol{\alpha}$ regulär ist, und ermitteln Sie die Scheitelpunkte. (Setzen Sie dafür ein Computeralgebrasystem ein.)

Nun zum angekündigten Beweis. Sei $\boldsymbol{\alpha}$ eine einfach geschlossene reguläre parametrisierte Kurve. Wir wollen zeigen, dass $\boldsymbol{\alpha}$ mindestens vier Scheitelpunkte hat. Dazu betrachten wir den minimalen umschließenden Kreis K der Spur S von $\boldsymbol{\alpha}$. Da S nach Aufgabe 78 kompakt ist, schneiden sich S und K in mindestens zwei Punkten. Wir gehen davon aus, dass sowohl $\boldsymbol{\alpha}$ als auch der Kreis nach Bogenlänge parametrisiert sind und dass beide Kurven im mathematisch positiven Sinn durchlaufen werden. Es kann nun sein, dass S und K wie in der folgenden Skizze links ein ganzes Stück gemeinsam haben.

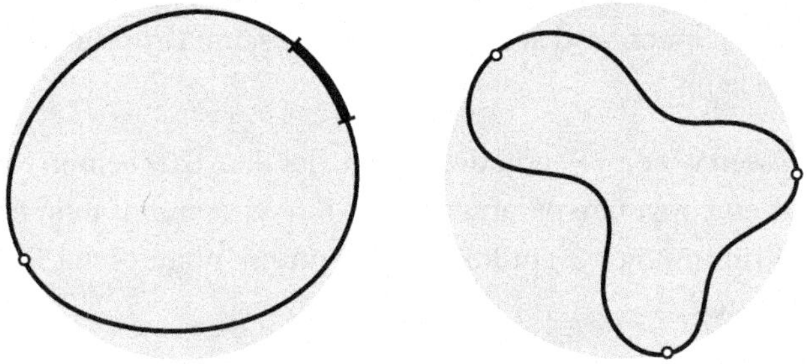

Dann muss $\boldsymbol{\alpha}$ auf diesem Stück, das aus unendlich vielen Punkten besteht, nach unseren vorherigen Überlegungen dieselbe Krümmung wie K haben. Da die Krümmung eines Kreises aber konstant ist, sind alle Punkte auf diesem Stück Scheitelpunkte und der Satz ist bewiesen. Wir müssen also nur noch den Fall betrachten, dass K und S sich (wie in der obigen Skizze rechts) nur in einzelnen Punkten[12] berühren.

[12] Topologisch würde man von *isolierten Punkten* sprechen, weil man um so einen Punkt herum eine offene Kugel legen kann, in der sich kein weiterer Punkt aus $K \cap S$ befindet.

Wir wissen, dass in diesen Punkten die Krümmung von $\boldsymbol{\alpha}$ nicht kleiner als die Krümmung κ_K des Kreises sein kann. (Sonst müssten Punkte von S außerhalb von K liegen.) Wir werden nun begründen, warum es *zwischen* je zwei solchen Punkten immer mindestens einen Punkt auf der Kurve geben muss, an dem die Krümmung kleiner als κ_K ist. Daraus folgt dann, dass die Krümmung zwischen zwei Punkten von $S \cap K$ ein lokales Minimum annehmen muss. An dieser Stelle gibt es also einen Scheitelpunkt. Und ebenso muss die Kurve zwischen je zwei lokalen Minima ein lokales Maximum haben, was einen weiteren Scheitelpunkt liefert. Insgesamt haben wir damit mindestens vier Scheitelpunkte gefunden, weil es ja mindestens zwei Punkte gibt, in denen sich K und S berühren. Wir haben sogar mehr bewiesen: Berühren sich K und S in n isolierten Punkten, so hat $\boldsymbol{\alpha}$ mindestens $2n$ Scheitelpunkte.

Anmerkung: Die Punkte, mit denen wir in der Begründung hantieren, müssen nicht unbedingt die Scheitelpunkte sein! Sie dienen lediglich als Hilfspunkte, die die Existenz von Scheitelpunkten garantieren. Zeichnen Sie zur Übung mal eine Kurve, bei der die Punkte mit der größten Krümmung *nicht* die Punkte sind, in denen die Kurve den kleinsten umschließenden Kreis berührt.

Aufgabe 86: Schließen Sie die folgende Lücke im obigen Beweis: Wenn $\kappa_{\boldsymbol{\alpha}}$ die Krümmung von $\boldsymbol{\alpha}$ ist und es Punkte t_1, t_2 und t_3 mit $t_1 < t_2 < t_3$ gibt, für die $\kappa_{\boldsymbol{\alpha}}(t_1) \geq \kappa_K$, $\kappa_{\boldsymbol{\alpha}}(t_3) \geq \kappa_K$ und $\kappa_{\boldsymbol{\alpha}}(t_2) < \kappa_K$ gilt, dann hat $\kappa_{\boldsymbol{\alpha}}$ zwischen t_1 und t_3 (mindestens) ein lokales Minimum.

Es fehlt nun noch die Begründung dafür, dass wir zwischen je zwei Punkten von $K \cap S$ immer einen Punkt von $\boldsymbol{\alpha}$ finden können, dessen Krümmung kleiner als κ_K ist. Dazu greifen wir uns zwei auf dem Kreis nebeneinanderliegende Punkte $\boldsymbol{p}_1$ und $\boldsymbol{p}_2$ von $K \cap S$ heraus. Nach unseren Vorüberlegungen kann der Kreisbogen zwischen diesen beiden Punkten nicht größer als ein Halbkreis sein. Der besseren Übersichtlichkeit halber drehen wir das ganze Bild so, dass die Verbindungsstrecke von $\boldsymbol{p}_1$ und $\boldsymbol{p}_2$ senkrecht steht. (Siehe Abbildung 6.1 links.)

Auf dem Stück von S zwischen $\boldsymbol{p}_1$ und $\boldsymbol{p}_2$ muss es (mindestens) einen Punkt $\boldsymbol{q}$ geben, der rechts von der besagten Verbindungsstrecke liegt. (Entsinnen Sie sich, dass $\boldsymbol{\alpha}$ sich in der Nähe dieser Punkte in einer schmalen „Fliege" um die Tangente herum bewegen muss.) Wir legen nun einen Kreis K' durch $\boldsymbol{p}_1$, $\boldsymbol{p}_2$ und $\boldsymbol{q}$. Da die beiden Berührungspunkte von K und S nicht auf der linken Hälfte des Kreisumfangs liegen, muss K' einen größeren Radius als K haben und damit eine kleinere Krümmung. (Abbildung 6.1 rechts.)

Dann verschieben wir den neuen Kreis so lange nach links, bis K' und das Stück von S zwischen $\boldsymbol{p}_1$ und $\boldsymbol{p}_2$ sich zum letzten Mal berühren. Den verschobenen

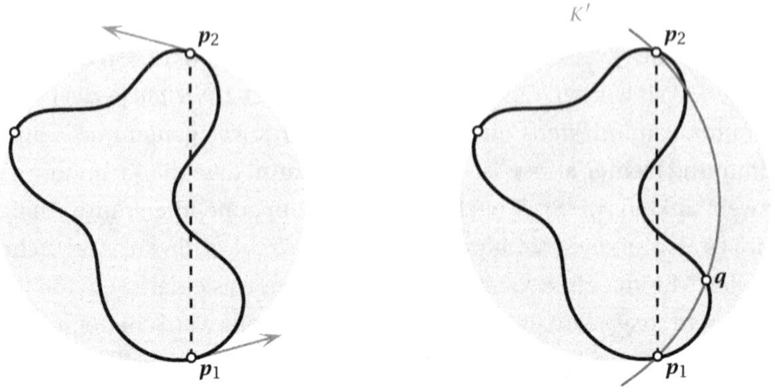

Abbildung 6.1

Kreis nennen wir K'' und einen der Berührungspunkte (es könnte ja mehrere geben) $\boldsymbol{r}$. (Siehe Abbildung 6.2.)

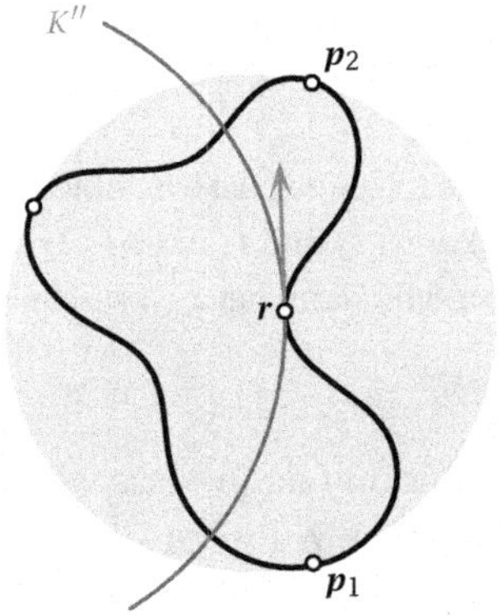

Abbildung 6.2

Da $\boldsymbol{\alpha}$ in einer Umgebung von r nun außerhalb von K'' liegt, kann die Krümmung an dieser Stelle nicht größer als die von K'' sein. Da K'' (wie K') aber eine geringere Krümmung als K hat, haben wir alles bewiesen, was es zu beweisen gab.

Halt! Wir sind noch gar nicht ganz fertig. In der letzten Skizze habe ich nämlich vorwitzig und suggestiv den gemeinsamen Geschwindigkeitsvektor von K'' und S im Punkt $\boldsymbol{r}$ eingezeichnet. Ein aufmerksamer Mathematiker würde mir an dieser Stelle (zu recht) auf die Finger hauen und fragen, wieso ich mir denn sicher sei, dass die beiden Kurven an dieser Stelle in dieselbe Richtung laufen. Die Kurve, die wir untersuchen, könnte ganz anders aussehen als die bisher betrachtete. Werfen Sie z.B. einen Blick auf Abbildung 6.3 und stellen Sie sich vor Ihrem geistigen Auge eine noch viel kompliziertere Variante eines solchen

Abbildung 6.3

Wimmelbildes vor. Wenn Sie sich auf so einer Kurve einen Punkt herausgreifen, ist es dann immer auf Anhieb klar, in welche Richtung der Geschwindigkeitsvektor zeigt? Wohl kaum.

Damit Ossermans Beweisidee für jede noch so wuselige Kurve funktioniert, muss man auf den sogenannten *Jordanschen Kurvensatz* zurückgreifen[13] – ein Ergebnis aus der Topologie, das eine *scheinbar* offensichtliche Tatsache konstatiert, die überraschend schwer zu beweisen ist. Wir werden das an dieser Stelle aber nicht vertiefen.[14] Ich wollte lediglich darauf hinweisen, dass Dinge, die auf den ersten Blick völlig klar zu sein scheinen, sich bei genauerem Hinsehen als schwierig erweisen können...

[13] Der Satz stammt vom dem einflussreichen französischen Mathematiker Camille Jordan. Lustigerweise gibt es noch zwei weitere Herren namens Jordan, nach denen in der Mathematik etwas benannt ist, und die beide weder mit Camille Jordan noch untereinander verwandt sind.

[14] Beweise, die nur vergleichsweise geringe Vorkenntnisse voraussetzen, findet man u.a. in [Tve80] und auf den ersten Seiten von [Tho92].

Projekte

Projekt P11: Geschlossene Kurven lassen sich häufig gut mit *Polarkoordinaten* darstellen, mit denen Sie hoffentlich schon mal gearbeitet haben.[15] Schreiben Sie den P5.JS-Code aus Kapitel 2 so um, dass Funktionen gezeichnet werden, die als Argument einen Winkel ϑ bekommen und als Funktionswert den vom Winkel abhängenden Abstand $r(\vartheta)$ vom Nullpunkt zurückgeben.

Schöne Beispiele erhält man – jeweils für $\vartheta \in [0, 2\pi)$ – u.a. so:

$$r_1(\vartheta) = 1 + \tanh(100 * (0.9 - \cos(\vartheta)))$$
$$r_2(\vartheta) = \sin(3\vartheta)$$
$$r_3(\vartheta) = 0.5 + \cos(\vartheta)$$

r_1 ist die „Pac-Man-Kurve", die in der folgenden Grafik links zu sehen ist. Was passiert, wenn man dort 100 durch 10 oder 1000 ersetzt? Experimentieren Sie ruhig ein wenig selbst herum!

Projekt P12: Der österreichische Informatiker Emo Welzl hat 1991 einen randomisierten Algorithmus vorgeschlagen (siehe [Wel91]), mit dem man zu einer endlichen Anzahl von vorgegebenen Punkten den kleinsten umschließenden Kreis finden kann. Diesen Algorithmus sollen Sie in dieser Aufgabe implementieren.

Schreiben Sie dazu zuerst die folgenden Hilfsfunktionen und prüfen Sie, ob diese korrekt funktionieren:

- Eine Funktion, die ermittelt, ob ein Punkt in einem Kreis liegt.
- Eine Funktion, die ermittelt, ob drei Punkte auf einer Geraden liegen.

  Wenn die Punkte die Koordinaten (x_1, y_1), (x_2, y_2) und (x_3, y_3) haben, dann können Sie dafür die Formel für die Fläche A des von den drei Punkten aufgespannten Dreiecks verwenden:

$$A = \frac{1}{2} \cdot \begin{vmatrix} x_1 - x_2 & x_2 - x_3 \\ y_1 - y_2 & y_2 - y_3 \end{vmatrix}$$

[15] Ansonsten siehe Kapitel 24 in [Wei18] oder das am Rande verlinkte Video.

- Eine Funktion, die den kleinsten umschließenden Kreis für zwei vorgegebene Punkte berechnet.
- Eine Funktion, die den kleinsten umschließenden Kreis für drei Punkte, die nicht auf einer Geraden liegen, berechnet.

  Wenn die Punkte die Koordinaten (x_1, y_1), (x_2, y_2) und (x_3, y_3) haben, dann können Sie dafür die folgenden Formeln verwenden:

$$
\begin{aligned}
s_i &= x_i^2 + y_i^2 \qquad (i = 1,2,3)\\
A &= x_1(y_2 - y_3) - y_1(x_2 - x_3) + x_2 y_3 - x_3 y_2\\
B &= s_1(y_3 - y_2) + s_2(y_1 - y_3) + s_3(y_2 - y_1)\\
C &= s_1(x_2 - x_3) + s_2(x_3 - x_1) + s_3(x_1 - x_2)\\
x &= -\frac{B}{2A} \qquad y = -\frac{C}{2A}\\
r &= \sqrt{(x - x_1)^2 + (y - y_1)^2}
\end{aligned}
$$

  Der Kreis hat dann den Mittelpunkt (x, y) und den Radius r.

Der rekursive Algorithmus `welzl` wird nun mit zwei Punktmengen P und R aufgerufen und gibt den kleinsten Kreis zurück, der alle Punkte aus P enthält und auf dessen Rand die Punkte aus R liegen. Beim ersten Aufruf ist R die leere Menge und P eine Menge, die aus mindestens zwei Punkten besteht. `welzl` funktioniert folgendermaßen:

(i) Wenn P leer ist oder R drei Punkte enthält, gebe als Ergebnis den kleinsten umschließenden Kreis für die Punkte in R zurück.

Achtung, hier sind auch die trivialen Fälle $R = \varnothing$ und $|R| = 1$ zu behandeln! Man kann dann einen Kreis mit Radius 0 zurückgeben.

(ii) Wähle zufällig[16] einen Punkt $\boldsymbol{x}$ aus P aus.

(iii) Rufe `welzl` mit den Argumenten $P \setminus \{\boldsymbol{x}\}$ und R auf. Das liefert einen Kreis C.

(iv) Wenn $\boldsymbol{x}$ in C liegt, gebe als Ergebnis C zurück.

(v) Ansonsten rufe `welzl` mit den Argumenten $P \setminus \{\boldsymbol{x}\}$ und $R \cup \{\boldsymbol{x}\}$ auf und gebe das Ergebnis zurück.

Testen Sie Ihr Programm mit einer Liste von zufällig erzeugten Punkten.

Projekt P13: Die Evolute einer parametrisierten Kurve ist die Bahn, die der Mittelpunkt des Krümmungskreises zurücklegt, während die Spur der Kurve abgefahren wird. In der folgenden Skizze sehen Sie z.B. eine Ellipse und dazu in grau ihre Evolute.

[16] Der Zufall ist ein substantieller Bestandteil des Algorithmus, da dadurch garantiert wird, dass er *im Durchschnitt* ein gutes Laufzeitverhalten hat.

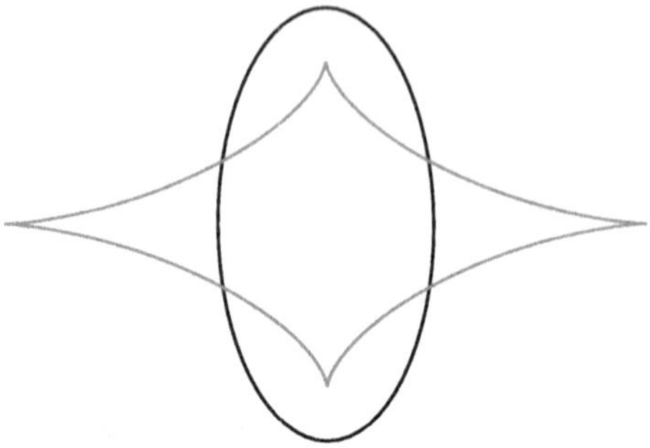

Schreiben Sie ein Programm, das parametrisierte Kurven zusammen mit ihren Evoluten zeichnet. Wenn Sie die vorherigen Projekte alle bearbeitet haben, sollten Ihnen klar sein, wie man so etwas macht.

Besonders hübsche Ergebnisse erhält man mit den folgenden geschlossenen Kurven, die alle die Periode 2π haben:

Name	Funktion
Astroide	$t \mapsto (\cos^3 t, \sin^3 t)$
Deltoide	$t \mapsto (2\cos t + \cos 2t, 2\sin t - \sin 2t)$
Kardioide	$t \mapsto (1 - \cos t) \cdot (\cos t, \sin t)$

Aber auch mit einer Parabel sollten Sie es mal probieren.

7 Totalkrümmung und Umlaufzahl

> Equations are just the boring part of mathematics. I attempt to see things in terms of geometry.
>
> Stephen Hawking

Viele der grundlegenden Maße für Kurven – z.B. Geschwindigkeit, Beschleunigung oder Krümmung – sind *lokale* Eigenschaften. Damit meint man in der Mathematik, dass man für die Ermittlung der entsprechenden Werte nur den jeweiligen Punkt und eine (kleine) Umgebung von ihm kennen muss. In diesem Kapitel wird es hingegen um zwei *globale* Kennzahlen von Kurven gehen: die *Totalkrümmung* und die *Umlaufzahl*.

Wir betrachten eine nach Bogenlänge parametrisierte Kurve $\boldsymbol{\alpha} : [a, b] \to \mathbb{R}^2$. Aus Kapitel 4 wissen wir, dass die Krümmung $\kappa_{\boldsymbol{\alpha}}$ die Ableitung der Winkelfunktion ϑ ist: $\kappa_{\boldsymbol{\alpha}}(t) = \vartheta'(t)$. Mit der sogenannten *Newton-Leibniz-Formel* aus dem Hauptsatz der Differential- und Integralrechnung folgt aus diesem Zusammenhang:[1]

$$\vartheta(b) - \vartheta(a) = \int_a^b \kappa_{\boldsymbol{\alpha}}(t)\,\mathrm{d}t \tag{7.1}$$

Diesen Wert nennt man die (vorzeichenbehaftete) Totalkrümmung von $\boldsymbol{\alpha}$ und man schreibt dafür $\kappa(\boldsymbol{\alpha})$. Es handelt sich also um dem Unterschied zwischen Anfangs- und Endwinkel des Geschwindigkeitsvektors und der kann berechnet werden, indem man durch Integrieren kontinuierlich alle lokalen Krümmungen aufaddiert.

[1] Vielleicht ist Ihnen aufgefallen, dass oben von *der* Winkelfunktion die Rede war, obwohl es ja mehr als eine gibt. Durch die Subtraktion in (7.1) fallen die Unterschiede zwischen den verschiedenen Winkelfunktionen aber wieder weg.

E. Weitz, *Elementare Differentialgeometrie (nicht nur) für Informatiker*,
https://doi.org/10.1007/978-3-662-60463-2_7

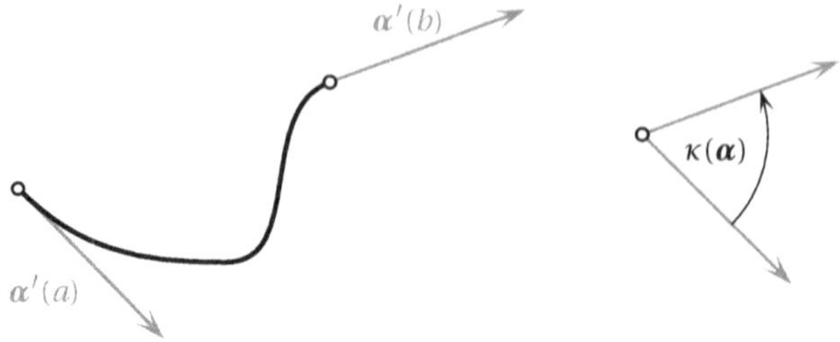

Aufgabe 87: Berechnen Sie mittels (7.1) durch Integrieren die Totalkrümmung des wie üblich parametrisierten Einheitskreises. Überlegen Sie vorher, welches Ergebnis Sie erwarten. Was ändert sich, wenn man den Kreis zweimal durchläuft?

Aufgabe 88: Wozu braucht man das Integral in (7.1) überhaupt? Reicht es nicht, wenn man $\boldsymbol{\alpha}'(a)$ und $\boldsymbol{\alpha}'(b)$ kennt?

Da die Totalkrümmung die Differenz zwischen Anfangs- und Endwinkel des Geschwindigkeitsvektors ist, hängt sie offenbar nicht von der Parametrisierung ab. Um die Integralformel (7.1) anwenden zu können, muss die Kurve allerdings nach Bogenlänge parametrisiert sein. Wir können jedoch eine allgemeiner anwendbare Formel herleiten, wenn wir uns daran erinnern, wie wir in Kapitel 3 die Parametrisierung nach Bogenlänge konstruiert haben. Zu einer regulären parametrisierten Kurve $\boldsymbol{\alpha}$ mit Definitionsbereich $[a,b]$ hatten wir dafür als Parametertransformation die Umkehrfunktion φ von $s_{\boldsymbol{\alpha}}$ gewählt, um $\boldsymbol{\beta} = \boldsymbol{\alpha} \circ \varphi$ zu erhalten. Das bedeutet aber umgekehrt $\boldsymbol{\alpha} = \boldsymbol{\beta} \circ s_{\boldsymbol{\alpha}}$ und damit $\kappa_{\boldsymbol{\alpha}}(t) = \kappa_{\boldsymbol{\beta}}(s_{\boldsymbol{\alpha}}(t))$. Mit der Substitutionsregel folgt:

$$\kappa(\boldsymbol{\beta}) = \int_0^L \kappa_{\boldsymbol{\beta}}(t)\,\mathrm{d}t = \int_a^b \kappa_{\boldsymbol{\beta}}(s_{\boldsymbol{\alpha}}(t)) \cdot s'_{\boldsymbol{\alpha}}(t)\,\mathrm{d}t = \int_a^b \kappa_{\boldsymbol{\alpha}}(t) \cdot \|\boldsymbol{\alpha}'(t)\|\,\mathrm{d}t \qquad (7.2)$$

Und nun steht rechts, wie wir die Totalkrümmung berechnen können, wenn wir nur $\boldsymbol{\alpha}$ kennen.

Aufgabe 89: In Aufgabe 50 haben wir die Krümmung einer Parabel berechnet. Verwenden Sie die gerade hergeleitete Formel, um die Totalkrümmung so einer Parabel für $t \in [-b, b]$ zu berechnen. (Benutzen Sie für das Integral ggf. ein Computeralgebrasystem.) Was passiert, wenn b immer größer wird?

Wenn wir es mit einer *geschlossenen* und nach Bogenlänge parametrisierten Kurve $\boldsymbol{\alpha}$ mit Periode L zu tun haben, so muss die Totalkrümmung der auf das Intervall $[0,L]$ beschränkten Kurve offenbar ein Vielfaches von 2π sein. Es ergibt daher Sinn, den Wert

$$n_{\boldsymbol{\alpha}} = \frac{\vartheta(L) - \vartheta(0)}{2\pi}$$

zu definieren, den man die Umlaufzahl von $\boldsymbol{\alpha}$ nennt. n_α ist also nach dieser Definition immer eine ganze Zahl.

Aufgabe 90: Man kann sich leicht überlegen, dass der Wert von n_α nicht von der Wahl der Winkelfunktion ϑ abhängt und dass wir statt $[0, L]$ auch ein anderes Intervall der Form $[x, x + L]$ hätten wählen können. Ebenso würde eine andere Parametrisierung nach Bogenlänge zum selben Ergebnis führen. Vielleicht versuchen Sie ja mal, diese Aussagen zu begründen.

Da nach Aufgabe 90 bei allen Parametrisierungen nach Bogenlänge dieselbe Umlaufzahl herauskommt, kann man diese Zahl dann auch für jede geschlossene *reguläre* parametrisierte Kurve $\boldsymbol{\alpha}$ definieren: Man parametrisiere $\boldsymbol{\alpha}$ nach Bogenlänge um und berechne die Umlaufzahl der Umparametrisierung. In der Praxis verzichten wir natürlich auf diesen Zwischenschritt und verwenden direkt Formel (7.2).

Wegen der bereits angesprochenen Schwierigkeiten beim Integrieren werden wir die Totalkrümmung selten exakt berechnen können. Anders verhält es sich jedoch mit der Umlaufzahl, da wir ja wissen, dass eine ganze Zahl herauskommen muss. Hier können wir symbolische Mathematik (für das Differenzieren) und numerische (für das Integrieren) kombinieren. In PYTHON könnte das z.B. so aussehen:[2]

```
from sympy import diff, lambdify, symbols, sin, cos
from math import pi
from scipy.integrate import quad
t = symbols("t")

def turningNumber (alpha, L):
    a1 = [diff(alpha(t)[0], t), diff(alpha(t)[1], t)]
    a2 = [diff(a1[0], t), diff(a1[1], t)]
    k = lambdify(t, (a1[0]*a2[1]-a1[1]*a2[0]) /
                    (a1[0]**2+a1[1]**2))
    return round(quad(k, 0, L)[0]/2/pi)
```

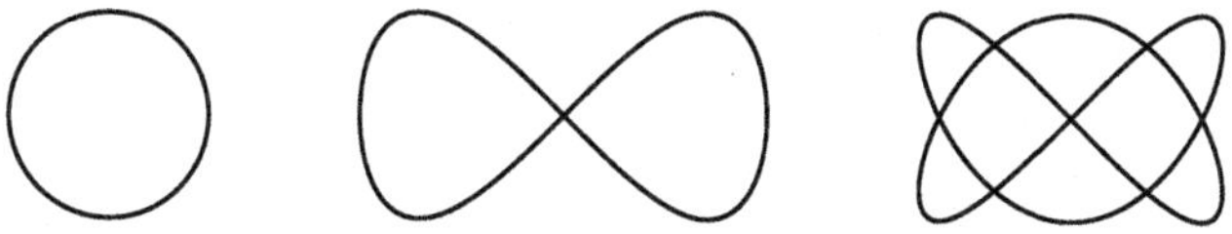

Damit können wir nun exemplarisch die Umlaufzahlen für den Einheitskreis, die „Acht" aus Kapitel 6 und die Lissajous-Figur aus Kapitel 2 berechnen:

[2] Da in der Formel (4.2) die Norm des Geschwindigkeitsvektors im Nenner auftaucht, ist der Ausdruck für k etwas einfacher, als man zunächst vermuten würde.

```
turningNumber(lambda t: [cos(t), sin(t)], 2*pi)
turningNumber(lambda t: [sin(t)*cos(t), sin(t)], 2*pi)
turningNumber(lambda t: [3*sin(2*t), 2*cos(3*t)], 2*pi)
```

Dass die Umlaufzahl des Kreises 1 ist, war klar. Bei den beiden anderen Kurven erhalten wir 0. Haben Sie damit auch gerechnet?

DIE UMLAUFZAHL IST übrigens eng verbunden mit dem topologischen Konzept der *Windungszahl*, das ich hier nur anschaulich vorstellen möchte. Stellen Sie sich dafür vor, Sie befänden sich an einem Punkt P in der Ebene und würden von dort aus jemanden beobachten, der auf einer geschlossenen Kurve $\boldsymbol{\alpha}$ entlangfährt, deren Spur den Punkt P nicht enthält. Sie drehen sich dabei kontinuierlich so, dass Sie immer direkt geradeaus in Richtung des „Fahrers" schauen. Nach Ablauf einer Periode schauen Sie also wieder in dieselbe Richtung wie am Anfang. Die Windungszahl von $\boldsymbol{\alpha}$ bezüglich P gibt an, wie oft Sie sich dabei um die eigene Achse gedreht haben, wobei positive Zahlen für Drehungen gegen den Uhrzeigersinn stehen. Drehungen können sich gegenseitig aufheben: Drehen Sie sich um 70 Grad im Uhrzeigersinn und danach um 70 Grad gegen den Uhrzeigersinn, so ergibt das insgesamt die Windungszahl 0.

In der folgenden Skizze hat z.B. die linke Kurve bzgl. P die Windungszahl 2 und die rechte bzgl. Q die Windungszahl 0. Von „außen" betrachtet ist die Windungszahl immer 0, z.B. die der rechten Kurve bzgl. P.

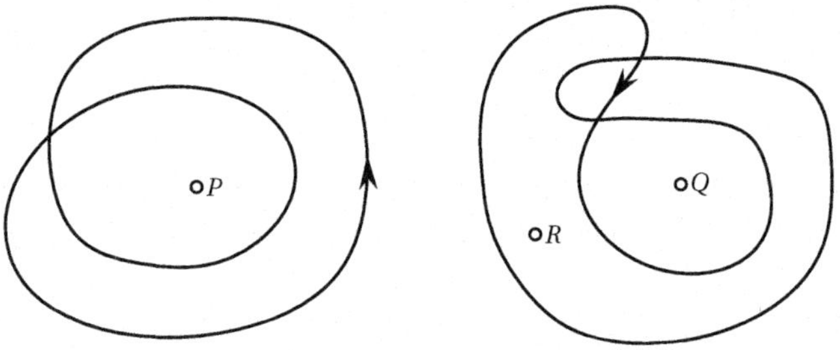

Aufgabe 91: Welche Windungszahl hat die rechte Kurve bzgl. R?

Aufgabe 92: Welcher Zusammenhang besteht zwischen Windungs- und Umlaufzahl?

DER LETZTE SATZ über ebene Kurven, bevor wir uns den Raumkurven zuwenden, wird der Umlaufsatz von Hopf sein.[3] Er besagt, dass die Umlaufzahl einer

[3] Der Satz ist benannt nach dem deutsch-schweizerischen Mathematiker Heinz Hopf. *Umlaufsatz* ist eins von vielen deutschen Wörtern, die in englischen Fachtexten im Allgemeinen ohne Übersetzung verwendet werden.

einfach geschlossenen regulären parametrisieren Kurve $\boldsymbol{\alpha}$ immer 1 oder -1 ist. (Für den Fall, dass Ihnen das selbstverständlich erscheint, erinnere ich an Abbildung 6.3!)

Wir gehen also von so einem $\boldsymbol{\alpha}$ aus und setzen o.B.d.A. voraus, dass $\boldsymbol{\alpha}$ nach Bogenlänge parametrisiert ist. Die Periode von $\boldsymbol{\alpha}$ sei L. Nun suchen wir uns einen Punkt P auf der Spur von $\boldsymbol{\alpha}$ mit der Eigenschaft, dass die gesamte Spur auf einer Seite der Tangente durch P liegt.

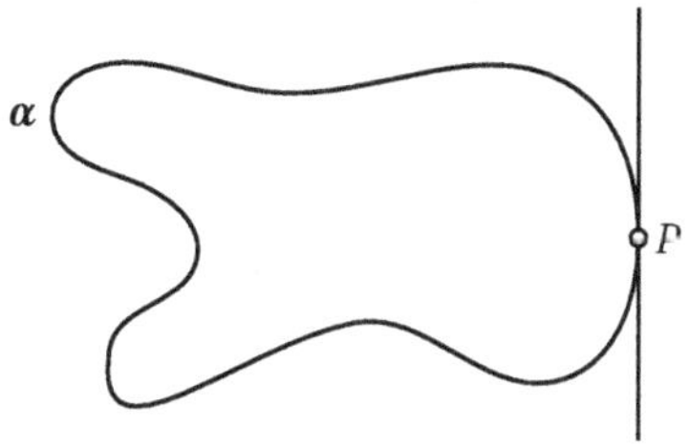

Aufgabe 93: Anhand der Skizze scheint es offensichtlich zu sein, dass man so ein P immer finden kann. Aber können Sie das auch mathematisch korrekt begründen?

Wir parametrisieren $\boldsymbol{\alpha}$ durch eine simple Verschiebung so um, dass $\boldsymbol{\beta}(0) = P$ für die Umparametrisierung $\boldsymbol{\beta}$ gilt. Hopfs geniale Idee war nun, die Menge

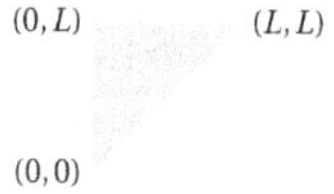

$$T = \{(t_1, t_2) \in \mathbb{R}^2 : 0 \le t_1 \le t_2 \le L\}$$

zu betrachten (siehe Skizze am Rand) und auf ihr die folgende Funktion $\boldsymbol{f}$ zu definieren:

$$\boldsymbol{f}(t_1, t_2) = \begin{cases} \boldsymbol{\beta}'(t_1) & t_1 = t_2 \\ -\boldsymbol{\beta}'(0) & (t_1, t_2) = (0, L) \\ \frac{\boldsymbol{\beta}(t_2) - \boldsymbol{\beta}(t_1)}{\|\boldsymbol{\beta}(t_2) - \boldsymbol{\beta}(t_1)\|} & \text{sonst} \end{cases}$$

Wichtig für die spätere Argumentation ist, dass $\boldsymbol{f}$ stetig ist. Das ist wegen der Fallunterscheidung etwas knifflig (aber mathematisch nicht wirklich schwierig) und daher will ich darauf nicht im Detail eingehen. Ich möchte aber darauf hinweisen, dass der „Hauptteil" der Funktion deshalb stetig ist, weil der Nenner nicht verschwindet. Das liegt daran, dass $\boldsymbol{\beta}$ nach Voraussetzung einfach geschlossen ist. Für die „Acht" würde der Beweis z.B. nicht funktionieren, und wir haben ja auch schon gesehen, dass deren Umlaufzahl weder 1 noch -1 ist.

Was aber „macht" $\boldsymbol{f}$ eigentlich? t_1 und t_2 werden als zwei Zeitpunkte beim Durchlaufen der Kurve betrachtet. Sind beide gleich, so gibt $\boldsymbol{f}$ einfach den Geschwindigkeitsvektor für diesen Zeitpunkt zurück, der normiert ist, weil $\boldsymbol{\beta}$ nach Bogenlänge parametrisiert ist. Ist $t_1 = 0$ und $t_2 = L$, dann haben wir es mit zwei

Zeitpunkten zu tun, die „bis auf die Periode gleich“ sind. In diesem Fall gibt $\boldsymbol{f}$ den umgekehrten Geschwindigkeitsvektor zum Zeitpunkt $t_1 = 0$ zurück. In allen anderen Fällen berechnet $\boldsymbol{f}$ den Vektor vom Punkt $\boldsymbol{\beta}(t_1)$ zum Punkt $\boldsymbol{\beta}(t_2)$ – also eine *Sekante* der Kurve – und normiert ihn. Siehe dazu Abbildung 7.1.

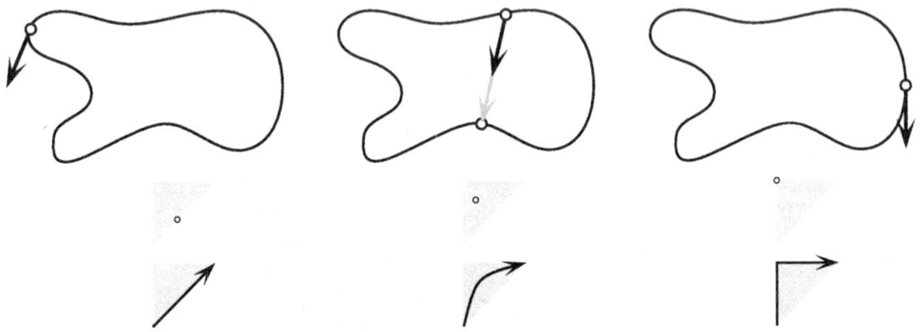

Abbildung 7.1

Wir beobachten jetzt den Winkel des Vektors $\boldsymbol{f}(\boldsymbol{t})$, während der Punkt $\boldsymbol{t}$ von $(0,0)$ nach (L,L) durch T wandert. Läuft $\boldsymbol{t}$ entlang der Randdiagonale (linker Teil von Abbildung 7.1), so verfolgen wir den Geschwindigkeitsvektor. Der Unterschied zwischen $\boldsymbol{f}(0,0)$ und $\boldsymbol{f}(L,L)$ ist also gerade die Umlaufzahl, um die es uns geht, multipliziert mit 360 Grad. Läuft $\boldsymbol{t}$ entlang der anderen beiden Kanten (rechter Teil der Abbildung), so zeigt der Vektor anfangs nach oben. Dann durchläuft die zweite Komponente das ganze Intervall $[0,L]$, während die erste fest bleibt. In dieser Zeit dreht sich der Vektor um 180 Grad nach unten. (Das können wir unabhängig von der Anschauung mit Sicherheit sagen, weil ja kein Teil der Spur von $\boldsymbol{\beta}$ rechts von P liegt.) Wir sind bei $(0,L)$ angelangt und nun bleibt die zweite Komponente fest und die erste durchläuft das Intervall $[0,L]$. Der Vektor kann währenddessen nie nach links zeigen und am Ende hat er wieder dieselbe Richtung wie ganz am Anfang. Also fand insgesamt eine Drehung um 360 Grad statt.

Allerdings sind wir dabei davon ausgegangen, dass $f(0,0)$ wie in der Abbildung nach oben zeigt. Wird $\boldsymbol{\beta}$ in umgekehrter Richtung durchlaufen, haben wir es mit einer Drehung um -360 Grad zu tun. Andere Drehungen als diese beiden sind jedoch nicht möglich.

Wir können nun die beiden durch T führenden Wege, die wir eben gerade betrachtet haben, stetig ineinander überführen, indem wir den direkten Weg von $(0,0)$ nach (L,L) nach und nach „verbiegen“. Zwischendurch erhalten wir dann Wege wie in der Mitte von Abbildung 7.1. Auch bei diesen „Zwischenwegen“ muss die Winkeländerung insgesamt ein ganzzahliges Vielfaches von 360 Grad sein, weil sich Anfangs- und Endrichtung ja nicht ändern. Gleichzeitig unterliegt diese Winkeldifferenz selbst einer stetigen Änderung. Sie kann nicht ab rupt z.B. von 720 Grad zu 360 Grad wechseln. Daher muss es sich von Anfang an um eine Drehung um 360 oder −360 Grad gehandelt haben. Und das wollten wir beweisen.

Aufgabe 94: Wenn Sie ganz genau aufgepasst haben, dann ist Ihnen aufgefallen, dass unsere Begründung eine Lücke hat. Nämlich?

Projekte

Projekt P14: Schreiben Sie eine Funktion, die die Windungszahl einer vorgegebenen geschlossenen Kurve bzgl. eines Punktes Q berechnet. Sie können dabei davon ausgehen, dass die Kurve als Polygonzug gegeben ist, d.h. als eine Folge $(P_1, P_2, P_3, \ldots, P_n)$ von Punkten, die zyklisch in dieser Reihenfolge durchlaufen werden – erst die Verbindungsstrecke von P_1 nach P_2, dann die von P_2 nach P_3 und so weiter und am Schluss natürlich auch noch die von P_n nach P_1.

Zum Ermitteln der Windungszahl ziehen Sie beginnend bei Q eine gedachte gerade Linie (also einen sogenannten *Strahl*) und berechnen Sie, wie oft diese Linie Verbindungsstrecken schneidet und in welche Richtung diese Strecken relativ zu Ihrer „Blickrichtung" verlaufen. Zählen Sie diese Schnittpunkte als 1 bzw. −1. Die Summe dieser Werte ergibt die Windungszahl. Am einfachsten ist das zu implementieren, wenn die Linie wie in der folgenden Skizze achsenparallel verläuft.

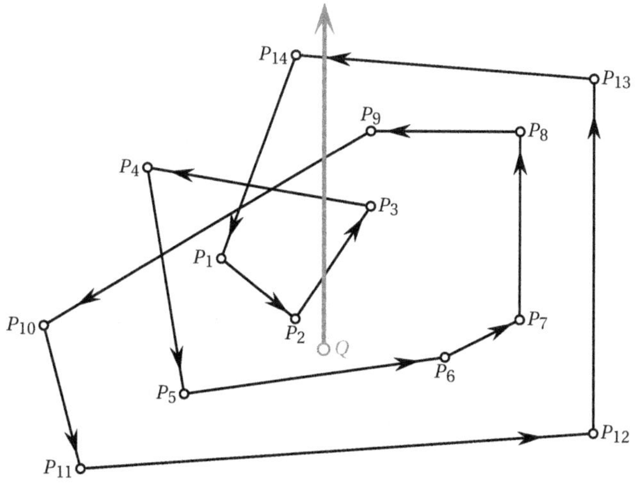

Die graue Linie schneidet die Verbindungsstrecken $\overrightarrow{P_2P_3}$, $\overrightarrow{P_3P_4}$, $\overrightarrow{P_9P_{10}}$ und $\overrightarrow{P_{13}P_{14}}$. Die erste verläuft aus Sicht der grauen Linie von links nach rechts, die anderen drei verlaufen von rechts nach links. Man würde hier $(-1) + 1 + 1 + 1$ rechnen und so auf eine Windungszahl von 2 kommen.[4]

Unter der URL `http://weitz.de/v/wind.js` finden Sie P5.JS-Code, der sich um Mausklicks und andere technische Details kümmert. Sie müssen nur die Berechnung selbst in der Funktion `computeWindingNumber` realisieren. Ignorieren Sie dabei der Einfachheit halber Grenzfälle wie den, dass die graue Linie exakt einen der Punkte P_i trifft.

[4] Solche Techniken werden in der Computergrafik u.a. dann eingesetzt, wenn beim Färben von Flächen entschieden werden muss, welche Punkte innerhalb bzw. außerhalb eines Polygons liegen.

8 Raumkurven und Knoten

> The solution to a math problem is not a number; it's an argument, a proof. We are trying to create these little poems of pure reason.
>
> Paul Lockhart

In diesem Kapitel soll es um Kurven im Raum $\mathbb{R}^3$ gehen. Wir haben zwar schon ein Beispiel für so eine Kurve gesehen und eine Reihe von Resultaten der vorherigen Seiten sind auch auf Raumkurven anwendbar, aber spezifische Aussagen über Raumkurven kennen wir noch nicht. Das wird sich nun ändern. Allerdings wird unser Flirt mit solchen Kurven nur kurz währen, weil wir uns im Rest des Buches hauptsächlich mit Flächen beschäftigen wollen. Dort werden aber auch Raumkurven wieder eine Rolle spielen, wenn auch eine Nebenrolle.

Zunächst wollen wir uns darum kümmern, dass wir Raumkurven in P5.JS darstellen können. Das geht ganz einfach – wir müssen an dem Code aus Kapitel 2 nur wenige Änderungen vornehmen. Die wichtigste ist das Hinzufügen eines dritten Arguments beim Aufruf von `createCanvas`:

```
createCanvas(700, 700, WEBGL);
```

Dieses Argument sorgt dafür, dass für das Zeichnen WEBGL verwendet wird: eine JAVASCRIPT-Programmierschnittstelle, die hardwarebeschleunigte 3D-Grafik im Browser ermöglicht. Zum Glück müssen wir uns um die technischen Details nicht kümmern, weil P5.JS uns diese Arbeit abnimmt.

Außerdem fügen wir am Anfang von `draw` den Befehl `orbitControl` hinzu:

E. Weitz, *Elementare Differentialgeometrie (nicht nur) für Informatiker*,
https://doi.org/10.1007/978-3-662-60463-2_8

```
  orbitControl();
```

Dadurch können wir mithilfe der Maus die gezeichneten Kurven interaktiv drehen, schieben und zoomen, so dass wir sie aus verschiedenen Perspektiven ansehen können. Und das ist auch gut so, denn dreidimensionale mathematische Objekte sind nur in den seltensten Fällen mit einer einzigen Ansicht komplett zu erfassen.

Schließlich habe ich noch Skalierung und Strichdicke angepasst. Ingesamt sehen die beiden Grundfunktionen nun so aus:

```
function setup() {
  createCanvas(700, 700, WEBGL);
  scaleFactor = width / max / 2;
  strokeWeight(5);
  noFill();
}

function draw() {
  k %= 1;
  clear();
  background(250);
  orbitControl();
  scale(scaleFactor, -scaleFactor, scaleFactor);
  stroke(255,0,0);
  line(-max, 0, 0, max, 0, 0);
  stroke(0,255,0);
  line(0, -max, 0, 0, max, 0);
  stroke(0,0,255);
  line(0, 0, -max, 0, 0, max);
  stroke(0);
  drawCurve(alpha, a, a + k*(b-a));
  k += 0.01;
}
```

`drawCurve` und `segments` haben sich nicht geändert. In `draw` habe ich die Achsen unterschiedlich eingefärbt, damit man nicht die Orientierung verliert.[1] Gezeichnet wird die Funktion `alpha`, wobei die Parameter von `a` bis `b` laufen. Hier ist z.B. die Helix aus Kapitel 2:

[1] Eselsbrücke: x-, y- und z-Achse sind in der Reihenfolge RGB (rot, grün, blau) gefärbt – wie die Primärfarben in den gebräuchlichen Farbräumen.

```
const alpha = x => [cos(x), sin(x), x];
const a = -2*Math.PI;
const b = 2*Math.PI;
```

Natürlich muss eine Funktion wie `alpha` nun einen „Vektor“ mit drei statt zwei Komponenten zurückgeben, aber ansonsten ändert sich nichts.

Aufgabe 95: Probieren Sie ein bisschen herum, um andere Raumkurven zu erzeugen und sich mit dem Navigieren in der 3D-Ansicht vertraut zu machen. Z.B. bekommt man eine nette Kurve (eine sogenannte *verdrehte Kubik*) durch diese Funktion:

$$\gamma : \begin{cases} [-2,2] \to \mathbb{R}^3 \\ t \mapsto (t, t^3, t^2) \end{cases}$$

Anmerkung: Es sei an dieser Stelle daran erinnert, dass man sich auch mit GeoGebra Raumkurven zeichnen lassen kann – siehe Seite 19. Das geht evtl. sogar einfacher und das Ergebnis ist manchmal ästhetisch ansprechender.

Wenn wir bei Kurven im Raum von Geschwindigkeit, Beschleunigung oder Länge sprechen, ändert sich – abgesehen davon, dass die Vektoren nun drei Komponenten haben – nichts gegenüber den ebenen Kurven. Bei der Krümmung sieht das allerdings anders aus. Erinnern Sie sich, dass wir die Krümmung mithilfe des Normalenvektors definiert hatten. Für eine nach Bogenlänge parametrisierte ebene Kurve $\boldsymbol{\alpha}$ ist $\kappa_{\boldsymbol{\alpha}}(t)$ die eindeutig bestimmte Zahl, für die die Beziehung

$$\boldsymbol{\alpha}''(t) = \kappa_{\boldsymbol{\alpha}}(t) \cdot \boldsymbol{n}_{\boldsymbol{\alpha}}(t) \tag{8.1}$$

gilt. Diese Definition ist aber nur deshalb möglich, weil es in der Ebene nur eine Gerade gibt, die durch $\boldsymbol{\alpha}(t)$ geht und senkrecht zu $\boldsymbol{\alpha}'(t)$ ist. Die zusätzliche Forderung, dass $\boldsymbol{n}_{\boldsymbol{\alpha}}$ normiert sein und durch eine Drehung um 90 Grad aus $\boldsymbol{\alpha}'(t)$ entstehen muss, legt den Normalenvektor eindeutig fest.

Im Raum gibt es jedoch eine ganze Ebene, die senkrecht zu $\boldsymbol{\alpha}'(t)$ durch $\boldsymbol{\alpha}(t)$ geht, und damit statt zwei gleich unendlich viele normierte Vektoren (deren Enden einen Kreis bilden), die als „Normalenvektor“ infrage kämen; siehe Abbildung 8.1.

Weil es keine sinnvolle Möglichkeit gibt, einen dieser Kandidaten herauszupicken, definiert man als Krümmung einer beliebigen nach Bogenlänge parametrisierten Kurve $\boldsymbol{\alpha}$ einfach den Wert $\|\boldsymbol{\alpha}''(t)\|$, also die Norm des Beschleunigungsvektors. Diese Definition liegt nahe, denn für ebene Kurven ist das nach

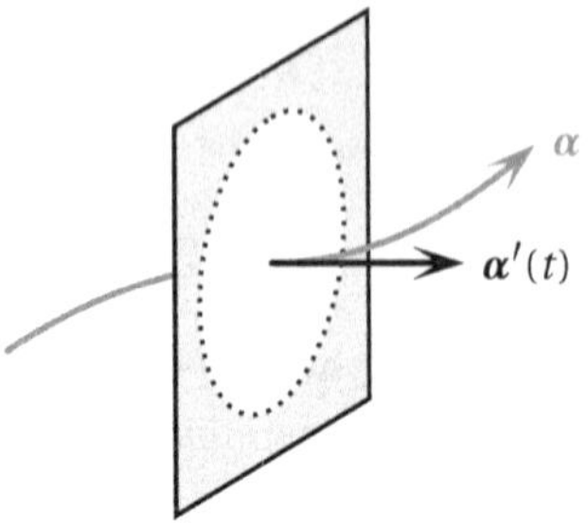

Abbildung 8.1

Gleichung (8.1) der Betrag der *vorzeichenbehafteten* Krümmung – weil n_α ja normiert ist. Wir werden für die Krümmung auch κ_α schreiben und verlassen uns darauf, dass aus dem Kontext hervorgehen wird, was gemeint ist.

Nun können wir den Spieß umdrehen und den Normalenvektor folgendermaßen über die Krümmung definieren:[2]

$$\boldsymbol{n}_\alpha = \frac{1}{\kappa_\alpha(t)} \cdot \boldsymbol{\alpha}''(t) = \frac{1}{\|\boldsymbol{\alpha}''(t)\|} \cdot \boldsymbol{\alpha}''(t) \tag{8.2}$$

Der Normalenvektor ist jetzt der normierte Beschleunigungsvektor. Insbesondere zeigen Beschleunigungs- und Normalenvektor immer in dieselbe Richtung. In Kapitel 4 war das nur dann der Fall, wenn die Krümmung positiv war, aber da die in diesem Kapitel definierte Krümmung kein Vorzeichen hat, kann man diese Unterscheidung nicht mehr durchführen.

Beispielsweise stellen diese beiden parametrisierten Raumkurven zwei in der x-y-Ebene liegende Kreise dar:

$$\boldsymbol{\alpha}_1 : \begin{cases} [0, 2\pi] \to \mathbb{R}^3 \\ t \mapsto (\cos t, \sin t, 0) \end{cases} \qquad \boldsymbol{\alpha}_2 : \begin{cases} [0, 2\pi] \to \mathbb{R}^3 \\ t \mapsto (\cos(-t), \sin(-t), 0) \end{cases}$$

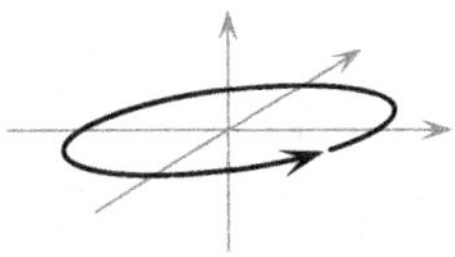

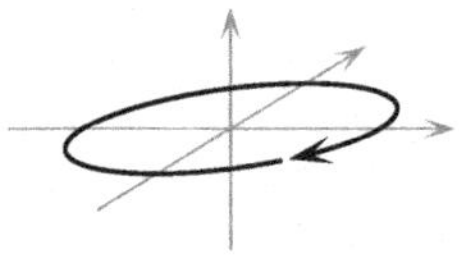

In der Ebene unterscheiden sich die Kurven durch ihre (vorzeichenbehafteten) Krümmungen, als Raumkurven haben sie jedoch dieselbe Krümmung. Außerdem zeigen bei der rechten Kurve die Normalenvektoren nach außen, wenn man sie als ebene Kurve interpretiert. Die Normalenvektoren der *Raum*kurven $\boldsymbol{\alpha}_1$ und $\boldsymbol{\alpha}_2$ zeigen jedoch – genau wie ihre Beschleunigungsvektoren – immer nach innen auf den Kreismittelpunkt.

[2]Der Normalenvektor ist also nur an den Stellen definiert, an denen die Krümmung nicht verschwindet! Und auch hier verwenden wir dieselbe Bezeichnung wie im vorzeichenbehafteten Fall und verlassen uns auf den Kontext.

Wir halten fest: Die „neue“ Krümmung ist nach wie vor ein Maß dafür, wie stark eine Kurve von einer Geraden abweicht. Sie sagt aber nichts mehr über die Richtung dieser Abweichung aus.

DER HAUPTSATZ der ebenen Kurventheorie besagt, dass ebene Kurven durch die Angabe der (vorzeichenbehafteten) Krümmung eindeutig festgelegt sind, wenn wir Anfangspunkt und Anfangsrichtung vorgeben. Die beiden Kreise, die wir eben gesehen haben, widersprechen dieser Aussage auch im Raum nicht, denn der zweite geht ja aus dem ersten durch eine Drehung um 180 Grad um die x-Achse hervor – beim linken Kreis ist der initiale Geschwindigkeitsvektor $(0,1,0)$, beim rechten $(0,-1,0)$.

Die folgenden beiden Aufgaben zeigen allerdings, dass auch völlig unterschiedliche Raumkurven dieselbe Krümmung haben können.

Aufgabe 96: Geben Sie eine Umparametrisierung der Helix nach Bogenlänge an.

Aufgabe 97: Berechnen Sie für die Umparametrisierung der Helix aus der letzten Aufgabe die Krümmung.

Wenn sich die Helix und ein Kreis im Raum durch ihre Krümmung nicht auseinanderhalten lassen, worin besteht dann ihr Unterschied? Die Antwort ist, dass der Kreis die ganze Zeit in einer Ebene bleibt, während die Helix sich gewissermaßen aus jeder Ebene, in der sie sich für einen infinitesimalen Moment aufhält, „herausdreht“. Diesen Unterschied wollen wir nun präzisieren.

Dafür müssen wir uns an das *Vektorprodukt* im Raum $\mathbb{R}^3$ erinnern. Es ist folgendermaßen definiert:

$$\boldsymbol{a} \times \boldsymbol{b} = \begin{pmatrix} a_1 \\ a_2 \\ a_3 \end{pmatrix} \times \begin{pmatrix} b_1 \\ b_2 \\ b_3 \end{pmatrix} = \begin{pmatrix} a_2 b_3 - a_3 b_2 \\ a_3 b_1 - a_1 b_3 \\ a_1 b_2 - a_2 b_1 \end{pmatrix}$$

Wenn $\boldsymbol{a}$ und $\boldsymbol{b}$ beide nicht der Nullvektor und auch nicht parallel sind, dann ist $\boldsymbol{a} \times \boldsymbol{b}$ ein Vektor, der senkrecht auf beiden steht und mit ihnen in der Reihenfolge $\boldsymbol{a}$, $\boldsymbol{b}$, $\boldsymbol{a} \times \boldsymbol{b}$ ein *Rechtssystem* bildet. Das bedeutet, dass die drei Vektoren im Raum so orientiert sind wie die kanonischen Einheitsvektoren $\boldsymbol{e}_1$, $\boldsymbol{e}_2$ und $\boldsymbol{e}_3$, die das Koordinatensystem aufspannen. Außerdem entspricht die Norm von $\boldsymbol{a} \times \boldsymbol{b}$ der Fläche des von $\boldsymbol{a}$ und $\boldsymbol{b}$ aufgespannten Parallelogramms. Damit folgt insbesondere: Sind $\boldsymbol{a}$ und $\boldsymbol{b}$ normiert und rechtwinklig zueinander, dann ist $\boldsymbol{a} \times \boldsymbol{b}$ auch normiert und die drei Vektoren ergeben sich aus den Einheitsvektoren durch eine einfache Drehung.

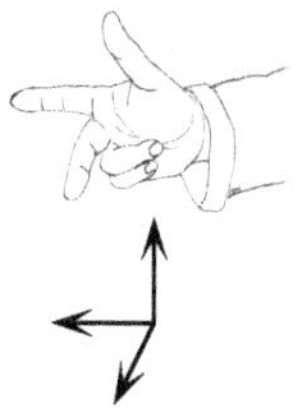

Das wenden wir nun auf $\boldsymbol{\alpha}'(t)$ und $\boldsymbol{n}_{\boldsymbol{\alpha}}(t)$ an, von denen wir ja aus Kapitel 4 wissen, dass sie orthogonal zueinander sind. Der Vektor

$$\boldsymbol{b}_{\boldsymbol{\alpha}}(t) = \boldsymbol{\alpha}'(t) \times \boldsymbol{n}_{\boldsymbol{\alpha}}(t)$$

wird Binormalenvektor von $\boldsymbol{\alpha}$ (an der Stelle t) genannt und bildet zusammen mit $\boldsymbol{\alpha}'(t)$ und $\boldsymbol{n}_{\boldsymbol{\alpha}}(t)$ ein Rechtssystem aus normierten, paarweise orthogonalen Vektoren, das man das begleitende Dreibein von $\boldsymbol{\alpha}$ nennt. Man kann sich das so vorstellen, dass man auf der „Fahrt" entlang $\boldsymbol{\alpha}$ von einem kartesischen Koordinatensystem begleitet wird, dessen erste Achse in die Fahrtrichtung und dessen zweite Achse in die Richtung des Beschleunigungsvektors zeigt.

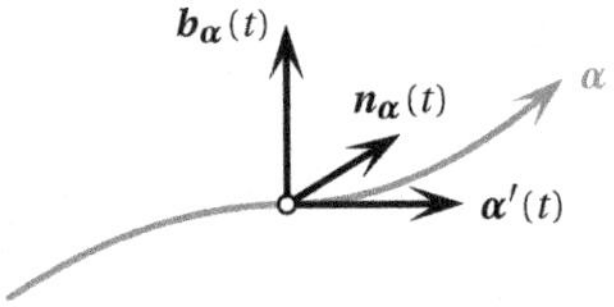

Definiert sind der Binormalenvektor und das begleitende Dreibein sinnvollerweise nur für die Stellen, an denen die Krümmung definiert ist, an denen die Beschleunigung also nicht verschwindet.

Aufgabe 98: Die drei Vektoren des begleitenden Dreibeins bilden eine sogenannte *Orthonormalbasis* von $\mathbb{R}^3$. Schlagen Sie diesen Begriff aus der linearen Algebra nach, falls Sie ihn vergessen oder noch nie gehört haben.

Die von $\boldsymbol{\alpha}'(t)$ und $\boldsymbol{n}_{\boldsymbol{\alpha}}(t)$ aufgespannte Ebene durch den Punkt $\boldsymbol{\alpha}(t)$ nennt man die Schmiegeebene von $\boldsymbol{\alpha}$ an der Stelle t. Man könnte die Ebene auch dadurch charakterisieren, dass sie senkrecht auf dem Binormalenvektor steht. (Und man vergibt noch zwei weitere Namen, die nicht so häufig gebraucht werden: Die auf dem Geschwindigkeitsvektor senkrecht stehende Ebene – siehe Skizze auf Seite 94 – heißt Normalebene und die zum Normalenvektor orthogonale Ebene heißt rektifizierende Ebene.)

Anschaulich ist nun das Folgende klar: Wenn $\boldsymbol{\alpha}$ komplett in einer Ebene verläuft, dann liegen auch $\boldsymbol{\alpha}'$ und $\boldsymbol{\alpha}''$ – und damit $\boldsymbol{n}_{\boldsymbol{\alpha}}$ – immer in dieser Ebene, die dann die Schmiegeebene ist. $\boldsymbol{b}_{\boldsymbol{\alpha}}$ steht die ganze Zeit senkrecht auf dieser Ebene und ist daher konstant, was wiederum impliziert, dass $\boldsymbol{b}'_{\boldsymbol{\alpha}}$ verschwindet. Es liegt also nahe, die Änderungsrate $\boldsymbol{b}'_{\boldsymbol{\alpha}}$ als Maß dafür zu benutzen, wie stark sich die Kurve $\boldsymbol{\alpha}$ aus der Schmiegeebene „herausdreht". Man nimmt aber nun nicht einfach die Norm von $\boldsymbol{b}'_{\boldsymbol{\alpha}}$, sondern macht es noch etwas geschickter, um wie im zweidimensionalen Fall wieder einen vorzeichenbehafteten Wert zu erhalten. Dafür müssen wir jedoch zunächst etwas technische Vorarbeit leisten.

Aufgabe 99: Seien $\boldsymbol{f}$ und $\boldsymbol{g}$ differenzierbare Funktionen von I nach $\mathbb{R}^n$ und I ein reelles Intervall. Begründen Sie die beiden folgenden Aussagen:

(i) Ist die Funktion $t \mapsto \|\boldsymbol{f}(t)\|$ konstant, dann sind $\boldsymbol{f}(t)$ und $\boldsymbol{f}'(t)$ für alle $t \in I$ orthogonal zueinander.

(ii) Sind die Vektoren $\boldsymbol{f}(t)$ und $\boldsymbol{g}(t)$ für alle $t \in I$ orthogonal zueinander, so gilt immer $\boldsymbol{f}(t) \cdot \boldsymbol{g}'(t) = -\boldsymbol{f}'(t) \cdot \boldsymbol{g}(t)$.

(Beide Aussagen lassen sich leicht dadurch herleiten, dass man die Voraussetzung hinschreibt und sie differenziert. Die erste Aussage haben wir im Prinzip schon in Kapitel 4 bewiesen.)

Wendet man Aufgabe 99 auf $\boldsymbol{b}'_{\boldsymbol{\alpha}}$ an, so erhält man:

$$\boldsymbol{b}'_{\boldsymbol{\alpha}}(t) \cdot \boldsymbol{b}_{\boldsymbol{\alpha}}(t) = 0$$
$$\boldsymbol{b}'_{\boldsymbol{\alpha}}(t) \cdot \boldsymbol{\alpha}'(t) = -\boldsymbol{b}_{\boldsymbol{\alpha}}(t) \cdot \boldsymbol{\alpha}''(t) = -\boldsymbol{b}_{\boldsymbol{\alpha}}(t) \cdot (\kappa_{\boldsymbol{\alpha}}(t) \cdot \boldsymbol{n}_{\boldsymbol{\alpha}}(t)) = 0$$

Dabei folgen die letzten beiden Identitäten aus (8.2) und der Tatsache, dass $\boldsymbol{b}_{\boldsymbol{\alpha}}(t)$ und $\boldsymbol{n}_{\boldsymbol{\alpha}}(t)$ orthogonal sind.

Da $\boldsymbol{b}'_{\boldsymbol{\alpha}}$ somit auf zwei der drei Vektoren des begleitenden Dreibeins senkrecht steht, muss es eine Zahl $\tau_{\boldsymbol{\alpha}}(t)$ mit

$$\boldsymbol{b}'_{\boldsymbol{\alpha}}(t) = -\tau_{\boldsymbol{\alpha}}(t) \cdot \boldsymbol{n}_{\boldsymbol{\alpha}}(t) \tag{8.3}$$

geben.[3] Man kann diese Zahl auch direkt angeben – dafür muss man lediglich (8.3) mit $\boldsymbol{n}_{\boldsymbol{\alpha}}$ multiplizieren und erhält $\tau_{\boldsymbol{\alpha}}(t) = -\boldsymbol{b}'_{\boldsymbol{\alpha}}(t) \cdot \boldsymbol{n}_{\boldsymbol{\alpha}}(t)$.

Diese Zahl nennt man die Torsion (oder auch *Windung*) von $\boldsymbol{\alpha}$. Ihr Betrag ist die Norm von $\boldsymbol{b}'_{\boldsymbol{\alpha}}(t)$ und damit ist sie das gesuchte Maß für das Bestreben der Kurve, sich aus der „momentanen" Ebene herauszuwinden.

Aufgabe 100: Berechnen Sie für die Helix aus Aufgabe 97 Normalenvektor, Binormalenvektor und Torsion.

Schließlich interessiert uns noch die Änderungsrate von $\boldsymbol{n}_{\boldsymbol{\alpha}}$. Da das begleitende Dreibein eine Orthonormalbasis ist, kann man sie so darstellen:

$$\boldsymbol{n}'_{\boldsymbol{\alpha}}(t) = \lambda_1 \cdot \boldsymbol{\alpha}'(t) + \lambda_2 \cdot \boldsymbol{n}_{\boldsymbol{\alpha}}(t) + \lambda_3 \cdot \boldsymbol{b}_{\boldsymbol{\alpha}}(t)$$
$$\lambda_1 = \boldsymbol{n}'_{\boldsymbol{\alpha}}(t) \cdot \boldsymbol{\alpha}'(t)$$
$$\lambda_2 = \boldsymbol{n}'_{\boldsymbol{\alpha}}(t) \cdot \boldsymbol{n}_{\boldsymbol{\alpha}}(t)$$
$$\lambda_3 = \boldsymbol{n}'_{\boldsymbol{\alpha}}(t) \cdot \boldsymbol{b}_{\boldsymbol{\alpha}}(t)$$

[3] Dass man hier noch ein Minuszeichen einfügt, hat historische Gründe.

Nach Aufgabe 99 ist λ_2 null und für λ_1 und λ_3 gilt:

$$\lambda_1 = -\boldsymbol{n}_{\boldsymbol{\alpha}}(t)\cdot\boldsymbol{\alpha}''(t) = -\boldsymbol{n}_{\boldsymbol{\alpha}}(t)\cdot(\kappa_{\boldsymbol{\alpha}}(t)\cdot\boldsymbol{n}_{\boldsymbol{\alpha}}(t)) = -\kappa_{\boldsymbol{\alpha}}(t)$$
$$\lambda_3 = -\boldsymbol{n}_{\boldsymbol{\alpha}}(t)\cdot\boldsymbol{b}'_{\boldsymbol{\alpha}}(t) = -\boldsymbol{n}_{\boldsymbol{\alpha}}(t)\cdot(-\tau_{\boldsymbol{\alpha}}(t)\cdot\boldsymbol{n}_{\boldsymbol{\alpha}}(t)) = \tau_{\boldsymbol{\alpha}}(t)$$

Fasst man das, was wir bisher hergeleitet haben, zusammen, so ergibt sich in Matrixschreibweise die folgende Darstellung:

$$\begin{pmatrix}\boldsymbol{\alpha}'(t)\\ \boldsymbol{n}_{\boldsymbol{\alpha}}(t)\\ \boldsymbol{b}_{\boldsymbol{\alpha}}(t)\end{pmatrix}' = \begin{pmatrix}0 & \kappa_{\boldsymbol{\alpha}}(t) & 0\\ -\kappa_{\boldsymbol{\alpha}}(t) & 0 & \tau_{\boldsymbol{\alpha}}(t)\\ 0 & -\tau_{\boldsymbol{\alpha}}(t) & 0\end{pmatrix}\cdot\begin{pmatrix}\boldsymbol{\alpha}'(t)\\ \boldsymbol{n}_{\boldsymbol{\alpha}}(t)\\ \boldsymbol{b}_{\boldsymbol{\alpha}}(t)\end{pmatrix} \tag{8.4}$$

Das sind die sogenannten Frenet-Serret-Formeln, benannt nach zwei französischen Mathematikern aus dem 19. Jahrhundert. Es handelt sich um ein System von Differentialgleichungen,[4] das die dynamische Entwicklung des begleitenden Dreibeins in Abhängigkeit von $\kappa_{\boldsymbol{\alpha}}$ und $\tau_{\boldsymbol{\alpha}}$ beschreibt.

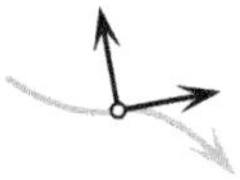

Aufgabe 101: Wir haben es zu dem Zeitpunkt nicht so aufgeschrieben, aber eigentlich kennen wir sowas schon für ebene Kurven. Stellen Sie sich in so einem Fall die Vektoren $\boldsymbol{\alpha}'(t)$ und $\boldsymbol{n}_{\boldsymbol{\alpha}}(t)$ als *begleitendes Zweibein* vor. Wie sieht dann das Pendant zu den Frenet-Serret-Formeln aus?

Im zweidimensionalen Fall haben wir zu einer vorgegebenen Krümmung eine im Prinzip eindeutig bestimmte Kurve angeben können. Wir haben dabei die Winkelfunktion zur Hilfe genommen, um uns das Leben leichter zu machen, aber wir hätten stattdessen auch das Differentialgleichungssystem (A.3) aus Aufgabe 101 lösen können.

Aufgabe 102: Wenn man es genau nimmt, haben wir das System (A.3) sogar schon (zumindest numerisch) gelöst. Nämlich wo?

Im dreidimensionalen Fall findet man durch die Frenet-Serret-Formeln eine analoge Situation vor und weiß aus der Theorie der Differentialgleichungen, dass das System (8.4) mit gegebenen Anfangsbedingungen immer eindeutig lösbar ist. Man hat also auch einen Hauptsatz der Raumkurventheorie, der das Folgende aussagt:

Sind κ und τ glatte reellwertige Funktionen, die auf demselben Intervall I definiert sind und gilt $\kappa(t) > 0$ für alle $t \in I$, so gibt es eine Raumkurve $\boldsymbol{\alpha} : I \to \mathbb{R}^3$ mit der Eigenschaft, dass $\kappa_{\boldsymbol{\alpha}}(t) = \kappa(t)$ und $\tau_{\boldsymbol{\alpha}}(t) = \tau(t)$ für alle $t \in I$ gilt. Gibt

[4] Genauer: ein lineares gewöhnliches Differentialgleichungssystem zweiter Ordnung.

man für eine Stelle $t_0 \in I$ die Werte $\boldsymbol{\alpha}(t_0)$, $\boldsymbol{\alpha}'(t_0)$ und $\boldsymbol{n}_{\boldsymbol{\alpha}}(t_0)$ vor,[5] so ist $\boldsymbol{\alpha}$ eindeutig bestimmt. Mit anderen Worten: Zu jeder vorgegebenen Krümmung und Torsion gibt es eine Raumkurve und bis auf Verschiebungen und Drehungen ist die Kurve durch diese Vorgaben bereits determiniert.

Für die Praxis gilt eine ähnliche Anmerkung wie in Kapitel 4: Das analytische Lösen von Differentialgleichungen gelingt noch seltener als das analytische Integrieren. Man wird die nach dem Satz existierende Kurve $\boldsymbol{\alpha}$ typischerweise numerisch approximieren müssen. Siehe dazu Programmierprojekt P16.

DER VOLLSTÄNDIGKEIT HALBER sei noch festgehalten, dass man sich Formeln für die Krümmung und die Torsion herleiten kann, die für beliebige reguläre Raumkurven $\boldsymbol{\alpha}$ gelten. Auf die Herleitung verzichten wir, aber die Formeln selbst sind natürlich schon praktisch, weil wir ja wissen, dass eine Umparametrisierung auf Bogenlänge mühsam bzw. analytisch unmöglich sein kann:

$$\begin{aligned} \kappa_{\boldsymbol{\alpha}}(t) &= \frac{\|\boldsymbol{\alpha}'(t) \times \boldsymbol{\alpha}''(t)\|}{\|\boldsymbol{\alpha}'(t)\|^3} \\ \tau_{\boldsymbol{\alpha}}(t) &= \frac{(\boldsymbol{\alpha}'(t) \times \boldsymbol{\alpha}''(t)) \cdot \boldsymbol{\alpha}'''(t)}{\|\boldsymbol{\alpha}'(t) \times \boldsymbol{\alpha}''(t)\|^2} \end{aligned} \tag{8.5}$$

Der Ausdruck im Zähler der Torsionsformel ist auch unter dem Namen *Spatprodukt* (engl. *triple product*) bekannt und manchmal verwendet man dafür auch spezielle Schreibweisen, von denen sich aber keine allgemein durchgesetzt hat. Man kann das Spatprodukt auch berechnen als Determinante der 3×3-Matrix, deren Spalten die drei Vektoren in der obigen Reihenfolge sind.

Aufgabe 103: Berechnen Sie mit diesen Formeln Krümmung und Torsion der verdrehten Kubik aus Aufgabe 95.

Aufgabe 104: Begründen Sie, warum (8.5) zumindest dann korrekt sein muss, wenn $\boldsymbol{\alpha}$ nach Bogenlänge parametrisiert ist.

BEVOR WIR DAS KAPITEL beenden, möchte ich noch kurz auf das schöne mathematische Forschungsgebiet der *Knotentheorie* hinweisen, das zum Grenzbereich zwischen Topologie und Differentialgeometrie gehört und in dem es um Raumkurven geht. Um einen Zusammenhang zu dem herzustellen, was wir schon behandelt haben, sei zunächst gesagt, dass man auch für Raumkurven ihre *Totalkrümmung* definieren kann, indem man wie in der Ebene kontinuierlich die lokalen Krümmungen (allerdings ohne Vorzeichen) aufaddiert.

[5] Natürlich müssen Geschwindigkeits- und Normalenvektor als normierte Vektoren vorgegeben werden, die senkrecht aufeinander stehen.

Der deutsche Mathematiker Werner Fenchel[6] hat 1929 gezeigt, dass die Totalkrümmung einer *geschlossenen* Raumkurve immer mindestens 2π beträgt. Anschaulich gesagt ist eine gewisse Gesamtkrümmung nötig, damit eine Kurve zu ihrem Ausgangspunkt zurückkehrt. Der *Satz von Fenchel* besagt noch mehr: Den Wert 2π erreicht man *nur* mit einer ebenen konvexen Kurve. Alle anderen geschlossenen Kurven – insbesondere die, deren Torsion nicht verschwindet – haben also eine noch größere Totalkrümmung.

In Abbildung 8.2 sehen Sie nun zwei *einfach geschlossene* Raumkurven, die im gewissen Sinne „verknotet" aussehen. Wenn Sie sich die beiden als Gummibänder vorstellen und etwas nachdenken, werden Sie jedoch feststellen, dass die Kurve rechts gar kein „wirklicher" Knoten ist, weil sie sich einfach „entknoten" lässt. Die linke Kurve ist eine sogenannte Kleeblattschlinge (engl. *trefoil knot*), die man durch

$$\boldsymbol{\gamma}(t) = \begin{pmatrix} \sin t + 2\sin 2t \\ \cos t - 2\cos 2t \\ -\sin 3t \end{pmatrix}$$

parametrisieren kann. Die rechte Kurve nennen die Mathematiker den *trivialen Knoten* – im Englischen gibt es dafür die hübsche Bezeichnung *unknot*.

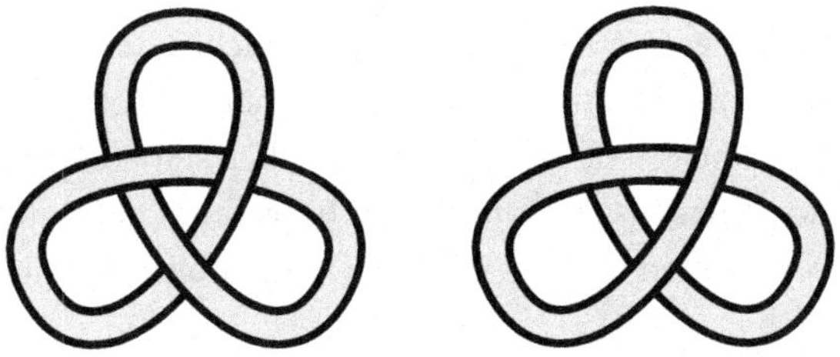

Abbildung 8.2

Die erste mathematische Herausforderung ist nun, präzise zu definieren, was es bedeuten soll, dass eine einfach geschlossene Raumkurve *verknotet* bzw. *unverknotet* ist. Es liegt nahe, den in der x-y-Ebene liegenden Einheitskreis als Standardbeispiel für eine unverknotete Raumkurve auszuwählen und zu definieren, dass andere Raumkurven dann und nur dann unverknotet sind, wenn man sie so „entknoten" kann, dass aus ihnen der Einheitskreis wird.

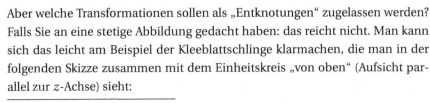

Aber welche Transformationen sollen als „Entknotungen" zugelassen werden? Falls Sie an eine stetige Abbildung gedacht haben: das reicht nicht. Man kann sich das leicht am Beispiel der Kleeblattschlinge klarmachen, die man in der folgenden Skizze zusammen mit dem Einheitskreis „von oben" (Aufsicht parallel zur z-Achse) sieht:

[6]Fenchel war einer von sehr vielen Mathematikern, die wegen der Machtergreifung der Nazis Deutschland verlassen mussten. Er verbrachte den Rest seines Lebens als Professor in Dänemark.

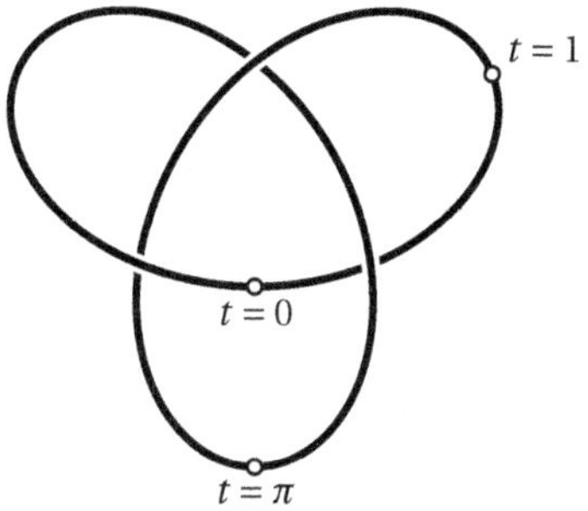

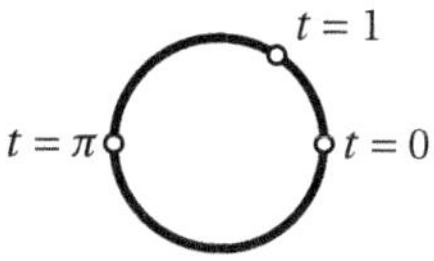

Da beide Kurven dieselbe Periode 2π haben, muss man lediglich die Punkte, die zum selben Parameter $t \in [0, 2\pi)$ gehören, einander zuordnen. Das ergibt offenbar eine Abbildung der Spuren aufeinander, die bijektiv und in beide Richtungen stetig ist.[7] Die Topologen würden sagen, dass die beiden Spuren *homöomorph* sind – sie sind mit topologischen Mitteln nicht zu unterscheiden.

Stattdessen arbeitet man mit sogenannten *Isotopien*. Bezeichnen wir die Spuren von zwei einfach geschlossenen Raumkurven als S_1 und S_2 (das sind dann also Teilmengen von $\mathbb{R}^3$), so ist eine Isotopie zwischen S_1 und S_2 eine stetige Abbildung f von $[0,1] \times S_1$ nach $\mathbb{R}^3$ mit der Eigenschaft, dass für jedes $t \in [0,1]$ die Abbildung

$$f_t : \begin{cases} S_1 \to \mathbb{R}^3 \\ x \mapsto f(t,x) \end{cases}$$

ein Homöomorphismus von S_1 auf $f_t[S_1]$ ist. Ferner muss sowohl $f_0 = \mathrm{id}_{S_1}$ als auch $f_1[S_1] = S_2$ gelten.[8]

Kehren wir wieder zu Kleeblattschlinge und Kreis zurück, so wäre f_1 so eine Abbildung wie die, die uns vorhin nicht reichte. Im Rahmen einer Isotopie ist f_1 jedoch quasi das Endprodukt eines Prozesses. Man stellt sich $t \in [0,1]$ dabei am besten als Zeitparameter vor: Die Abbildung f_0, die S_1 einfach identisch auf sich selbst abbildet, ist der Anfangspunkt des besagten Prozesses und sie wird stetig „verformt", bis aus ihr f_1 geworden ist. Die Forderung der Bijektivität sorgt dafür, dass es zwischendurch keine Überschneidungen gibt, d.h. dass alle „Zwischenkurven" zwischen S_1 und S_2 auch einfach geschlossen sind.

Das ist schon besser, aber immer noch nicht genug. Mittels einer Isotopie kann man nämlich „ganz legal" eine Transformation wie die folgende hinbekommen:

[7] Mit *in beide Richtungen stetig* ist also gemeint, dass sowohl die Funktion selbst als auch ihre Umkehrfunktion stetig sind. Das ist ein sogenannter *Homöomorphismus*.

[8] id_X ist die *Identität* von X: die Abbildung von X auf X, die durch $\mathrm{id}_X(x) = x$ definiert ist.

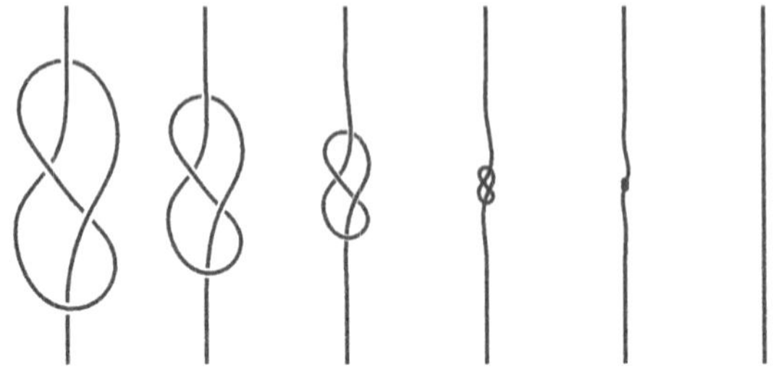

Wir ziehen den Knoten also einfach ganz stramm zusammen. Im wirklichen Leben würde das natürlich auffallen, weil der Knoten immer noch zu sehen wäre. In der Mathematik haben Kurven aber keine Dicke und der Knoten löst sich durch so einen „Zaubertrick" tatsächlich in Wohlgefallen auf.

Daher muss man das Konzept der Isotopie zur *ambienten Isotopie* ausbauen. Damit ist eine Isotopie g des gesamten Raumes $\mathbb{R}^3$ auf sich selbst gemeint, für die $g_1[S_1] = S_2$ gilt. Das Endprodukt ist dasselbe wie vorher, aber nun fordern wir, dass der gesamte Raum zusammen mit S_1 stetig mitverformt wird. Anschaulich kann man sich das so vorstellen, dass die Kurve sich in einer viskosen Masse wie Honig befindet. Der Honig muss jede Bewegung der Kurve „mitmachen". Würden wir nun denselben „Zaubertrick" wie oben versuchen, so wäre das nur möglich, wenn die umgebende Masse an einer Stelle zerrissen würde. Das ist aber dann keine stetige Verformung mehr.

Nach dieser Präzisierung kann man nun definieren: Wenn es nicht möglich ist, eine einfach geschlossene Kurve durch so eine Deformation auf einen ebenen Kreis abzubilden, dann nennt man sie *verknotet.*

Ende der 1940er Jahre bewiesen der Ungar István Fáry und der Amerikaner John Milnor unabhängig voneinander, dass verknotete Raumkurven niemals eine Totalkrümmung haben können, die kleiner als 4π ist.[9]

Die Knotentheorie ist ein ästhetisch sehr ansprechendes Teilgebiet der Mathematik, war aber lange Zeit nur von theoretischem Interesse. Mittlerweise gibt es jedoch diverse Anwendungen dieser mathematischen Disziplin in Biologie, Chemie und Physik. Außerdem wirft sie auch interessante Fragestellungen in der Informatik auf. Es gibt z.B. Algorithmen, die als Eingabe ein *Knotendiagramm* – eine standardisierte Repräsentation eines Knotens – bekommen und die entscheiden können, ob es sich um eine Darstellung des trivialen Knotens handelt. Ob es aber Algorithmen gibt, die diese Aufgabe immer in polynomialer Zeit erledigen können, ist eine zur Zeit noch offene Frage der Forschung.

[9]Der abgebildete Milnor ist einer von nur vier Mathematikern, die die drei wichtigsten Preise für Mathematik – die Fields-Medaille, den Wolf-Preis und den Abelpreis – alle gewonnen haben. Den genannten Satz bewies er im Alter von 18 Jahren. Er war zu spät zu einer Vorlesung gekommen und hatte ein ungelöstes Problem der Differentialgeometrie, das er von der Tafel abgeschrieben hatte, irrtümlich für eine besonders schwere Hausaufgabe gehalten – und diese dann gelöst…

Projekte

Projekt P15: Fügen Sie zu dem Raumkurven-Programm aus diesem Kapitel noch Code hinzu, der an der Spitze der animierten Kurve die Normalebene darstellt.

Zum Zeichnen eines „zweidimensionalen“ Quadrats können Sie die P5.JS-Funktion `plane` verwenden. Das Quadrat wird allerdings in der x-y-Ebene und mit dem Mittelpunkt im Ursprung des Koordinatensystems platziert werden. (Tipp: Es steht also senkrecht auf dem Vektor $(0,0,1)$.) Um das Quadrat an eine andere Stelle zu bewegen, müssen Sie die in Kapitel 1 eingeführten Koordinatentransformationen durchführen. Dafür verschieben Sie zunächst den Ursprung mithilfe der Funktion `translate`, die sich auch im 3D-Kontext anwenden lässt. Dann müssen Sie das Koordinatensystem noch drehen. Weil Drehungen im Raum notorisch schwierig sind, spendiere ich Ihnen eine Funktion, die so dreht, dass der Vektor $\boldsymbol{u}$ auf dem Vektor $\boldsymbol{v}$ landet:[10]

```
function normalize (v) {
  let norm = Math.hypot(...v);
  if (v == 0)
    return v;
  return v.map(x => x/norm);
}

function cross (v, w) {
  return [
    v[1]*w[2]-v[2]*w[1],
    v[2]*w[0]-v[0]*w[2],
    v[0]*w[1]-v[1]*w[0]
  ];
}

function rotateFromTo (u, v) {
  let a = cross(u,v);                               // u x v
  let c = u[0]*v[0] + u[1]*v[1] + u[2]*v[2];        // "cos(u,v)"
  let s = sqrt(a[0]*a[0] + a[1]*a[1] + a[2]*a[2]); // "sin(u,v)"
  let c1 = 1-c;
  a = normalize(a);
  applyMatrix(
    a[0]*a[0]*c1+c, a[0]*a[1]*c1+s*a[2], a[0]*a[2]*c1-s*a[1], 0,
    a[0]*a[1]*c1-s*a[2], a[1]*a[1]*c1+c, a[1]*a[2]*c1+s*a[0], 0,
    a[0]*a[2]*c1+s*a[1], a[1]*a[2]*c1-s*a[0], a[2]*a[2]*c1+c, 0,
    0, 0, 0, 1
```

[10] Hier wird die Funktion `applyMatrix` benutzt, mittels derer man in P5.JS beliebige homogene Transformationsmatrizen (siehe Projekt P2) angeben kann.

```
  );
}
```

Diese Funktion setzt allerdings voraus, dass die beiden Vektoren normiert sind!

Verwenden Sie zum numerischen Differenzieren dieselbe Technik wie in Projekt P6.

Projekt P16: Mithilfe des *expliziten Euler-Verfahrens*[11] kann man auch in JAVASCRIPT relativ einfach numerisch eine Lösung der Frenet-Serret-Gleichungen finden und damit näherungsweise den Hauptsatz der Raumkurventheorie implementieren. Man geht dazu wie folgt vor: Man führt eine Hilfsfunktion $\boldsymbol{\beta} = \boldsymbol{\alpha}'$ ein, wodurch aus (8.4) das folgende System erster Ordnung wird:

$$\begin{pmatrix} \boldsymbol{\alpha}(t) \\ \boldsymbol{\beta}(t) \\ \boldsymbol{n}_{\boldsymbol{\alpha}}(t) \\ \boldsymbol{b}_{\boldsymbol{\alpha}}(t) \end{pmatrix}' = \begin{pmatrix} 0 & 1 & 0 & 0 \\ 0 & 0 & \kappa(t) & 0 \\ 0 & -\kappa(t) & 0 & \tau(t) \\ 0 & 0 & -\tau(t) & 0 \end{pmatrix} \cdot \begin{pmatrix} \boldsymbol{\alpha}(t) \\ \boldsymbol{\beta}(t) \\ \boldsymbol{n}_{\boldsymbol{\alpha}}(t) \\ \boldsymbol{b}_{\boldsymbol{\alpha}}(t) \end{pmatrix} \tag{8.6}$$

Hierbei sind κ und τ die beiden Funktionen aus dem Hauptsatz.

Nennen wir die obige Matrix $\boldsymbol{M}(t)$. Man beachte, dass $\boldsymbol{M}(t)$ eine 12×12-Matrix ist, da die vier Einträge in den „Vektoren" in (8.6) jeweils selbst $\mathbb{R}^3$-Vektoren sind!

Sind nun für einen Startwert t_0 ein Anfangspunkt (p_1, p_2, p_3) eine Anfangsgeschwindigkeit (v_1, v_2, v_3) und ein initialer Normalenvektor (n_1, n_2, n_3) vorgegeben, so beginnt man mit dem folgenden Vektor $\boldsymbol{y}_0$:[12]

$$(p_1, p_2, p_3, v_1, v_2, v_3, n_1, n_2, n_3, v_2 \cdot n_3 - v_3 \cdot n_2, v_3 \cdot n_1 - v_1 \cdot n_3, v_1 \cdot n_2 - v_2 \cdot n_1)$$

Dann berechnet man sukzessive

$$\boldsymbol{y}_{n+1} = \boldsymbol{y}_n + h \cdot \boldsymbol{M}(t_0 + n \cdot h) \cdot \boldsymbol{y}_n$$

wobei h eine sehr kleine Schrittweite ist. (Theoretisch wird das Ergebnis umso besser, je kleiner h ist.) Die jeweils ersten drei Komponenten der $\boldsymbol{y}_n$ bilden dann eine Folge von Punkten, die man mit unserer Funktion `segments` zeichnen kann.

[11] Siehe z.B. Kapitel 56 in [Wei18].

[12] Dabei bilden die letzten drei Einträge das Vektorprodukt aus Geschwindigkeits- und Normalenvektor.

9 Funktionen mehrerer Veränderlicher

> Geometry can no longer be divorced from algebra, topology, and analysis.
>
> John Stillwell

Kurven, mit denen wir uns bisher beschäftigt haben, wurden durch Funktionen von reellen Intervallen nach $\mathbb{R}^n$ dargestellt. Damit hat man zwar in einführenden Mathematikvorlesungen an einer Hochschule nicht unbedingt etwas zu tun, aber wir konnten im Endeffekt immer mit den Komponentenfunktionen arbeiten, die dann wieder ganz „normale" Funktionen waren, die schon aus der Schule bekannt sind.

Wenn es demnächst um Flächen gehen wird, haben wir es aber mit *Funktionen mehrerer Veränderlicher* zu tun, die komplizierter sind. Dieses Kapitel ist eine Art „Crashkurs" für die Analysis solcher Funktionen. Wir werden die Dinge lernen, die wir für den Rest des Buches brauchen, aber wir werden sie nicht so detailliert behandeln wie die geometrischen Fragen, um die es eigentlich später gehen soll. Insbesondere werde ich Ihnen in der Regel keine Beweise präsentieren. Die laufen häufig auf kleinteilige Rechnerei hinaus (die Mathematiker sprechen von „Epsilontik"), die wir uns sparen wollen.

Funktionen mehrerer Veränderlicher sind Funktionen von einer Menge A in die Menge $\mathbb{R}^n$, wobei A eine (typischerweise offene) Teilmenge von $\mathbb{R}^m$ ist und m und n irgendwelche positiven natürlichen Zahlen sind. Solche Funktionen sind Ihnen schon begegnet, und zwar in der linearen Algebra. Da untersucht man speziell die *linearen* Funktionen (die man durch $n \times m$-Matrizen darstellen kann). Hier soll es aber nicht nur um lineare Abbildungen gehen, sondern prinzipiell um *beliebige* Funktionen. Zum Beispiel um solche:

E. Weitz, *Elementare Differentialgeometrie (nicht nur) für Informatiker*,
https://doi.org/10.1007/978-3-662-60463-2_9

$$f:\begin{cases}\mathbb{R}^3 \to \mathbb{R}^2 \\ \begin{pmatrix} x_1 \\ x_2 \\ x_3 \end{pmatrix} \mapsto \begin{pmatrix} x_1^2 + x_3^2 \\ \exp(x_2 \sin x_1) \end{pmatrix}\end{cases}$$

Man kann f interpretieren als eine Abbildung, die jedem *Punkt* des Raums $\mathbb{R}^3$ einen *Punkt* in der Ebene $\mathbb{R}^2$ zuordnet. Man kann die Argumente und Funktionswerte aber auch als *Vektoren* interpretieren, wie es die Schreibweise hier nahelegt. Es hängt vom jeweiligen Kontext ab, welche Sichtweise „richtig" ist. Wie ich am Anfang des Buches schon sagte, mache ich da keinen Unterschied und benutze mal die eine und mal die andere Schreibweise.

Auch bei Funktionen mehrerer Variablen ist es so, dass wir die Komponentenfunktionen einzeln betrachten können, wenn es um Stetigkeit und Differenzierbarkeit geht. Allerdings sind diese Komponentenfunktionen zwar reellwertig, aber immer noch Funktionen mehrerer Variablen, wodurch manche Dinge komplizierter werden. Wir werden im Folgenden größtenteils Funktionen von $\mathbb{R}^2$ nach $\mathbb{R}$ als Beispiele betrachten. Die Dinge, auf die es mir ankommt, kann man bereits bei solchen „einfachen" Funktionen erkennen. Und wenn Sie das verstanden haben, können Sie auch mit Funktionen von $\mathbb{R}^m$ nach $\mathbb{R}$ umgehen und mit vektorwertigen Funktionen, deren Komponentenfunktionen von dieser Art sind.

Es ist nicht einfach, Funktionen mehrerer Veränderlicher zu visualisieren. Im Allgemeinen gelingt das nur, wenn m und n vergleichsweise klein sind.[1] Zum Glück gehören die Funktionen, um die es in diesem Buch hauptsächlich geht, zu denen, die man gut grafisch darstellen kann.

Funktionen von $\mathbb{R}^2$ nach $\mathbb{R}$ kann man besonders einfach zeichnen. Man kann sie sich als „Gebirge" vorstellen: Die Argumente der Funktion sind Punkte in der x-y-Ebene und der zugehörige Funktionswert (der auf der z-Achse abgetragen wird) gibt die Höhe oberhalb (bzw. für negative Werte unterhalb) dieses Punktes an. Wenn Sie sich mal eben schnell so eine Funktion anschauen wollen, dann ist GeoGebra eine gute Wahl. Um zum Beispiel

$$f:\begin{cases}\mathbb{R}^2 \to \mathbb{R} \\ (x,y) \mapsto \sin(xy/5)\cdot\cos(xy/2)\end{cases}$$

zu zeichnen, wählen Sie in GeoGebra „3D Graphing" aus und geben Sie

[1] In Kapitel 41 von [Wei10] werden diverse Visualisierungsmöglichkeiten besprochen. Siehe dazu auch das am Rande verlinkte Video.

```
f(x,y) = sin(x y / 5) cos(x y / 2)
```

ein. Das Ergebnis ist die hübsche Grafik in Abbildung 9.1. Ich kann schon mal

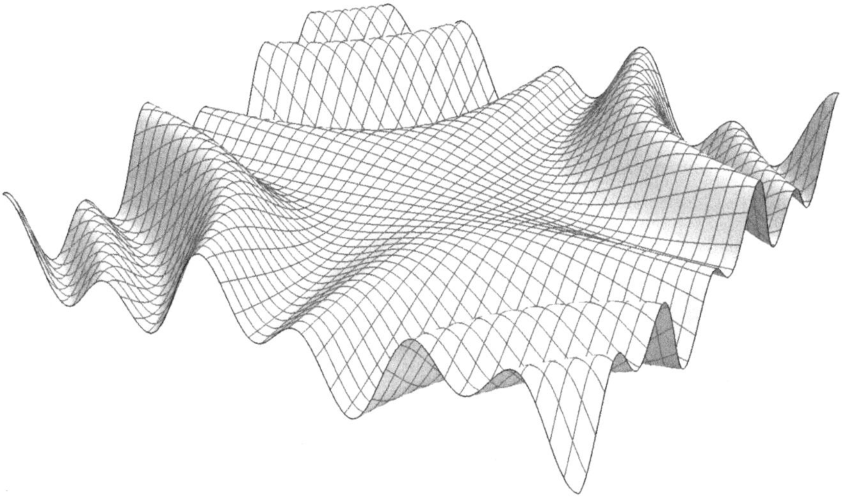

Abbildung 9.1

vorwegnehmen: Was wir hier sehen, ist ein Beispiel für eine *Fläche*. Mehr dazu in den folgenden Kapiteln.

ALS ERSTES MÜSSEN WIR aber noch mal über Grenzwerte und Stetigkeit sprechen. Wie wir in Kapitel 5 gesehen haben, lassen sich diese Begriffe rein formal sehr leicht in höhere Dimensionen übertragen, weil es ausschließlich um *Abstände* geht. Der Abstand $d(x, y)$ zweier reeller Zahlen x und y ist der Betrag $|x - y|$ und der Abstand $d(\boldsymbol{x}, \boldsymbol{y})$ zweier Punkte $\boldsymbol{x}$ und $\boldsymbol{y}$ aus einem Raum $\mathbb{R}^n$ ist $\|\boldsymbol{x} - \boldsymbol{y}\|$, also die Norm der Differenz der Ortsvektoren.

Ersetzt man nun einfach $|x - y|$ durch $d(\boldsymbol{x}, \boldsymbol{y})$ bzw. $\|\boldsymbol{x} - \boldsymbol{y}\|$, so kann man die Definitionen für Grenzwert und Stetigkeit wortwörtlich übertragen: Ist $\boldsymbol{f}$ eine Funktion, deren Definitionsbereich eine Teilmenge von $\mathbb{R}^m$ und deren Wertebereich eine Teilmenge von $\mathbb{R}^n$ ist, so ist mit dem Grenzwert (*wenn* es ihn gibt)

$$\lim_{\boldsymbol{x} \to \boldsymbol{x}_0} \boldsymbol{f}(\boldsymbol{x})$$

der eindeutig bestimmte Punkt bzw. Vektor $\boldsymbol{y}_0 \in \mathbb{R}^n$ gemeint, für den es zu jeder noch so kleinen positiven reellen Zahl ε eine positive Zahl δ gibt, so dass aus $\|\boldsymbol{x} - \boldsymbol{x}_0\| < \delta$ immer $\|\boldsymbol{f}(\boldsymbol{x}) - \boldsymbol{y}_0\| < \varepsilon$ folgt. Intuitiv: Wenn man mit $\boldsymbol{x}$ nur nahe genug an $\boldsymbol{x}_0$ „heranrückt", dann kommt der Funktionswert $\boldsymbol{f}(\boldsymbol{x})$ dem Grenzwert $\boldsymbol{y}_0$ auch beliebig nahe.

Anmerkung: Um die Formulierung nicht unnötig kompliziert zu machen, habe ich ein paar technische Details weggelassen. Man hätte eigentlich noch dazusagen sollen, dass $\boldsymbol{x}_0$ zumindest ein *Häufungspunkt* des Definitionsbereiches von f sein muss, damit man sich diesem Punkt überhaupt sinnvoll nähern kann. Wie ich in Kapitel 5 schon sagte, macht man sich das Leben wesentlich leichter, wenn man davon ausgeht, dass die Funktionen, über die man spricht, einen *offenen* Definitionsbereich haben. Im Zweifelsfall denken Sie sich das bitte dazu, wenn ich es im Folgenden nicht immer explizit erwähne. Ich werde auch manchmal, damit die Sätze nicht zu lang werden, sowas wie *eine Funktion von* $\mathbb{R}^m$ *nach* $\mathbb{R}^n$ sagen, wenn eigentlich gemeint ist, dass der Definitionsbereich der Funktion eine (offene) Teilmenge von $\mathbb{R}^m$ ist.

Ganz analog zum eindimensionalen Fall sagt man auch, dass $\boldsymbol{f}$ im Punkt $\boldsymbol{x}_0$ stetig ist, wenn

$$\lim_{\boldsymbol{x}\to\boldsymbol{x}_0} \boldsymbol{f}(\boldsymbol{x}) = \boldsymbol{f}(\boldsymbol{x}_0)$$

gilt. Es ist also eigentlich alles wie bei den uns schon vertrauten Funktionen von $\mathbb{R}$ nach $\mathbb{R}$, nur dass „nahe" jetzt eine „geometrischere" Bedeutung hat: Einer reellen Zahl kann man sich nur von links oder rechts auf dem Zahlenstrahl nähern; einem Punkt in der Ebene oder in höherdimensionalen Räumen kann man sich von vielen Seiten nähern. Das schauen wir uns am Beispiel der folgenden Funktion etwas genauer an:

$$f(x,y) = \exp(x^2 y/10) \cdot \sin x^2 \tag{9.1}$$

Ich verrate vorab, dass f auf ganz $\mathbb{R}^2$ stetig ist. Wir wollen aber mal exemplarisch den Punkt $\boldsymbol{p} = (-1,1)$ untersuchen. Dafür halten wir $y = 1$ fest und betrachten die Funktion, die x auf

$$f(x,1) = \exp(x^2/10) \cdot \sin x^2$$

abbildet. Das ist nun eine „ganz normale" Funktion von $\mathbb{R}$ nach $\mathbb{R}$, die auf dem Intervall $[-2,2]$ so wie in der folgenden Skizze links aussieht:

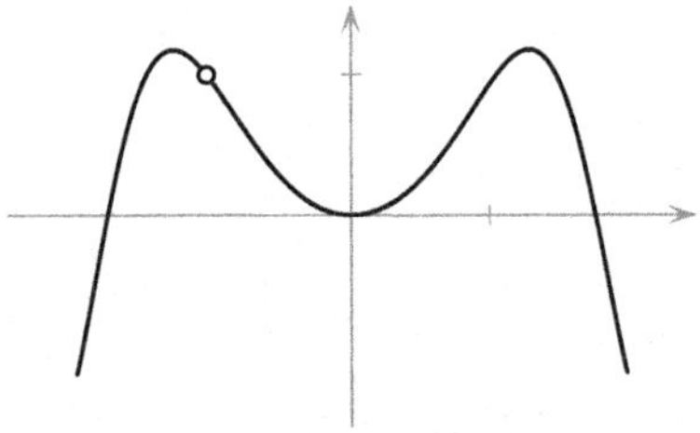

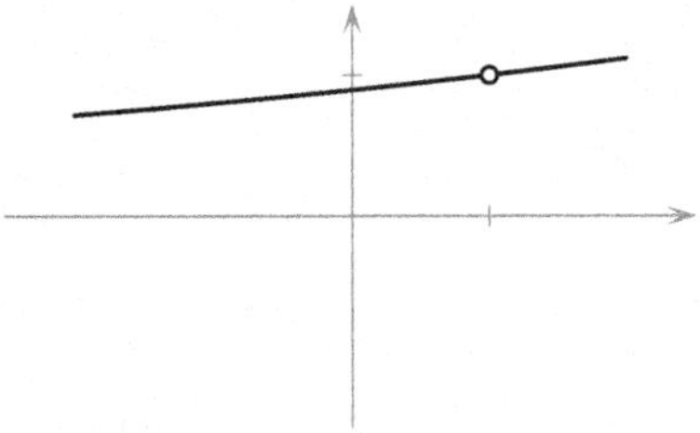

Ebenso können wir $x = -1$ festhalten und die Funktion betrachten, die die Zahl y auf $f(-1,y) = \exp(y/10) \cdot \sin 1$ abbildet. Das ist oben rechts dargestellt.

Geometrisch erhalten wir die erste der obigen Funktionen, indem wir das „Gebirge" von f mit einer Ebene schneiden, die senkrecht auf der x-y-Ebene steht und mit dieser die Gerade gemeinsam hat, die parallel zur x-Achse durch den Punkt $\boldsymbol{p}$ verläuft. Die zweite erhält man entsprechend mit einer Geraden parallel zur y-Achse durch diesen Punkt. Das sieht man in Abbildung 9.2.

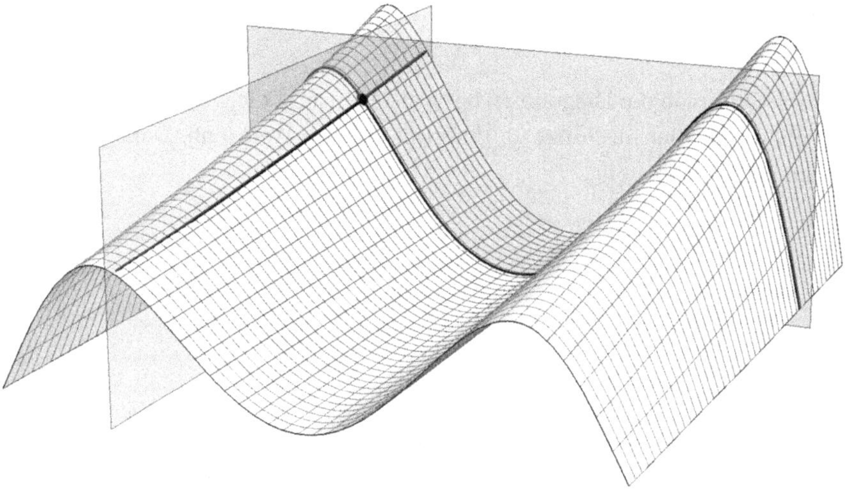

Abbildung 9.2

Dass f in $\boldsymbol{p}$ stetig ist, bedeutet offensichtlich, dass die beiden durch die Ebenen „herausgeschnittenen" Funktionen stetig sind. Mit anderen Worten: wenn wir uns $\boldsymbol{p}$ parallel zur x- oder zur y-Achse nähern, dann ist das eine stetige Bewegung ohne „Sprünge" oder „Löcher".

Es wäre aber ein Fehler zu glauben, dass es reicht, solche achsenparallelen Bewegungen zu betrachten, dass man also nur die Funktionen auf Stetigkeit untersuchen müsste, die man durch Festhalten aller Argumente bis auf eins erhält. Ein einfaches Gegenbeispiel ist die durch

$$g(x,y) = \begin{cases} 0 & (x,y) = (0,0) \\ \frac{2xy}{x^2+y^2} & (x,y) \neq (0,0) \end{cases}$$

definierte Funktion, die wir in Abbildung 9.3 sehen.[2] Dort ist grafisch hervorgehoben, dass g sowohl auf der x-Achse als auch auf der y-Achse konstant den Wert null hat (wie man leicht nachrechnen kann). Die durch $x \mapsto f(x,0)$ bzw. $y \mapsto f(0,y)$ definierten Funktionen sind also trivialerweise überall stetig. Allerdings ahnt man schon, wenn man den „Gebirgskamm" betrachtet, dass g im Ursprung trotzdem *nicht* stetig ist. Das liegt daran, dass man sich diesem Punkt ja auch anders als parallel zu den Achsen nähern kann. Konkret könnte

[2] Geben Sie die ruhig auch mal in GEOGEBRA ein. Sie können sich sogar den Fall $(x,y) = (0,0)$ sparen; das System wird diese Definitionslücke einfach kommentarlos übergehen.

man längs der Hauptdiagonalen der x-y-Ebene, die durch die Gleichung $y = x$ gegeben ist, in Richtung $(0,0)$ wandern. Setzt man die Punkte auf dieser Geraden in g ein, so erhält man

$$g(x,x) = \frac{2xx}{x^2 + x^2} = 1$$

für $x \neq 0$. Oberhalb der Diagonalen hat g also konstant den Wert 1 (der besagte „Kamm"), fällt aber im Punkt $(0,0)$ abrupt auf den Wert 0 ab. Daher ist g in diesem Punkt *nicht* stetig.

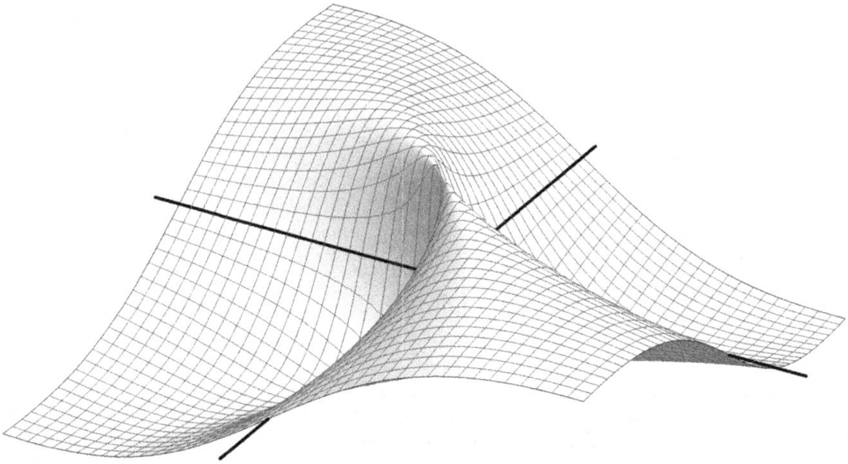

Abbildung 9.3

Die Stetigkeit einer Funktion in einem Punkt ist nicht einmal dann garantiert, wenn man sich dem Punkt auf *allen* Geraden durch diesen Punkt stetig nähern kann. Ein Beispiel dafür, was schieflaufen kann, liefert diese Funktion:

$$h(x,y) = \begin{cases} 0 & (x,y) = (0,0) \\ \frac{x^2 y}{x^4 + y^2} & (x,y) \neq (0,0) \end{cases}$$

Man sieht an Abbildung 9.4 bereits, dass im Punkt $(0,0)$ etwas nicht stimmt. Allerdings ist ist die Funktion tatsächlich längs aller Geraden durch den Nullpunkt stetig. Das wird in der Grafik am Beispiel der x-Achse und der Hauptdiagonalen $y = x$ visualisiert.

Man kann das folgendermaßen nachrechnen:

- Auf der x-Achse hat h für $x \neq 0$ konstant den Wert $h(x,0) = 0/x^4 = 0$.

- Auch auf der y-Achse verschwindet h überall.

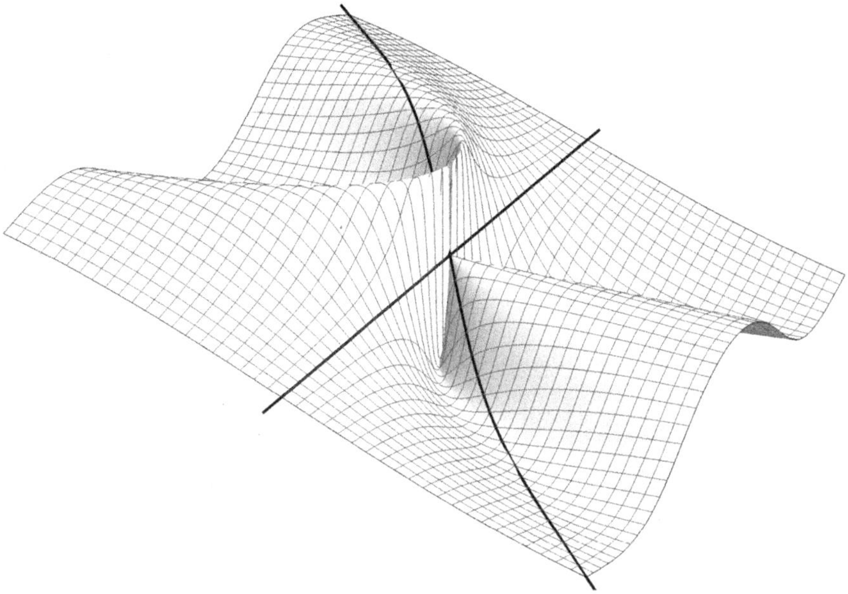

Abbildung 9.4

- Jede andere Gerade durch den Nullpunkt in der x-y-Ebene ist von der Form $y = mx$ mit einem Wert $m \neq 0$. Setzt man in h ein, so ergibt sich:

$$h(x, mx) = \frac{x^2 mx}{x^4 + m^2 x^2} = \frac{mx}{x^2 + m^2}$$

  Der Nenner wird nie null und für x gegen 0 geht dieser Ausdruck offenbar gegen 0. Für $m = 1$ und $m = 2$ erhält man z.B. die beiden folgenden Funktionen von $\mathbb{R}$ nach $\mathbb{R}$. (Die linke entspricht dem Höhenverlauf der diagonalen Linie in der Abbildung 9.4.)

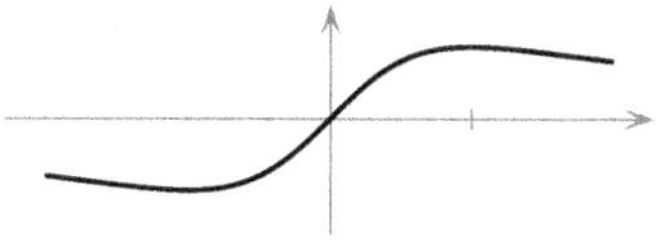

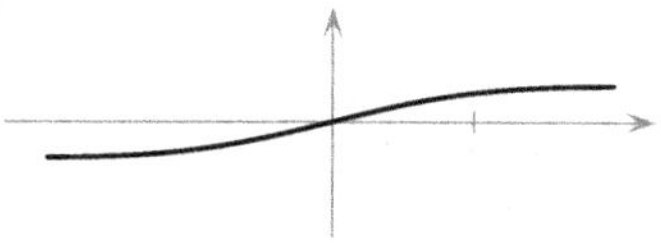

Aber auch dieses Gebirge hat offensichtlich einen Kamm. Dessen Gestalt erkennt man am besten, wenn man von „oben“ auf die Funktion schaut. Ich habe hier exemplarisch ein paar Höhenlinien eingezeichnet, also Kurven, auf denen h überall denselben Funktionswert hat:

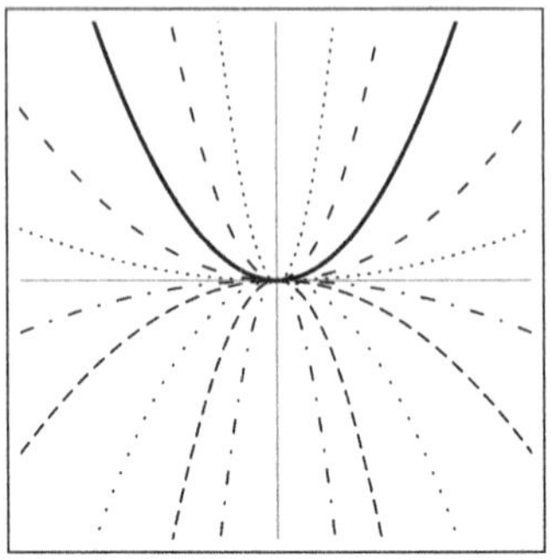

Die dicke schwarze Linie entspricht z.B. der Parabel $y = x^2$. Setzt man das in h ein, so erhält man:

$$h(x, x^2) = \frac{x^2 x^2}{x^4 + x^4} = \frac{1}{2}$$

Nähern wir uns dem Nullpunkt also entlang dieser Kurve, so befinden wir uns konstant auf der Höhe 1/2, fallen aber im Nullpunkt in ein Loch. Daher ist auch diese Funktion im Ursprung nicht stetig.

AUF DEN ERSTEN BLICK sieht also Stetigkeit in höheren Dimensionen wesentlich komplizierter aus als bei den uns vertrauten Funktionen von $\mathbb{R}$ nach $\mathbb{R}$. Es gibt aber auch gute Nachrichten, denn in der Praxis ist das alles nicht so dramatisch:

(i) Die Grundrechenarten sind stetig. Damit ist z.B. gemeint, dass die Abbildung von $\mathbb{R}^2$ nach $\mathbb{R}$, die durch $(x, y) \mapsto x + y$ definiert ist, stetig ist. Das gilt ebenso für die Subtraktion und die Multiplikation sowie auch für die Division – mit der Einschränkung, dass man nach wie vor nicht durch null teilen darf.

(ii) *Projektionen* sind stetig. Damit sind die Funktionen von $\mathbb{R}^m$ nach $\mathbb{R}$ gemeint, deren Funktionswert die i-te Komponente des Arguments ist. Typischerweise schreibt man dafür π_i. Beispiel: $\pi_2(x_1, x_2, x_3, x_4) = x_2$.

(iii) Kompositionen von stetigen Funktionen sind stetig.

(iv) Wie bereits erwähnt: Eine Funktion $\boldsymbol{f} : \mathbb{R}^m \to \mathbb{R}^n$ ist genau dann stetig, wenn ihre Komponentenfunktionen $f_1, \dots, f_n$ alle stetig sind.

Auch ohne Beweis kann man sich zumindest die Korrektheit der ersten beiden Punkte grafisch klarmachen. Dazu dienen die nächsten beiden Aufgaben.

Aufgabe 105: Überlegen Sie sich, wie die Funktion $(x, y) \mapsto x + y$ wohl aussieht, und lassen Sie sie dann von GEOGEBRA zeichnen. Machen Sie das auch für die anderen drei Grundrechenarten.

Aufgabe 106: Auch einfache Projektionen wie $(x, y) \mapsto y$ sollten Sie sich vom Computer mal zeichnen lassen.

Aufgabe 107: Begründen Sie für die Funktion f aus (9.1), warum sie stetig ist. Verwenden Sie dabei nur die Punkte (i) bis (iv) von oben sowie Funktionen von $\mathbb{R}$ nach $\mathbb{R}$, von denen Sie bereits wissen, dass sie stetig sind. (Das ist nicht schwer, erfordert aber recht viel kleinteilige Schreibarbeit, wenn man es richtig macht. Ich halte das jedoch für eine gute Übung, auch und gerade für Informatiker.)

Wird eine Funktion also wie f „zusammengebaut" aus den Grundrechenarten und Funktionen wie Sinus oder Logarithmus, von denen wir bereits wissen, dass sie stetig sind, so ist sie stetig – zumindest überall dort, wo sie definiert ist, wo also z.B. nicht durch null geteilt oder die Wurzel einer negativen Zahl berechnet werden muss. Und auch die auf f folgenden „problematischen" Funktionen g und h sind auf ganz $\mathbb{R}^2$ stetig *außer im Nullpunkt*. Im Nullpunkt funktioniert unser „Baukastenargument" nicht, weil g und h dort durch Fallunterscheidung definiert sind.

UND WIE KANN MAN das Konzept der Ableitung auf Funktionen mehrerer Variablen übertragen? Im eindimensionalen Fall ist eine Funktion f an der Stelle x_0 differenzierbar, wenn der Grenzwert

$$\lim_{h \to 0} \frac{f(x_0 + h) - f(x_0)}{h} \tag{9.2}$$

existiert, für den wir dann $f'(x_0)$ schreiben. Das kann man so nicht einfach übernehmen, wenn x_0 und h durch Vektoren ersetzt werden sollen, weil wir nicht durch Vektoren dividieren können.

Wir können Gleichung (9.2) aber etwas umschreiben:

$$0 = \lim_{h \to 0} \left(\frac{f(x_0 + h) - f(x_0)}{h} - f'(x_0) \right) = \lim_{h \to 0} \frac{f(x_0 + h) - f(x_0) - f'(x_0)h}{h}$$

Und da eine Funktion genau dann gegen 0 geht, wenn ihr Betrag gegen 0 geht, können wir das auch so formulieren:

$$\lim_{h \to 0} \frac{|f(x_0 + h) - f(x_0) - f'(x_0)h|}{|h|} = 0 \tag{9.3}$$

Das können wir nun auf höhere Dimensionen übertragen. Vorher wollen wir uns aber klarmachen, was genau (9.3) aussagt. Der Term $f(x_0 + h) - f(x_0)$ ist das, was man zu $f(x_0)$ addieren muss, damit $f(x_0 + h)$ herauskommt: um so viel ändert sich der Funktionswert, wenn man zum Argument x_0 das kleine Stück h hinzuaddiert. Und $h \mapsto f'(x_0)h$ ist eine Gerade durch den Nullpunkt mit der Steigung $f'(x_0)$. Dass der Unterschied zwischen diesen beiden Ausdrücken gegen 0 geht, bedeutet, dass sich f in der unmittelbaren Nähe des Punktes $(x_0, f(x_0))$ wie diese Gerade in der Nähe des Nullpunkts verhält.

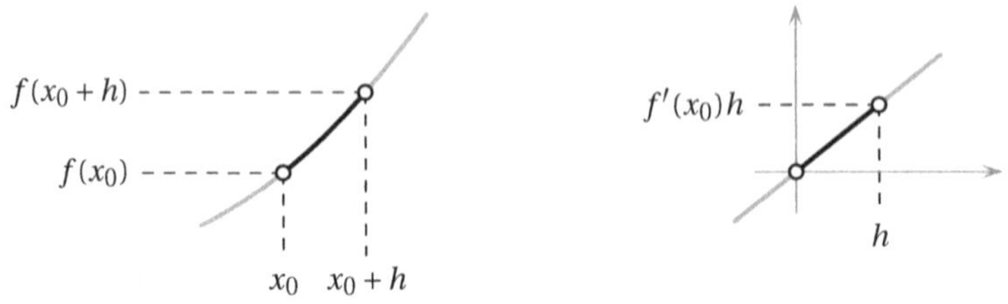

Und dass das auch noch mit $|h|$ im Nenner konvergiert, heißt, dass diese Approximation von f durch eine Gerade[3] besonders gut ist: der Unterschied geht sogar schneller gegen 0 als $|h|$.

Wenn eine Funktion an einer Stelle differenzierbar ist, dann verhält sie sich also dort im *Infinitesimalen* (sozusagen „unter dem Mikroskop") wie eine Gerade. Und Geraden sind so ziemlich die einfachsten Funktionen die man sich vorstellen kann. Geraden durch den Nullpunkt sind aber gleichzeitig auch *lineare Abbildungen* von $\mathbb{R}$ nach $\mathbb{R}$. Und allgemeine lineare Abbildungen sind wiederum der Untersuchungsgegenstand der linearen Algebra. Sie sind die einfachsten Abbildungen von $\mathbb{R}^m$ nach $\mathbb{R}^n$ und genau die, die man durch Matrizen beschreiben kann.

Ersetzt man die lineare Abbildung $h \mapsto f'(x_0)h$ durch $\boldsymbol{h} \mapsto \boldsymbol{B} \cdot \boldsymbol{h}$, wobei $\boldsymbol{B}$ eine Matrix ist, so kann man (9.3) quasi wörtlich übernehmen: Wir nennen eine Funktion $\boldsymbol{f}$ von einer Teilmenge[4] von $\mathbb{R}^m$ nach $\mathbb{R}^n$ an der Stelle $\boldsymbol{x}_0$ (total) differenzierbar, wenn es eine $n \times m$-Matrix $\boldsymbol{B}$ mit

$$\lim_{\boldsymbol{h} \to \boldsymbol{0}} \frac{\|\boldsymbol{f}(\boldsymbol{x}_0 + \boldsymbol{h}) - \boldsymbol{f}(\boldsymbol{x}_0) - \boldsymbol{B} \cdot \boldsymbol{h}\|}{\|\boldsymbol{h}\|} = 0 \tag{9.4}$$

gibt. Diese Matrix nennt man die Ableitung von $\boldsymbol{f}$ an der Stelle $\boldsymbol{x}_0$ und schreibt dafür $D\boldsymbol{f}(\boldsymbol{x}_0)$. Auch andere Schreibweisen sind gebräuchlich. Im Falle $m = 1$ haben wir z.B. in den Kapiteln über Kurven $\boldsymbol{f}'(\boldsymbol{x}_0)$ statt $D\boldsymbol{f}(\boldsymbol{x}_0)$ geschreiben. Das Adjektiv *total* dient zur didaktischen Abgrenzung von der *partiellen* Differenzierbarkeit, zu der wir gleich kommen werden, und wird meistens weggelassen.

Beachten Sie, dass in dieser Definition $\boldsymbol{h}$ ein *Vektor* ist, der gegen den Nullvektor $\boldsymbol{0}$ geht. Wie bei der Stetigkeit haben wir hier wieder die Situation, dass man sich $\boldsymbol{0}$ auf viele verschiedene Arten nähern kann, wodurch die totale Differenzierbarkeit zu einem sehr starken Begriff wird.

Die Matrix $D\boldsymbol{f}(\boldsymbol{x}_0)$ steht für eine lineare Abbildung, die Vektoren $\boldsymbol{h}$ aus $\mathbb{R}^m$ auf $D\boldsymbol{f}(\boldsymbol{x}_0) \cdot \boldsymbol{h} \in \mathbb{R}^n$ abbildet. Man unterscheidet manchmal zwischen der Matrix

[3] Wie Ihnen inzwischen klargeworden sein dürfte, ist diese Gerade, wenn man sie vom Nullpunkt in den Punkt $(x_0, f(x_0))$ verschiebt, die Tangente an f an dieser Stelle.

[4] Auch hier müsste man eigentlich genauer formulieren, damit die Definition mathematisch wasserdicht ist. Typischerweise verlangt man, dass eine ganze *Umgebung* von $\boldsymbol{x}_0$ zum Definitionsbereich von $\boldsymbol{f}$ gehört.

und dieser linearen Abbildung, die man dann als *Differential* bezeichnet. Diese Unterscheidung werden wir uns jedoch ersparen; wir arbeiten durchgehend mit den Matrizen.

Aufgabe 108: Sei $\boldsymbol{f}$ die durch

$$\boldsymbol{f}: \begin{cases} \mathbb{R}^2 \to \mathbb{R}^2 \\ \begin{pmatrix} x \\ y \end{pmatrix} \mapsto \begin{pmatrix} xy \\ x+y^2 \end{pmatrix} \end{cases}$$

definierte Abbildung und $\boldsymbol{B}$ die folgende Matrix:

$$\boldsymbol{B} = \begin{pmatrix} 2 & 1 \\ 1 & 4 \end{pmatrix}$$

Berechnen Sie $\boldsymbol{f}(\boldsymbol{x}_0 + \boldsymbol{h}) - \boldsymbol{f}(\boldsymbol{x}_0) - \boldsymbol{B} \cdot \boldsymbol{h}$, wobei $\boldsymbol{h} = (h_1, h_2)$ ein beliebiger $\mathbb{R}^2$-Vektor und $\boldsymbol{x}_0$ der Vektor $(1,2)$ sein soll. Berechnen Sie außerdem die Norm des Ergebnisses. Vergleichen Sie dann mit (9.4).

GERADE HABEN WIR in Aufgabe 108 ein Beispiel für eine Ableitung gesehen. Die wurde uns aber auf dem Silbertablett serviert. Wie können wir so etwas selbst berechnen? Dazu brauchen wir das Konzept der *partiellen Ableitung*, das wir nun entwickeln werden.

Wir betrachten dafür als Beispiel die durch $f(x,y) = x^2 y$ definierte Funktion f von $\mathbb{R}^2$ nach $\mathbb{R}$. Wie im Abschnitt über Stetigkeit betrachten wir die Funktionen, die wir erhalten, wenn wir eine Variable festhalten. In diesem Fall – siehe Abbildung 9.5 – betrachten wir das Verhalten oberhalb der achsenparallelen Geraden, die durch den Punkt $(1,2)$ gehen.

Das liefert uns zwei Funktionen von $\mathbb{R}$ nach $\mathbb{R}$:

$$k_1(x) = f(x,2) = 2x^2$$
$$k_2(y) = f(1,y) = y$$

Nun argumentieren wir folgendermaßen: *Wenn* f im Punkt $(1,2)$ differenzierbar ist, dann gibt es eine Matrix $\boldsymbol{B} = \begin{pmatrix} b_1 & b_2 \end{pmatrix}$, so dass die rechte Seite von

$$f(1+h_1, 2+h_2) \approx f(1,2) + \boldsymbol{B} \cdot \begin{pmatrix} h_1 \\ h_2 \end{pmatrix} = f(1,2) + b_1 h_1 + b_2 h_2 \tag{9.5}$$

in der Nähe dieses Punktes eine sehr gute Approximation der linken Seite ist. (Das besagt ja gerade die Definition der Differenzierbarkeit.) Setzt man in (9.5) $h_2 = 0$, so wird daraus:

$$k_1(1+h_1) = f(1+h_1, 2) \approx f(1,2) + b_1 h_1 = k_1(1) + b_1 h_1 \tag{9.6}$$

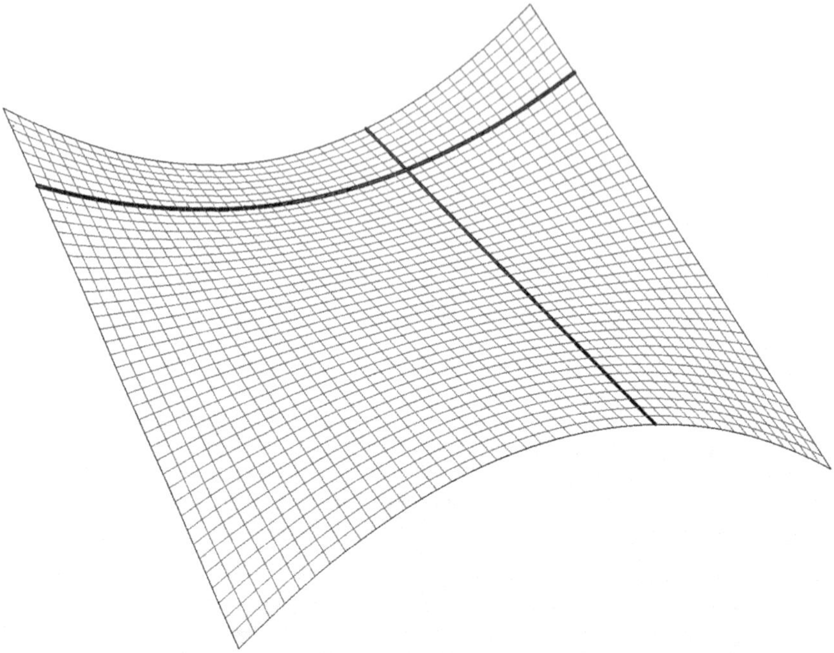

Abbildung 9.5

Das ist aber nichts weiter als die Darstellung der Differenzierbarkeit von k_1 an der Stelle 1: Damit die rechte Seite von (9.6) eine sehr gute Approximation der linken sein kann, muss b_1 die Ableitung $k_1'(1)$ sein, d.h. es muss $b_1 = 4$ gelten. Entsprechend kann man sich auch herleiten, welchen Wert b_2 haben muss, wenn $\boldsymbol{B}$ existiert.

Aufgabe 109: Machen Sie das zur Übung mal selbst, bevor Sie weiterlesen.

Aufgabe 110: Berechnen Sie mit derselben Methodik, wie die Ableitung von f an der Stelle $(3, 2)$ aussehen müsste.

Ich fasse noch einmal zusammen, was wir eben gemacht haben. Wir haben aus f zwei Funktionen k_1 und k_2 von $\mathbb{R}$ nach $\mathbb{R}$ gemacht, indem wir jeweils ein Argument fixiert haben. Diese beiden Funktionen haben wir differenziert und die Ableitungen an der uns interessierenden Stelle berechnet.

$$\frac{\mathrm{d}}{\mathrm{d}x} k_1(x) = 4x \qquad \frac{\mathrm{d}}{\mathrm{d}x} k_1(1) = 4$$
$$\frac{\mathrm{d}}{\mathrm{d}y} k_2(y) = 1 \qquad \frac{\mathrm{d}}{\mathrm{d}y} k_2(2) = 1$$

Und aus den beiden so errechneten Werten haben wir dann die Ableitung von f zusammengesetzt:

$$Df(1,2) = (4\ 1)$$

Für dieses Vorgehen gibt es auch einen Namen und verschiedene Schreibweisen. Ist f eine Funktion von $\mathbb{R}^m$ nach $\mathbb{R}$ sowie $\boldsymbol{a} = (a_1, \dots, a_m)$ ein Element von $\mathbb{R}^m$ und betrachtet man die Funktion

$$x_i \mapsto f(a_1, \dots, a_{i-1}, x_i, a_{i+1}, \dots, a_m) \tag{9.7}$$

von $\mathbb{R}$ nach $\mathbb{R}$, die man erhält, wenn man alle Argumente bis auf das i-te an der Stelle $\boldsymbol{a}$ fixiert, so schreibt man für die Ableitung dieser Funktion an der Stelle a_i

$$\frac{\partial f}{\partial x_i}(\boldsymbol{a}) \qquad \text{oder} \qquad f_{x_i}(\boldsymbol{a}) \qquad \text{oder} \qquad D_i f(\boldsymbol{a})$$

und nennt sie die partielle Ableitung von f nach der i-ten Variable im Punkt $\boldsymbol{a}$.

Im obigen Beispiel haben wir also berechnet:

$$\frac{\partial f}{\partial x}(1,2) = D_1 f(1,2) = 4 \quad \text{und} \quad \frac{\partial f}{\partial y}(1,2) = D_2 f(1,2) = 1$$

Dabei entsprachen die Funktionen k_1 und k_2 der aus dem Ausdruck (9.7).

Beachten Sie, dass ∂ explizit *nicht* dasselbe Zeichen wie das d in der Leibniz-Notation ist, weil man zwischen *partiellen* und *totalen* Ableitungen unterscheiden will. Außerdem ist die ∂-Schreibweise zwar ebenso intuitiv und weit verbreitet wie die von Leibniz, sie ist aber nicht so präzise wie die Verwendung von D_i. Das liegt daran, dass z.B. $(x, y) \mapsto 2x - y$ und $(y, x) \mapsto 2y - x$ ja *dieselbe* Funktion darstellen. Was ist nun mit der partiellen Ableitung nach y gemeint? Das können wir nur beantworten, wenn wir uns auf eine spezifische Wahl der Variablennamen für diese Funktion geeinigt haben. (Und das gilt auch für die zweite der obigen Schreibweisen.) Was mit der partiellen Ableitung nach der zweiten Variable gemeint ist, ist hingegen unmissverständlich. Trotzdem werden wir auch meistens die ∂-Schreibweise benutzen.

Für das Berechnen der partiellen Ableitungen in der Praxis spart man sich im Allgemeinen das explizite Hinschreiben der Funktion aus (9.7). Man muss sich nur daran gewöhnen, beim Ableiten alle bis auf eine Variable als *Konstanten* zu behandeln. Man kann sich das vielleicht am einfachsten klarmachen, wenn man das zunächst mal einen Computer ausführen lässt. Auch wenn Sie mit PYTHON und SYMPY nicht vertraut sind, werden Sie wahrscheinlich zumindest die letzte Zeile im folgenden Beispiel verstehen:

```
from sympy import *

x, y = symbols("x y")
def f (x, y):
    return x**2 * y

diff(f(x,y), x), diff(f(x,y), y)
```

Die Funktion `diff` berechnet die Ableitung des ersten Arguments. Und das zweite Argument gibt an, nach *welcher* Variable abgeleitet werden soll. Für uns Menschen mag es gewöhnungsbedürftig sein, dass Buchstaben wie x und y mal wie Variablen und mal wie Konstanten behandelt werden, für den Computer sind das alles nur Buchstaben und er hat keine „vorgefasste Meinung" darüber, wie Variablen benannt werden sollten. So sollten Sie beim partiellen Differenzieren auch denken.[5]

Anmerkung: Wenn Sie sich mit PYTHON nicht auskennen, können Sie auch in GEOGEBRA differenzieren. Gehen Sie dazu in den *CAS View* der *Classic*-Anwendung und geben Sie z.B. das hier ein:

```
Derivative(x^2 y, y)
```

Die vom Computer zurückgegebenen Ergebnisse sind:

$$\frac{\partial x^2 y}{\partial x}(x,y) = 2xy \quad \text{und} \quad \frac{\partial x^2 y}{\partial x}(x,y) = x^2$$

Im linken Ausdruck ist y ein konstanter (also: nicht von x abhängender) Faktor und wir leiten eigentlich nur x^2 nach x ab – mit dem Ergebnis $2x$. Im rechten Ausdruck ist hingegen x^2 ein konstanter Faktor und wir differenzieren y nach y (und erhalten als Ableitung natürlich 1).

$\frac{\partial x^2 y}{\partial x}$ und $\frac{\partial x^2 y}{\partial y}$ sind – wie f – auch wieder Funktionen von $\mathbb{R}^2$ nach $\mathbb{R}$, in die wir nun noch den Punkt $(1,2)$ einsetzen müssen:

$$\frac{\partial x^2 y}{\partial x}(1,2) = 2 \cdot 1 \cdot 2 = 4 \quad \text{und} \quad \frac{\partial x^2 y}{\partial x}(1,2) = 1^2 = 1$$

Wir üben das gleich noch an einem weiteren Beispiel mit drei Variablen. Dafür sei $g : \mathbb{R}^3 \to \mathbb{R}$ die durch

$$g(x,y,z) = x \cos z - y \sin x$$

[5] Oder stellen Sie sich für alle Variablen, nach denen gerade *nicht* differenziert wird, vor, dass sie durch eine Zahl wie 42 ersetzt werden. Leiten Sie dann ab und ersetzen Sie die Zahl anschließend wieder durch die Variable.

definierte Funktion. Die partielle Ableitung nach der ersten Variablen x ist:

$$\frac{\partial g}{\partial x}(x, y, z) = \cos z - y \cos x$$

Wir differenzieren die beiden Summanden einzeln. Im Ausdruck $x \cos z$ hängt der Faktor $\cos z$ nicht von x ab, also wird nur x differenziert. Im Ausdruck $y \sin x$ ist y ein konstanter Faktor und die Ableitung von $\sin x$ nach x ist bekanntlich $\cos x$.

Aufgabe 111: Berechnen Sie die partiellen Ableitungen von g nach y und nach z.

Aufgabe 112: Berechnen Sie zur Übung alle partiellen Ableitungen der folgenden Funktionen.

$$\begin{aligned} h_1(x, y, z) &= xy + 2xz + 3yz \\ h_2(x, y) &= y \ln x \\ h_3(x, y) &= x \exp(x + 2y) \\ h_4(x, y, z) &= (x^2 + y) \exp(x + y) \end{aligned}$$

Vergleichen Sie Ihre Ergebnisse möglichst mit denen eines Computeralgebrasystems. Stellen Sie sich selbst weitere Aufgaben, bis Sie sich sicher im Umgang mit partiellen Ableitungen fühlen.

ICH KANN ES IHNEN NICHT VERDENKEN, wenn Sie durch die ganze Technik des partiellen Ableitens vergessen haben, warum wir das eigentlich gemacht haben. Die Argumentation war: *Wenn* eine Funktion f von $\mathbb{R}^m$ nach $\mathbb{R}$ an der Stelle $\boldsymbol{a}$ differenzierbar ist, dann ist ihre Ableitung an dieser Stelle eine $1 \times m$-Matrix und die Einträge dieser Matrix müssen die partiellen Ableitungen $D_1 f(\boldsymbol{a})$ bis $D_m f(\boldsymbol{a})$ sein. Das ist tatsächlich der Fall und lässt sich auch mathematisch beweisen, aber das wollen wir uns sparen.

Außerdem gilt (auch das ohne Beweis) wie im Falle der Stetigkeit, dass eine Funktion $\boldsymbol{f}$ von $\mathbb{R}^m$ nach $\mathbb{R}^n$ genau dann differenzierbar ist, wenn ihre Komponentenfunktionen f_1 bis f_n alle differenzierbar sind. Die Ableitung von $\boldsymbol{f}$ im Punkt $\boldsymbol{a}$ ist dann die $n \times m$-Matrix mit den folgenden Einträgen, die man die Jacobi-Matrix nennt.[6]

[6] Sie ist benannt nach dem deutschen Mathematiker Carl Gustav Jacob Jacobi. Jacobi erlangte bereits mit 13 Jahren die Hochschulreife, musste dann jedoch aufgrund seines Alters mehrere Jahre warten, bis er sich an der Berliner Universität immatrikulieren konnte. In der Zwischenzeit brachte er sich Mathematik im Selbststudium bei und war bereits zu Beginn seines offiziellen Studiums den meisten seiner Professoren weit voraus.

$$\begin{pmatrix} \frac{\partial f_1}{\partial x_1}(\boldsymbol{a}) & \frac{\partial f_1}{\partial x_2}(\boldsymbol{a}) & \cdots & \frac{\partial f_1}{\partial x_m}(\boldsymbol{a}) \\ \frac{\partial f_2}{\partial x_1}(\boldsymbol{a}) & \frac{\partial f_2}{\partial x_2}(\boldsymbol{a}) & \cdots & \frac{\partial f_2}{\partial x_m}(\boldsymbol{a}) \\ \vdots & \vdots & & \vdots \\ \frac{\partial f_n}{\partial x_1}(\boldsymbol{a}) & \frac{\partial f_n}{\partial x_2}(\boldsymbol{a}) & \cdots & \frac{\partial f_n}{\partial x_m}(\boldsymbol{a}) \end{pmatrix} = \begin{pmatrix} D_1 f_1(\boldsymbol{a}) & D_2 f_1(\boldsymbol{a}) & \cdots & D_m f_1(\boldsymbol{a}) \\ D_1 f_2(\boldsymbol{a}) & D_2 f_2(\boldsymbol{a}) & \cdots & D_m f_2(\boldsymbol{a}) \\ \vdots & \vdots & & \vdots \\ D_1 f_n(\boldsymbol{a}) & D_2 f_n(\boldsymbol{a}) & \cdots & D_m f_n(\boldsymbol{a}) \end{pmatrix}$$

Für die Funktion $\boldsymbol{f}: \mathbb{R}^3 \to \mathbb{R}^2$ mit

$$\boldsymbol{f}(x, y, z) = \begin{pmatrix} x^2 + y \sin z \\ \exp(2x - y) \cdot \ln z \end{pmatrix}$$

erhält man z.B. die folgende Jacobi-Matrix im Punkt (x, y, z):

$$\begin{pmatrix} 2x & \sin z & y \cos z \\ 2\exp(2x - y) \cdot \ln z & -\exp(2x - y) \cdot \ln z & \exp(2x - y)/z \end{pmatrix}$$

Die Ableitung von $\boldsymbol{f}$ an der Stelle $(1, 0, 1)$ bekommt man, indem man x, y und z durch 1, 0 und 1 ersetzt:

$$D\boldsymbol{f}(1, 0, 1) = \begin{pmatrix} 2 & \sin 1 & 0 \\ 0 & 0 & \mathrm{e}^2 \end{pmatrix}$$

Anmerkung: Computeralgebrasysteme können selbstverständlich auch die Jacobi-Matrix einer Funktion berechnen. Dafür können Sie beispielsweise in WOLFRAM ALPHA das Folgende eingeben:

```
Jacobian matrix of (x^2+y sin(z), exp(2x-y) ln(z))
                    with respect to (x,y,z)
```

Wir wissen also nun, wie man Ableitungen im mehrdimensionalen Fall berechnen kann. Allerdings gilt das immer noch unter der Einschränkung, *dass* die Ableitung überhaupt existiert. Dummerweise gibt es „gemeine" Beispiele, die dafür sorgen, dass wir aus der Existenz der *partiellen* Ableitungen nicht umgekehrt schließen können, dass eine Funktion *total* differenzierbar ist. Das klassische Beispiel ist ein alter Bekannter: die Funktion g von Seite 109. Man sieht (und rechnet auch leicht nach), dass die Jacobi-Matrix an der Stelle $(0, 0)$ die Nullmatrix ist. Es ist aber offensichtlich, dass das nicht die Ableitung von g sein kann, denn das würde ja bedeuten, dass sich g in der Nähe des Nullpunktes wie die konstante Nullfunktion verhält, was sicher nicht der Fall ist.

Anmerkung: Es ist eigentlich nicht überraschend, dass die Existenz der partiellen Ableitungen für die totale Differenzierbarkeit nicht ausreicht. Die werden ja durch die

Richtung der Koordinatenachsen determiniert, die im gewissen Sinne willkürlich in den überall gleichen Raum $\mathbb{R}^n$ gelegt wurden. Man sollte wohl erwarten, dass grundlegende Eigenschaften von Funktionen von so etwas nicht abhängen.

Zum Glück gibt es einen Satz, der uns ein für die Praxis im Allgemeinen ausreichendes Kriterium für die Differenzierbarkeit liefert: Wenn die partiellen Ableitungen einer Funktion nicht nur im Punkt $\boldsymbol{a}$, sondern in einer ganzen Umgebung von $\boldsymbol{a}$ existieren und wenn sie alle in diesem Punkt auch noch *stetig* sind, dann ist die Funktion in diesem Punkt differenzierbar. (Und dann ist ihre Ableitung natürlich die Jacobi-Matrix. Das war ohnehin klar.) In den folgenden Kapiteln werden wir es hauptsächlich mit solchen Funktionen zu tun haben.

IM SCHNELLDURCHLAUF noch weitere wichtige Aussagen über mehrdimensionale Ableitungen, die wir auch ab und zu brauchen werden, und die eigentlich „nur" Verallgemeinerungen des eindimensionalen Falls sind. (Natürlich muss man sie trotzdem beweisen, aber das hat schon mal jemand für uns getan und wir verlassen uns an dieser Stelle darauf.)

- Wenn eine Funktion von $\mathbb{R}^m$ nach $\mathbb{R}^n$ in einem Punkt $\boldsymbol{a}$ differenzierbar ist, dann ist sie dort auch stetig.
- Wie im eindimensionalen Fall ist das Differenzieren linear, d.h. dass man erstens die Summanden einer Summe separat ableiten kann und dass zweitens konstante Faktoren „vor die Ableitung gezogen" werden dürfen.
- Die bekannte *Kettenregel* gilt auch mehrdimensional. Im Detail sieht das folgendermaßen aus:

  Wir betrachten Abbildungen $\boldsymbol{f}$ von $\mathbb{R}^m$ nach $\mathbb{R}^n$ und $\boldsymbol{g}$ von $\mathbb{R}^n$ nach $\mathbb{R}^p$. Ferner sei der Wertebereich von $\boldsymbol{f}$ eine Teilmenge des Definitionsbereiches von $\boldsymbol{g}$ (damit man $\boldsymbol{g}\circ\boldsymbol{f}$ überhaupt sinnvoll definieren kann). Ist $\boldsymbol{f}$ im Punkt $\boldsymbol{a}$ differenzierbar und $\boldsymbol{g}$ im Punkt $\boldsymbol{f}(\boldsymbol{a})$, dann ist die Komposition $\boldsymbol{g}\circ\boldsymbol{f}$ im Punkt $\boldsymbol{a}$ differenzierbar und es gilt:

  $$D(\boldsymbol{g}\circ\boldsymbol{f})(\boldsymbol{a}) = D\boldsymbol{g}(\boldsymbol{f}(\boldsymbol{a}))\cdot D\boldsymbol{f}(\boldsymbol{a}) \tag{9.8}$$

  Auch hier gilt also „äußere Ableitung mal innere Ableitung". Allerdings werden in diesem Fall auf der rechten Seite des Gleichheitszeichens Matrizen miteinander multipliziert und es kommt daher auch auf die Reihenfolge an!

Eine Sache lässt sich aber nicht so einfach verallgemeinern. Ist f eine Abbildung von $A \subseteq \mathbb{R}$ nach $\mathbb{R}$, so ist nach unserer neuen Definition die Ableitung $Df(x_0)$ eine 1×1-Matrix. Typischerweise identifizieren wir diese Matrix mit der

Zahl, die in der Matrix steht, und nennen diese Zahl $f'(x_0)$. Ist f auf ganz A differenzierbar, dann können wir f' ebenfalls als eine Abbildung von A nach $\mathbb{R}$ betrachten, die jedem Punkt $a \in A$ seine Ableitung zuordnet. Diese Funktion können wir ggf. erneut differenzieren (die Ableitung nennt man dann f'') und so weiter.

Ist aber $\boldsymbol{f}$ eine Abbildung von $A \subseteq \mathbb{R}^m$ nach $\mathbb{R}^n$, so ist die Funktion, die jedem Punkt $\boldsymbol{a} \in A$ die Ableitung $D\boldsymbol{f}(\boldsymbol{a})$ zuordnet, im Allgemeinen keine Abbildung von A nach $\mathbb{R}^n$ mehr. Vielmehr wird hier jedem Punkt eine $n \times m$-Matrix zugeordnet. Die Idee der zweiten oder dritten Ableitung lässt sich also nicht so ohne Weiteres übertragen.[7]

Anmerkung: Lediglich dann, wenn $m = 1$ gilt, kann man die Ableitung, die dann ja eigentlich eine $n \times 1$-Matrix ist, als $\mathbb{R}^n$-Vektor interpretieren und erneut ableiten. Das haben wir bei den Kurven bereits gemacht: Wir hatten es mit differenzierbaren Funktion $\boldsymbol{f} : \mathbb{R} \to \mathbb{R}^n$ zu tun und haben $\boldsymbol{f}'(a)$ – eigentlich die Matrix $D\boldsymbol{f}(a)$ – als den Vektor

$$\begin{pmatrix} f_1'(a) \\ f_2'(a) \\ \vdots \\ f_n'(a) \end{pmatrix}$$

interpretiert. Entsprechend haben wir dann $\boldsymbol{f}''(a)$ für $(f_1''(a), \dots, f_n''(a))$ geschrieben und so weiter.

Aber die *partiellen* Ableitungen sind Funktionen von $\mathbb{R}^m$ nach $\mathbb{R}$, die man ggf. erneut partiell ableiten kann. Und das macht man auch. Ist f beispielsweise die durch

$$f(x, y, z) = 2x^3 z^2 \ln(y^2 + 1) \tag{9.9}$$

definierte Funktion, so können wir die partielle Ableitung

$$D_1 f(x, y, z) = 6x^2 z^2 \ln(y^2 + 1)$$

z.B. nach der dritten Variable ableiten und erhalten

$$D_3 D_1 f(x, y, z) = 12x^2 z \ln(y^2 + 1)$$

Man spricht dann von einer zweiten partiellen Ableitung bzw. allgemeiner von einer k-ten partiellen Ableitung, weil man diesen Vorgang offenbar mehrfach wiederholen kann. Existieren alle k-ten partiellen Ableitungen einer Funktion von $\mathbb{R}^m$ nach $\mathbb{R}$, so sagt man, dass die Funktion k-mal partiell differenzierbar

[7] Man kann die Ableitungsfunktion zwar unter Umständen auch differenzieren, aber sie hat eine ganz andere Zielmenge als $\boldsymbol{f}$.

ist. Entsprechend bedeutet k-mal stetig partiell differenzierbar, dass die k-ten partiellen Ableitungen nicht nur alle existieren, sondern auch alle stetig sind. Ist f k-mal partiell differenzierbar für beliebig große k, so nennen wir f glatt. Für Funktionen von $\mathbb{R}^m$ nach $\mathbb{R}^n$ verwenden wir dieselben Begriffe, wenn alle Komponentenfunktionen die entsprechende Eigenschaft haben.[8]

Verwendet man eine der beiden anderen oben vorgestellten Schreibweisen für die partielle Ableitung, so schreibt man

$$\frac{\partial^2 f}{\partial z \partial x} \qquad \text{oder} \qquad f_{xz}$$

statt $D_3 D_1 f$, wobei hier die unterschiedliche Reihenfolge zu beachten ist.

Aufgabe 113: Berechnen Sie alle zweiten partiellen Ableitungen der durch (9.9) definierten Funktion f entweder von Hand oder mithilfe eines Computeralgebrasystems. (Weil es drei Variablen gibt, sind also 3^2 partielle Ableitungen zu ermitteln.) Was fällt Ihnen auf, wenn Sie die Ergebnisse vergleichen?

Wenn Sie die letzte Aufgabe bearbeitet haben, dann wird Ihnen aufgefallen sein, dass $D_1 D_2 f = D_2 D_1 f$ gilt. Und dass das nicht nur für die ersten beiden, sondern auch für die erste und die dritte sowie für die zweite und die dritte Variable gilt. Das ist kein Zufall. Der Satz von Schwarz[9] besagt:

Ist U eine offene Teilmenge von $\mathbb{R}^m$ und $\boldsymbol{f}$ eine Abbildung von U nach $\mathbb{R}^n$, die auf ganz U k-mal stetig partiell differenzierbar ist, so ist f dort k-mal total differenzierbar[10] und bei allen l-ten partiellen Ableitungen für $l \leq k$ spielt die Reihenfolge beim Differenzieren keine Rolle. Wenn k also beispielsweise den Wert 3 hat, so gilt nicht nur $f_{xy} = f_{yx}$, sondern auch $f_{xyz} = f_{yzx}$ oder $f_{xxy} = f_{xyx}$ und so weiter.

DAS LETZTE THEMA in diesem Kapitel sollen Umkehrfunktionen sein. Die spielten schon im Zusammenhang mit Parametertransformationen in Kapitel 2 eine Rolle. Es sei daran erinnert, dass eine Funktion injektiv sein muss, damit sie eine Umkehrfunktion hat. Die Umkehrfunktion einer differenzierbaren Funktion muss aber nicht notwendig differenzierbar sein. Ein einfaches Gegenbeispiel ist die auf ganz $\mathbb{R}$ definierte und injektive Funktion $x \mapsto x^3$, deren Umkehrfunktion im Nullpunkt nicht differenzierbar ist.

[8] Das stimmt mit der Definition des Begriffs *glatt* aus Kapitel 2 überein, weil es dort ja um Funktionen einer Variable ging. Die „partiellen" Ableitungen der Komponentenfunktionen nach dieser Variablen sind identisch mit den totalen.

[9] Der Satz ist auch unter den Namen *Satz von Clairaut* und *Young-Theorem* bekannt. Die Abbildung zeigt allerdings Herrn Schwarz.

[10] Für $k = 1$ entspricht das der Bemerkung auf Seite 121. Für $k > 1$ ist mit der k-ten *totalen* Ableitung das gemeint, was schon in Fußnote 7 angesprochen wurde.

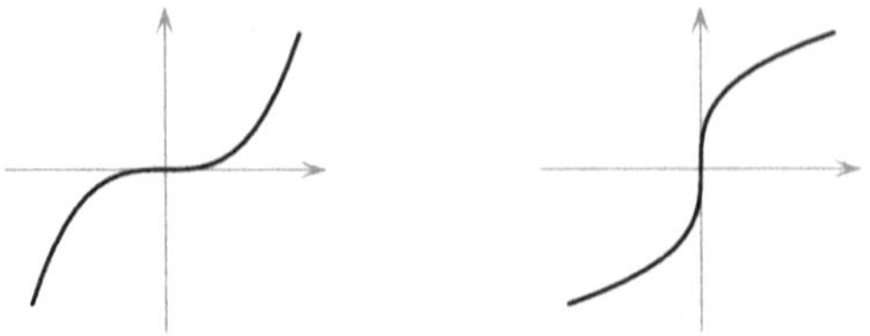

Ferner erinnern wir uns aus der Analysis einer Variablen, dass die *Umkehrregel* etwas über die Differenzierbarkeit der Umkehrfunktion aussagt: Ist f injektiv und an der Stelle x_0 differenzierbar mit einer Ableitung, die nicht null ist, so ist die Umkehrfunktion f^{-1} an der Stelle $y_0 = f(x_0)$ differenzierbar und es gilt:

$$(f^{-1})'(y_0) = (f'(x_0))^{-1} \tag{9.10}$$

Ist die Ableitung von f an einer Stelle x_0 von null verschieden und zudem noch *stetig*, so kann man sogar noch mehr beweisen und muss dafür nicht einmal voraussetzen, dass f injektiv ist: Wir nehmen dafür o.B.d.A. an, dass $f'(x_0) > 0$ gilt. Da f' stetig ist, gibt es eine ganze Umgebung U von x_0, in der f' positiv ist. Das bedeutet aber, dass f auf ganz U streng monoton steigt und daher injektiv ist. Zumindest dieser Teil von f (für den man auch $f \restriction U$ schreibt) ist also umkehrbar. Und da f' auf U nicht verschwindet, ist die Umkehrfunktion überall differenzierbar. Schließlich folgt aus (9.10) auch noch, dass f^{-1} sogar stetig differenzierbar sein muss.

Diese Aussage lässt sich nun mit entsprechendem technischen Aufwand verallgemeinern und wird dadurch zum Satz von der Umkehrabbildung: Sei A eine offene Teilmenge von $\mathbb{R}^n$, $\boldsymbol{a} \in A$ und $\boldsymbol{f} : A \to \mathbb{R}^n$ k-mal stetig partiell differenzierbar. Ist die Matrix $D\boldsymbol{f}(\boldsymbol{a})$ *regulär,*[11] dann gibt es eine offene Umgebung U von $\boldsymbol{a}$, so dass U von $\boldsymbol{f}$ bijektiv auf eine offene Menge V abgebildet wird und die auf V definierte Umkehrfunktion ebenfalls k-mal stetig differenzierbar ist.

Aufgabe 114: Inwiefern ist der Satz von der Umkehrabbildung eine Verallgemeinerung der Aussage aus dem Absatz davor?

[11] Ein Begriff aus der linearen Algebra, der besagt dass die Matrix invertierbar ist. Das ist genau dann der Fall, wenn ihre Determinante nicht verschwindet.

Projekte

Projekt P17: Fangen Sie an mit dem Programm aus Kapitel 8, das Raumkurven zeichnet, und gehen Sie schrittweise folgendermaßen vor:

(i) Ändern Sie den Code so, dass der Graph einer „normalen“ Funktion von $\mathbb{R}$ nach $\mathbb{R}$ in der x-z-Ebene gezeichnet wird. Für den Sinus im Intervall $[-2\pi, 2\pi]$ soll das also in etwa so aussehen:

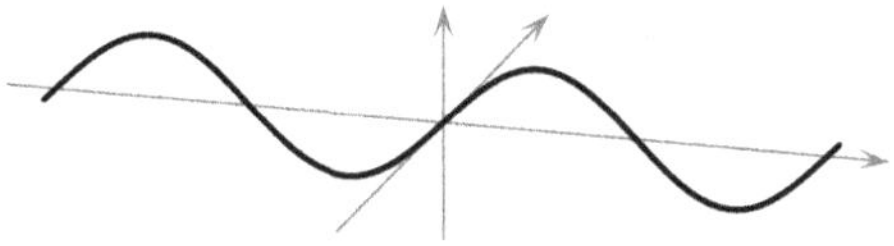

(ii) Zeichnen Sie diese Kurve nun mehrfach versetzt in y-Richtung.

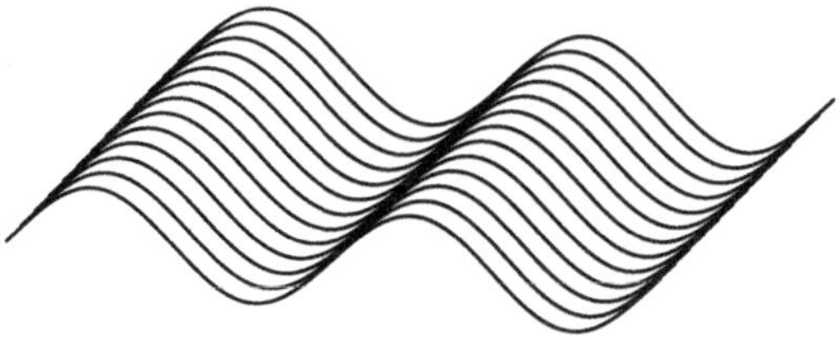

(iii) Anschließend verbinden Sie die so entstandenen Kurven an einigen Stellen durch gerade Linien parallel zur y-Achse.

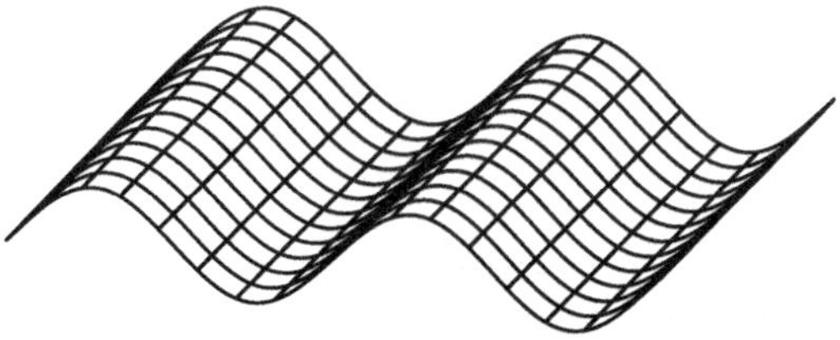

(iv) Nun haben Sie fast alles, was Sie brauchen, um den Graphen einer Funktion f von $\mathbb{R}^2$ nach $\mathbb{R}$ (also ein „Gebirge“ wie in Abbildung 9.1) zu zeichnen:

- Sie zeichnen wieder Kurven, die in y-Richtung versetzt sind, aber für jeden y-Wert y_0 zeichnen Sie jetzt einen *anderen* Funktionsgraphen, nämlich den von $x \mapsto f(x, y_0)$.
- Und senkrecht dazu verlaufen nun keine geraden Linien, sondern ebenfalls Funktionsgraphen, und zwar solche von der Form $y \mapsto f(x_0, y)$ für jeweils konstante x_0.

Projekt P18: Unter der URL `http://weitz.de/v/tang.js` finden Sie P5.JS-Code, der Graphen von Funktionen von $\mathbb{R}^2$ nach $\mathbb{R}$ zeichnet (und dabei die Methoden aus dem Projekt P17 verwendet). Mit den Tasten `1` bis `4` können Sie verschiedene Funktionen auswählen. Jedes Drücken der Taste `R` setzt zufällig einen roten Punkt P in die dargestellte Fläche. Die Funktion selbst, die Intervallgrenzen und die Position des

Punktes werden am Anfang der Datei als globale Variablen deklariert. Fügen Sie dem Code die beiden folgenden Funktionalitäten hinzu:

(i) Man erhält zwei Funktionen von $\mathbb{R}$ nach $\mathbb{R}$ wenn man jeweils eine der beiden Variablen festhält und für sie die entsprechende Komponente von P einsetzt. Zeichnen Sie die Graphen dieser beiden Funktionen in das Bild ein. Das sollte in etwa so aussehen wie Abbildung 9.5.

(ii) Zeichnen Sie zusätzlich die beiden zugehörigen Tangenten durch P ein.

10 Flächen

> Our brain has two halves: one is responsible for the multiplication of polynomials and languages; the other half is responsible for orientation of figures in space and all the things important in real life. Mathematics is geometry when you have to use both halves.
>
> Vladimir Arnold

Nun wollen wir uns also ansehen, was man in der Differentialgeometrie unter einer *Fläche* versteht; genauer gesagt in der *klassischen* Differentialgeometrie, denn der modernere Ansatz wäre, Flächen als spezielle *Mannigfaltigkeiten* zu definieren. Das führt aber auf eine wesentlich abstraktere Theorie und wir werden das nicht weiter verfolgen.

Wir werden lernen, dass es Ähnlichkeiten zur Definition des Begriffs *Kurve*, aber auch signifikante Unterschiede gibt – Flächen sind nicht einfach zweidimensionale Verallgemeinerungen der eindimensionalen Kurven. Im gewissen Sinne legen wir hier „strengere" Maßstäbe an, die sich mit der Zeit aus pragmatischen Erwägungen ergeben haben. Dass geometrische Gebilde, die wir intuitiv als Flächen identifizieren würden, im Sinne der in diesem Kapitel erarbeiteten Definition keine Flächen sind, heißt aber nicht, dass die Mathematik sie ignoriert. Es heißt lediglich, dass sie, sofern sie interessant genug sind, dann eben in einem anderen Kontext als dem der klassischen Flächentheorie untersucht werden.[1]

[1] Erinnern Sie sich an die allgemeinen Bemerkungen zu Definitionen in Kapitel 2.

E. Weitz, *Elementare Differentialgeometrie (nicht nur) für Informatiker*,
https://doi.org/10.1007/978-3-662-60463-2_10

Bei Kurven haben wir durch eine Parametrisierung ein Intervall I in den n-dimensionalen Raum $\mathbb{R}^n$ abgebildet. Die Spur der Kurve (das eigentliche Objekt unseres Interesses) war quasi ein Abbild des Intervalls, das man sich als „Prototyp" einer Kurve vorstellen konnte. Und dadurch, dass wir nur glatte Abbildungen zugelassen haben, haben wir einerseits das Arsenal an Werkzeugen zur Untersuchung von Kurven erweitert und andererseits Extremfälle wie die Hilbert-„Kurve" ausgeschlossen.

Die natürliche Verallgemeinerung eines Intervalls auf zwei Dimensionen ist ein Rechteck der Form $I \times J$, wobei I und J Intervalle sind. Das Pendant zur Parametrisierung einer Raumkurve wäre folglich eine glatte Abbildung von so einem Rechteck nach $\mathbb{R}^3$. Um solche Funktionen mit P5.JS zeichnen zu können, reicht es, den Code aus Kapitel 8 etwas zu erweitern. Wir verwenden einfach die folgende neue Funktion:

```
function drawSurface (f, u1, u2, v1, v2, nu=30, nv=30) {
  let step = (u2 - u1) / nu;
  for (let u = u1; u <= 1.001*u2; u += step)
    drawCurve(v => f(u,v), v1, v2);
  step = (v2 - v1) / nv;
  for (let v = v1; v <= 1.001*v2; v += step)
    drawCurve(u => f(u,v), v1, v2);
}
```

Dabei steht f für eine Funktion von $I \times J$ nach $\mathbb{R}^3$ mit Intervallen $I = [u_1, u_2]$ und $J = [v_1, v_2]$. (Im Zusammenhang mit Flächen ist es üblich, die Variablen mit u und v statt mit x und y zu bezeichnen.) Wie in Kapitel 9 halten wir jetzt jeweils einen der beiden Parameter fest und verwenden dann die bereits existierende Funktion `drawCurve`, um eine Raumkurve zu zeichnen. Es werden n_u Kurven mit festen Werten für u und quer dazu n_v Kurven mit festen Werten für v gezeichnet, wodurch sich ein Gitter ergibt.[2] Den kompletten Code finden Sie unter der URL `http://weitz.de/v/surf.js`.

Einen Zylinder wie den im Folgenden abgebildeten erhält man beispielsweise durch die Parametrisierung $(u, v) \mapsto \boldsymbol{f}(u, v) = (\cos u, \sin u, v)$ mit $I = [0, 2\pi]$ und $J = [-a, a]$ für ein geeignetes $a > 0$.

[2]Siehe dazu auch Programmierprojekt P17.

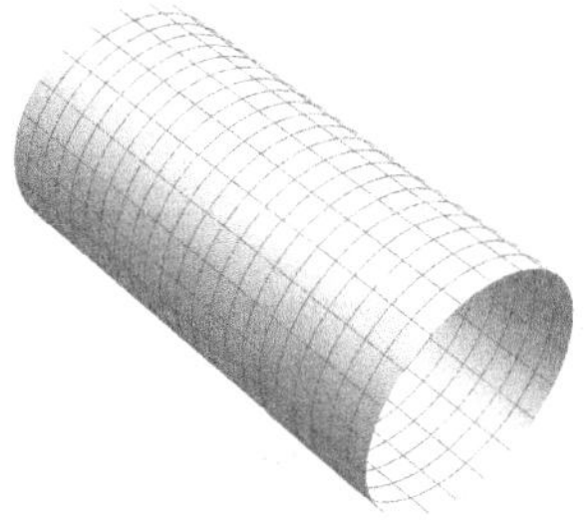

Aufgabe 115: Welche Funktion hat der Faktor 1.001 in `drawSurface`?

Aufgabe 116: Wie muss $\boldsymbol{f}$ aussehen, damit wir Abbildung 9.1 erhalten? Oder allgemeiner gefragt: Wie stellt man mithilfe von `drawSurface` den Graphen einer Funktion $g : \mathbb{R}^2 \to \mathbb{R}$ dar?

WENN WIR ES mit einer glatten Funktion $\boldsymbol{f}$ von einem Rechteck Q der Form $I \times J$ nach $\mathbb{R}^3$ zu tun haben, dann können wir uns das so vorstellen, als würde $\boldsymbol{f}$ ein Koordinatengitter von diesem Rechteck auf den Wertebereich F von $\boldsymbol{f}$ (die „Fläche") projizieren. Man nennt dann auch manchmal (u, v) die (krummlinigen) Koordinaten des Punktes $\boldsymbol{f}(u, v)$.

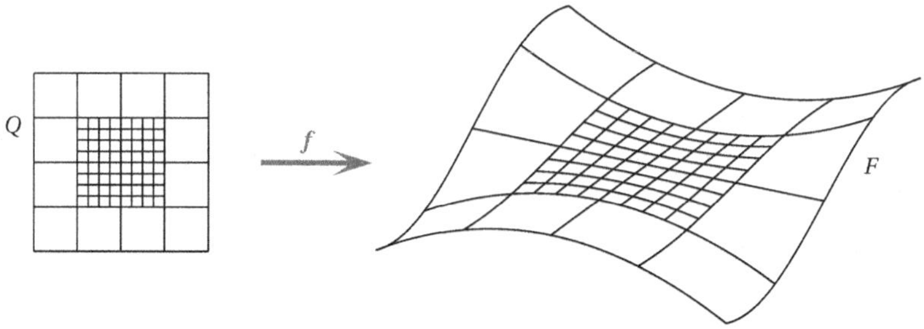

Als glatte Funktion ist $\boldsymbol{f}$ insbesondere stetig. Das bedeutet, dass Punkte, die in Q nahe beieinanderliegen, auch Bildpunkte in F haben, die nicht weit voneinander entfernt sind. Damit man aber wirklich von einem sinnvollen „Koordinatensystem" auf F sprechen kann, müssen zwei weitere Bedingungen erfüllt sein:

(i) Jeder Punkt von F muss *eindeutig bestimmte* Koordinaten haben. Wir wollen sozusagen nicht, dass ein Haus mehrere verschiedene Hausnummern haben kann.

(ii) Punkte von F, die nahe beieinanderliegen, sollen ähnliche Koordinaten haben: Wir wollen nicht zwei benachbarte Häuser haben, deren Hausnummern z.B. 42 und 1023 sind.

Aufgabe 117: Denken Sie, bevor Sie weiterlesen, erst einmal selbst darüber nach, welche Eigenschaften die Funktion $\boldsymbol{f}$ haben muss, damit die obigen beiden Bedingungen erfüllt sind.

Aufgabe 118: Ist die obige Parametrisierung des Zylinders injektiv?

Damit Bedingung (i) erfüllt ist, muss $\boldsymbol{f}$ *injektiv* sein. Die Parametrisierung des Zylinders von oben ist das nicht, weil z.B. $\boldsymbol{f}(0,0) = \boldsymbol{f}(2\pi,0)$ gilt. Der entsprechende Punkt auf dem Zylinder hätte also sowohl die Koordinaten $(0,0)$ als auch die Koordinaten $(2\pi,0)$. Das lässt sich in diesem Fall jedoch leicht beheben, indem man als Definitionsbereich $[0,2\pi) \times [-a,a]$ wählt.

Bedingung (ii) bedeutet, dass nicht nur $\boldsymbol{f}$, sondern auch die Umkehrfunktion $\boldsymbol{f}^{-1}$ *stetig* sein muss. Solche Abbildungen nennt man auch Homöomorphismen.[3]

Aufgabe 119: Erfüllt der Zylinder diese Bedingung?

Auch mit dem neuen Definitionsbereich ist die Parametrisierung des Zylinders allerdings kein Homöomorphismus. Für eine sehr kleine Zahl $\varepsilon > 0$ liegen $\boldsymbol{f}(2\pi - \varepsilon, 0)$ und $\boldsymbol{f}(0,0)$ sehr dicht beieinander, aber ihre Koordinaten unterscheiden sich deutlich. (Der Unterschied in den Koordinaten wird sogar größer, wenn ε kleiner wird und die Punkte sich näherkommen.)

Wir vergessen aber zunächst mal den Zylinder und fassen in einer präzisen Definition zusammen, was wir bisher an Forderungen gesammelt haben. Wir werden in Zukunft eine Funktion $\boldsymbol{f} : A \to \mathbb{R}^3$ ein (parametrisiertes) Flächenstück (engl. *surface patch*) nennen, wenn die folgenden Bedingungen alle erfüllt sind:

- $A \neq \varnothing$ ist eine offene Teilmenge von $\mathbb{R}^2$.
- $\boldsymbol{f}$ ist glatt.
- $\boldsymbol{f}$ ist ein Homöomorphismus.

Den Wertebereich von $\boldsymbol{f}$ nennt man auch die Spur von $\boldsymbol{f}$.

Beachten Sie, dass ich hier noch hinzugeschummelt habe, dass der Definitionsbereich von $\boldsymbol{f}$ offen sein muss. Das fordert man wieder deshalb, damit die Ableitung in allen Punkten sinnvoll definiert ist – siehe Kapitel 5. Hingegen wird nicht gefordert, dass A ein Rechteck sein muss. Da A offen ist, existiert jedoch um jeden Punkt von A herum ein kleines Rechteck, das ganz zu A gehört. Sie können sich A so vorstellen, als wäre diese Menge aus vielen (evtl. unendlich vielen) kleinen Rechtecken zusammengesetzt.

[3] Der Begriff tauchte in Kapitel 8 schon einmal auf.

Schauen wir uns noch ein Beispiel an. Durch

$$f : \begin{cases} [0, 2\pi] \times [0, \pi] \to \mathbb{R}^3 \\ (u, v) \mapsto (\cos u \cdot \sin v, \sin u \cdot \sin v, \cos v) \end{cases} \tag{10.1}$$

wird eine Funktion definiert, deren Wertebereich die Oberfläche der *Einheitskugel* ist. $\boldsymbol{f}$ legt auf dieser Oberfläche sogenannte Kugelkoordinaten fest. Man kann u als eine Art Längengrad und entsprechend v als Breitengrad interpretieren. Bei $v = 0$ und $v = \pi$ sind die Pole.

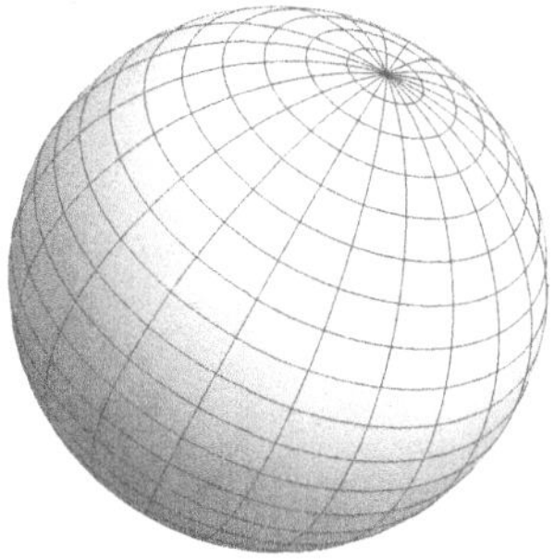

Da wir dieses Beispiel noch oft verwenden werden, spendieren wir ein Symbol:

$$S^2 = \{\boldsymbol{x} \in \mathbb{R}^3 : \|\boldsymbol{x}\| = 1\}$$

Allerdings ist die Funktion $\boldsymbol{f}$ nicht injektiv und ihr Definitionsbereich ist nicht offen. „Reparieren" wir das, indem wir $\boldsymbol{f}$ nur auf $(0, 2\pi) \times (0, \pi)$ definieren, so wird nicht mehr die ganze Oberfläche abgedeckt.

Aufgabe 120: Was fehlt? Welcher Teil der Oberfläche gehört nicht mehr zum Wertebereich der Funktion, wenn wir den Definitionsbereich durch $(0, 2\pi) \times (0, \pi)$ ersetzen?

Sie können nun lange rumprobieren, aber Sie werden kein Flächenstück finden, dessen Spur eine komplette Kugeloberfläche ist.[4] Der Grund dafür ist, dass Homöomorphismen alle topologischen Eigenschaften erhalten. Da die Oberfläche einer Kugel kompakt ist, müsste der Definitionsbereich eines Homöomorphismus, dessen Wertebereich diese Oberfläche ist, auch kompakt sein. Aber eine nichtleere Teilmenge von $\mathbb{R}^2$, die gleichzeitig offen und kompakt ist, gibt es nicht.

Daher war in der obigen Definition nur von *Stücken* die Rede. Damit auch Objekte wie Kugeloberflächen als Flächen gelten, definiert man nämlich den Begriff folgendermaßen: Eine Teilmenge S von $\mathbb{R}^3$ heißt Fläche, wenn es zu jedem Punkt $\boldsymbol{p}$ von S eine offene Umgebung V von $\boldsymbol{p}$ in $\mathbb{R}^3$ gibt, so dass $S \cap V$ die Spur

[4] Und das gilt ebenso für Zylinder.

eines Flächenstücks $\boldsymbol{f}$ mit Definitionsbereich U ist. Flächen in diesem Sinne sind also zusammengesetzt aus (den Spuren von) Flächenstücken, die sich ggf. überlappen.

Ein Flächenstück, das die Bedingungen dieser Definition erfüllt, nennt man eine lokale Parametrisierung von S um $\boldsymbol{p}$. Wir werden dafür manchmal auch die Schreibweise $(U, \boldsymbol{f}, V)$ verwenden, der man neben $\boldsymbol{f}$ auch sofort die beiden offenen Mengen U und V entnehmen kann. Und eine Menge wie $S \cap V$ wird lokale Koordinatenumgebung von $\boldsymbol{p}$ genannt.[5] Eine Menge von Flächenstücken, deren Spuren zusammen ganz S abdecken, nennt man passenderweise einen Atlas für S.

Wie das gemeint ist, wollen wir uns gleich an einem Beispiel anschauen. Dafür betrachten wir die folgende Abbildung:

$$\boldsymbol{f} = \begin{cases} B_1((0,0)) \to \mathbb{R}^3 \\ (x,y) \mapsto (x, y, \sqrt{1 - x^2 - y^2}) \end{cases} \tag{10.2}$$

Der Definitionsbereich von $\boldsymbol{f}$ ist die offenen Kugel $B_1((0,0))$ in der Ebene und damit eine offene Menge. Um zu verstehen, was $\boldsymbol{f}$ macht, stellen wir uns die Punktmenge $B_1((0,0))$ in der x-y-Ebene im Raum $\mathbb{R}^3$ liegend vor – die graue Fläche in der folgenden Skizze. Jeder Punkt $(x,y,0)$ wird dann „nach oben" auf einen Punkt (x,y,z) projiziert, wobei $\boldsymbol{f}$ gerade so definiert ist, dass immer die Beziehung $x^2 + y^2 + z^2 = 1$ gilt. Das sieht so aus:

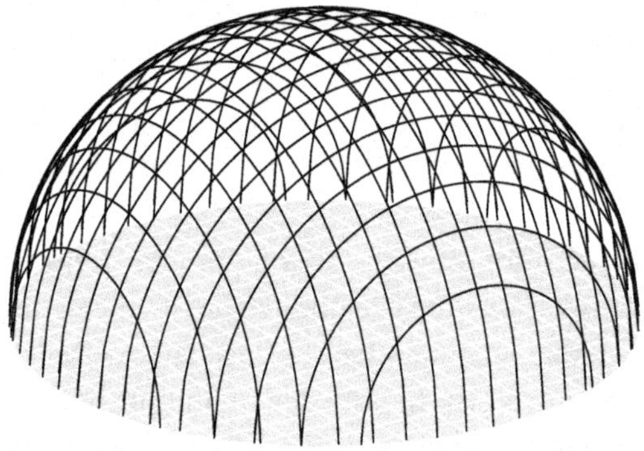

Die Spur von $\boldsymbol{f}$ ist also eine Halbkugel – die „nördliche" Hälfte von S^2 *ohne* den „Äquator". (Wenn die z-Achse nach Norden zeigt.) Auch ohne detaillierten mathematischen Beweis kann man hoffentlich sehen, dass diese Abbildung ein Homöomorphismus ist: Die Umkehrabbildung ist einfach die „Rückprojektion" und anschaulich ist klar, dass sowohl $\boldsymbol{f}$ als auch $\boldsymbol{f}^{-1}$ stetig sind.

[5] Im topologischen Sinne ist $S \cap V$ übrigens offen *in* S.

Aufgabe 121: Prüfen Sie exemplarisch mit ein paar partiellen Ableitungen, dass die Funktion f glatt ist.

f ist also ein Flächenstück. Und ebenso ist die durch

$$(x, y) \mapsto (x, y, -\sqrt{1 - x^2 - y^2})$$

definierte Abbildung ein Flächenstück. Die Spur ist in diesem Fall die „südliche" Halbkugel. Da hier aber auch der „Äquator" fehlt, ergeben beide Spuren zusammen noch keine komplette Kugeloberfläche. Wie kann man das beheben? Fügt man zwei weitere Halbkugeln hinzu, deren „Berührungsebene" statt der x-y- die x-z-Ebene ist, so hat man *fast* alles abgedeckt. Allerdings liegen die beiden Punkte $(0, 0, 1)$ und $(0, 0, -1)$ auf keiner der vier Halbkugeln. (Machen Sie sich das durch eine Skizze klar!) Die gesamte Kugel deckt man erst mithilfe von sechs solchen Halbkugeln ab – siehe Abbildung 10.1.

Aufgabe 122: Wie müssten die Abbildungsvorschriften für die anderen vier Flächenstücke aussehen?

Damit ist aber nun gezeigt, dass S^2 – die Oberfläche der Einheitskugel, die auch 2-*Sphäre* genannt wird – in der Tat eine Fläche im Sinne der obigen Definition ist. Zu jedem Punkt der Oberfläche gibt es (mindestens) eines der sechs Flächenstücke, in dessen Spur er liegt. Für die meisten Punkte kann man sich sogar eines von zwei oder meistens sogar drei Flächenstücken aussuchen. Nur die „Pole" der jeweiligen Halbkugeln liegen auf keiner anderen Halbkugel.

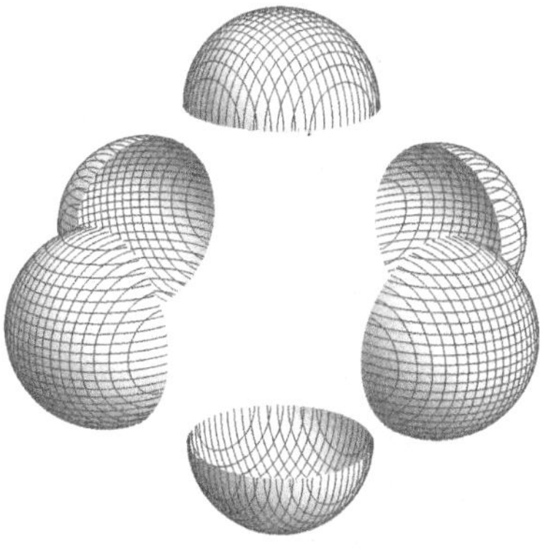

Abbildung 10.1

Diese Aufteilung der Kugeloberfläche in sechs „Zuständigkeitsbereiche" funktioniert, sie ist aber in mancherlei Hinsicht nicht ganz zufriedenstellend. Einerseits fragt man sich, ob man tatsächlich so viele Teile braucht, andererseits haben die krummlinigen Koordinaten, die man dadurch erhält, nichts mit den

Kugelkoordinaten zu tun, die man in vielen Anwendungen verwendet. Man kann jedoch noch eine andere Parametrisierung finden, die im gewissen Sinne eleganter ist.

Dafür schauen wir uns noch einmal (10.1) an und kommen auf die Idee zurück, den Definitionsbereich von $\boldsymbol{f}$ durch $D = (0, 2\pi) \times (0, \pi)$ zu ersetzen. (Siehe Aufgabe 120.) Dann fehlt ja „nur" ein Meridian; das wird in Abbildung 10.2 etwas übertrieben dargestellt, damit man es erkennen kann. Ich will das hier nicht beweisen, aber diese Einschränkung von $\boldsymbol{f}$ auf D ist ein Flächenstück gemäß unserer Definition.

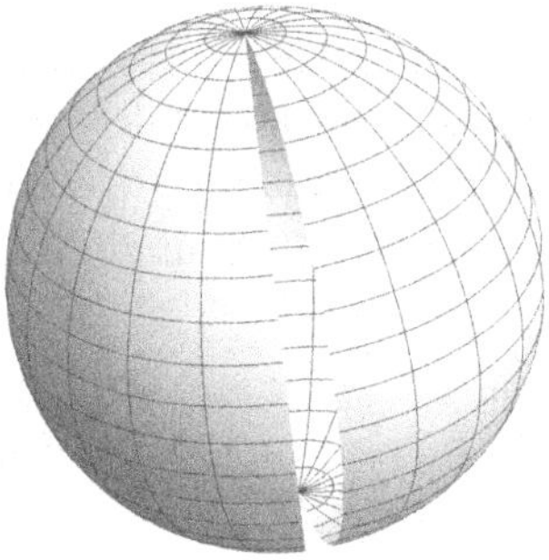

Abbildung 10.2

Aufgabe 123: Können Sie sich vorstellen, wie ein zweites Flächenstück dieser Art liegen müsste, damit die gesamte Kugeloberfläche „getroffen" wird?

Aufgabe 124: Eine weitere Möglichkeit, die Kugeloberfläche zu parametrisieren, ist die sogenannte *stereographische Projektion*. Informieren Sie sich darüber in einem Buch oder im Internet und überlegen Sie, wie viele Flächenstücke man braucht, um die gesamte Oberfläche mit dieser Methode darzustellen.

Aufgabe 125: Geben Sie zwei Flächenstücke an, die zusammen einen Zylinder bedecken. Dabei können Sie davon ausgehen, dass der Rand (der aus den beiden Kreisen an den „Enden" des Zylinders besteht) nicht dazugehören muss.

UM DIE DEFINITION WIRKLICH ZU VERSTEHEN, fehlt noch ein Beispiel für eine geometrische Figur, die „flächenähnlich" wirkt, aber keine Fläche im obigen Sinne ist. Dafür wird in der Literatur gerne ein Doppelkegel (engl. *double cone*) verwendet; das ist eine geometrische Figur, die sich z.B. als

$$S = \{(x, y, z) \in \mathbb{R}^3 : x^2 + y^2 = z^2 \text{ und } |z| < a\} \tag{10.3}$$

für ein $a > 0$ beschreiben lässt; siehe Abbildung 10.3.

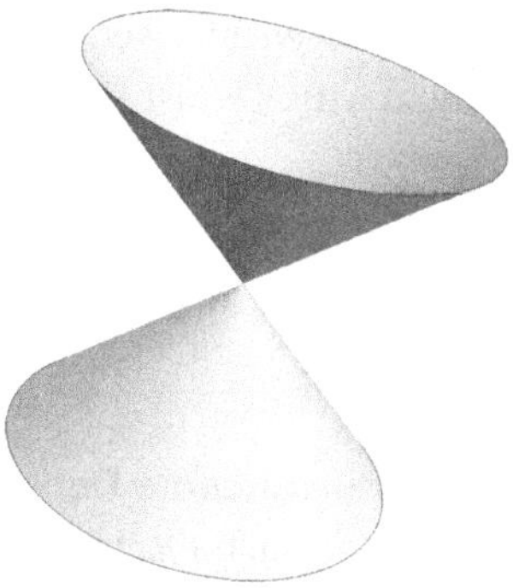

Abbildung 10.3

Ich werde anschaulich begründen, warum S keine Fläche ist, und das wird Sie hoffentlich überzeugen. (Eine detaillierte mathematische Begründung würde im Prinzip genauso aussehen. Man würde dafür allerdings Argumente aus der Topologie verwenden, die wir hier nicht zur Verfügung haben.)

Offenbar gehört der Punkt $\boldsymbol{p} = (0,0,0)$ zu S. Wäre S eine Fläche, so gäbe es ein Flächenstück, das eine offene Teilmenge A von $\mathbb{R}^2$ auf $S \cap V$ abbildet, wobei V eine offene Umgebung von $\boldsymbol{p}$ in $\mathbb{R}^3$ wäre. Ein Punkt $\boldsymbol{a}$ aus A muss auf $\boldsymbol{p}$ abgebildet werden. Weil A offen ist, enthält A eine offene Kugel B um $\boldsymbol{a}$, die durch $\boldsymbol{f}$ auf eine Menge $S \cap W$ abgebildet wird, wobei W wiederum eine offene Umgebung von $\boldsymbol{p}$ in $\mathbb{R}^3$ ist. B und $S \cap W$ werden in der folgenden Skizze als graue Flächen dargestellt.

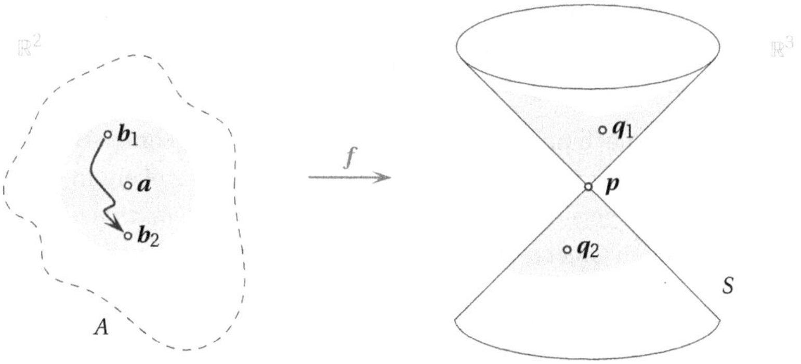

Weil W eine offene Kugel um $\boldsymbol{p}$ enthalten muss, müssen zu $S \cap W$ Punkte $\boldsymbol{q}_1$ und $\boldsymbol{q}_2$ gehören, die auf dem Doppelkegel ober- bzw. unterhalb von $\boldsymbol{p}$ liegen. Dazu gehören wiederum Punkte $\boldsymbol{b}_1$ und $\boldsymbol{b}_2$ in B, deren Bilder unter $\boldsymbol{f}$ diese beiden Punkte sind. Nun ist es aber sicher kein Problem, innerhalb von B einen Weg[6] von $\boldsymbol{b}_1$ nach $\boldsymbol{b}_2$ zu finden, der $\boldsymbol{a}$ nicht trifft. Durch den Homöomorphis-

[6]Technisch ist hier ein *Weg* im Sinne der Topologie gemeint: eine stetige Abbildung $\boldsymbol{\alpha}$ von $[0,1]$ nach B mit $\boldsymbol{\alpha}(0) = \boldsymbol{b}_1$ und $\boldsymbol{\alpha}(1) = \boldsymbol{b}_2$.

mus $\boldsymbol{f}$ müsste dieser Weg aber auf einen auf S verlaufenden Weg von $\boldsymbol{q}_1$ nach $\boldsymbol{q}_2$ transportiert werden, der $\boldsymbol{p}$ nicht trifft. Das ist augenscheinlich nicht möglich.

Aufgabe 126: Während der Doppelkegel S aus (10.3) nach obigen Überlegungen *keine* Fläche ist, ist $S^* = S \setminus \{(0,0,0)\}$ eine. Geben Sie zwei Flächenstücke an, durch die S^* repräsentiert wird.

Geometrische Figuren wie der „durchtrennte Doppelkegel" aus Aufgabe 126 sind zwar nach unserer Sprechweise auch Flächen, aber sie sind nicht *zusammenhängend*, d.h. es lassen sich nicht immer zwei Punkte der Fläche durch einen vollständig innerhalb der Fläche verlaufenden Weg verbinden. Mit entsprechenden topologischen Kenntnissen kann man sich aber leicht überlegen, dass sich jede Fläche in disjunkte Flächen zerlegen lässt, die alle zusammenhängend sind. Wir werden daher im Rest des Buches unausgesprochen voraussetzen, dass alle Flächen, die wir untersuchen, zusammenhängend sind.

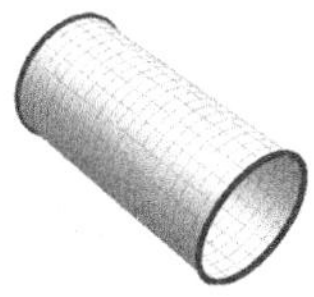

Schließlich sei noch angemerkt, dass unsere Definition eine weitere Klasse von „flächenartigen" Objekten nicht zulässt: die, die einen *Rand* haben. So ist beispielsweise ein Zylinder (siehe Aufgabe 125) nur dann eine Fläche, wenn der Rand, der in der nebenstehenden Skizze durch fette Linien hervorgehoben ist, *nicht* dazugehört.

BEVOR WIR FLÄCHEN NUN EINGEHENDER UNTERSUCHEN, möchte ich noch einmal auf die wichtigsten Unterschiede zwischen den Begriffen *Kurve* und *Fläche* hinweisen. Dabei geht es mir nicht darum, dass Kurven eindimensionale und Flächen zweidimensionale Objekte sind. Wichtiger ist mir das Verständnis dafür, dass wir mathematisch sehr unterschiedlich vorgegangen sind:

- Flächen sind nach unserer Definition tatsächlich die geometrischen Objekte (also Teilmengen von $\mathbb{R}^3$), die wir untersuchen wollen. In der Kurventheorie hingegen sind (parametrisierte) Kurven *Funktionen* und die geometrischen Objekte sind die *Spuren* dieser Funktionen.

- Kurven werden *global* definiert, durch jeweils *eine* Parametrisierung. Flächen sind *lokal* definiert – eine Fläche kann theoretisch aus unendlich vielen Flächenstücken zusammengesetzt sein.

- Bei Flächen haben wir von vornherein verlangt, dass die Parametrisierungen injektiv sein müssen. Das war bei Kurven nicht so – denken Sie z.B. an die Lissajous-Figuren.

- Obwohl wir Kurven hauptsächlich in der Ebene $\mathbb{R}^2$ und im Raum $\mathbb{R}^3$ untersucht haben, verlieren sowohl die Definitionen als auch die meisten Ergebnisse in höheren Dimensionen nicht ihre Gültigkeit. Flächen im

Sinne dieses Buches „leben" jedoch grundsätzlich immer im dreidimensionalen Raum.[7]

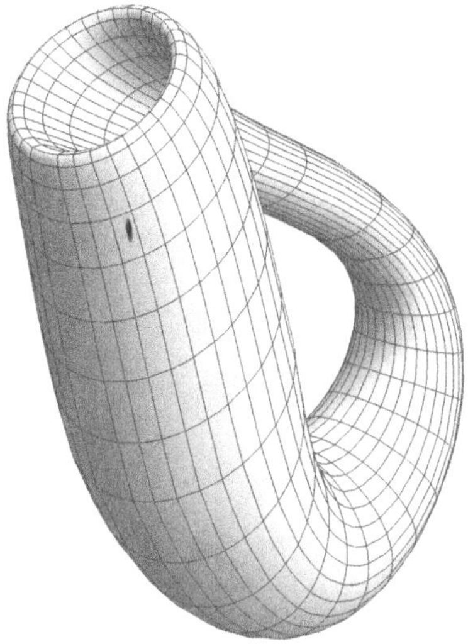

Projekte

Projekt P19: Der in diesem Kapitel entwickelte P5.JS-Code kann nur Flächenstücke darstellen, deren Definitionsbereich ein Rechteck ist. Überlegen Sie sich, wie man ihn abändern müsste, damit auch Kreise als Definitionsbereiche möglich sind. Wie kann man das noch flexibler gestalten?

Projekt P20: Unter der URL **`http://weitz.de/v/patch.js`** finden Sie P5.JS-Code, der ein Flächenstück zeichnet.

(i) Ändern Sie den Code so ab, dass er mehrere Flächenstücke in verschiedenen Farben zeichnen kann. Stellen Sie damit z.B. einen Doppelkegel dar, der aus zwei Kegeln zusammengesetzt ist, oder eine Kugeloberfläche, die aus acht Achteln besteht.

(ii) Jedes Drücken der Taste `R` speichert in der globalen Variablen P zufällig einen Punkt, der auf der Oberfläche der Einheitskugel liegt. Mit der Taste `T` kann man steuern, ob dieser Punkt angezeigt wird. Der Punkt ist rot, wenn eine seiner Komponenten den Wert 1 oder -1 hat, er ist orange, wenn eine seiner Komponenten den Wert 0 hat, und ansonsten ist er grün.

[7] Das führt z.B. dazu, dass die *Kleinsche Flasche* – falls Sie von der schon mal gehört haben – keine Fläche in unserem Sinne ist. Dieses geometrische Objekt, das sich überschneidungsfrei erst im Raum $\mathbb{R}^4$ darstellen lässt, ist benannt nach dem deutschen Mathematiker Felix Klein, der großen Einfluss auf die Entwicklung der Geometrie des 20. Jahrhunderts hatte.

Zerlegen Sie die Kugeloberfläche in sechs überlappende Teile wie in Abbildung 10.1 und zeigen Sie jeweils nur die Teile an, in denen der angezeigte Punkt liegt. Verwenden Sie dafür weder die Farbe des Punktes noch die Informationen aus der Hilfsfunktion `randomSpherePoint` – das wäre geschummelt. Ihr Code soll lediglich mit dem Punkt P selbst arbeiten.

Beachten Sie, dass einige der Parametrisierungen, die wir in diesem Kapitel gesehen haben, sich nicht für dieses Projekt eignen, da die Definitionsbereiche der entsprechenden Flächenstücke keine Rechtecke sind. (Siehe dazu auch Projekt P19.)

11 Die Tangentialebenen regulärer Flächen

> Geometry is unique among the mathematical disciplines in its ability to look different from different angles.
>
> John Stillwell

Die von uns hauptsächlich betrachteten regulären Kurven haben in jedem ihrer Punkte eine *Tangente*, d.h. eine Gerade, die in der Nähe des jeweiligen Punktes eine sehr gute Approximation der Kurve ist. Wie wir sehen werden, haben Flächen stattdessen Tangential*ebenen*. In diesem Kapitel werden wir erarbeiten, wie man diese Ebenen mathematisch definiert und welche Eigenschaften Flächen haben müssen, damit sie in jedem Punkt eine Tangentialebene haben. Interessanterweise erfolgt die Definition über die *Kurven*, die in der Fläche verlaufen.

Wir beginnen mit einem Flächenstück $\boldsymbol{f}$ und einem Punkt $\boldsymbol{p} = (x_0, y_0)$ aus dem Definitionsbereich A von $\boldsymbol{f}$. Da A nach Definition offen sein muss, gibt es ein Intervall $I = (a, b)$, so dass $x_0 \in I$ gilt und das zur x-Achse parallele Geradenstück $I \times \{y_0\}$, das $\boldsymbol{p}$ enthält, ganz in A liegt. Durch

$$\boldsymbol{\alpha} : \begin{cases} I \to \mathbb{R}^3 \\ x \mapsto \boldsymbol{f}(x, y_0) \end{cases}$$

wird dann offenbar eine Raumkurve definiert, deren Spur den Punkt $\boldsymbol{f}(\boldsymbol{p})$ enthält und komplett in der Spur von $\boldsymbol{f}$ verläuft.

Aufgabe 127: Berechnen Sie den Geschwindigkeitsvektor von $\boldsymbol{\alpha}$ zum Zeitpunkt x_0.

E. Weitz, *Elementare Differentialgeometrie (nicht nur) für Informatiker*,
https://doi.org/10.1007/978-3-662-60463-2_11

Die drei Komponenten von $\boldsymbol{\alpha}'(x_0)$ sind offenbar $D_1 f_1(\boldsymbol{p})$ bis $D_1 f_3(\boldsymbol{p})$. Das ist ja gerade die Definition der partiellen Ableitung, denn $\boldsymbol{\alpha}$ ist die Funktion, die sich aus $\boldsymbol{f}$ ergibt, wenn man das zweite Argument bei y_0 festhält. Man kann es auch so sagen: Die Ableitung von $\boldsymbol{\alpha}$ ist die erste Spalte der Jacobi-Matrix von $\boldsymbol{f}$ an der Stelle $\boldsymbol{p}$. Ebenso findet man in A ein zur y-Achse paralleles Geradenstück um $\boldsymbol{p}$ herum, das eine in der Spur von $\boldsymbol{f}$ und durch $\boldsymbol{f}(\boldsymbol{p})$ verlaufende Raumkurve $\boldsymbol{\beta}$ induziert, deren Geschwindigkeitsvektor die zweite Spalte der Jacobi-Matrix $D\boldsymbol{f}(\boldsymbol{p})$ ist. Das alles ist in Abbildung 11.1 dargestellt.

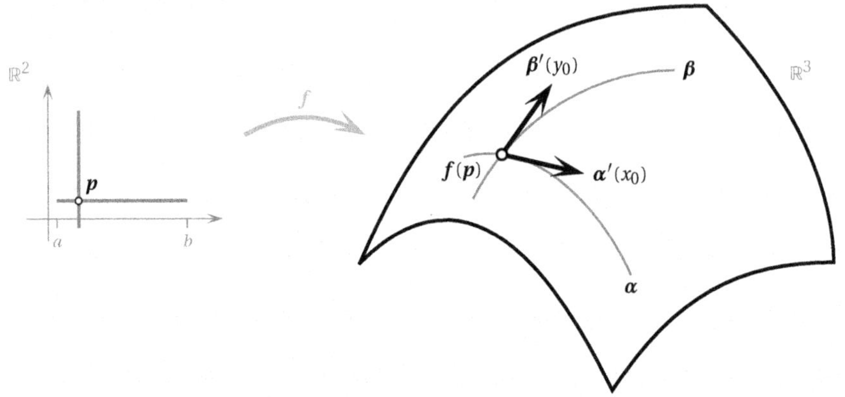

Abbildung 11.1

Nun betrachten wir eine beliebige Gerade in $\mathbb{R}^2$, die durch $\boldsymbol{p}$ verläuft. In Punkt-Richtungs-Form lässt die sich durch

$$t \mapsto \boldsymbol{\delta}(t) = \boldsymbol{p} + t \cdot \boldsymbol{v} = \begin{pmatrix} x_0 \\ y_0 \end{pmatrix} + t \cdot \begin{pmatrix} v_1 \\ v_2 \end{pmatrix}$$

darstellen. Und auch hier muss ein Teil der Geraden, der $\boldsymbol{p}$ enthält, in A liegen, d.h. für ein $c > 0$ liegt $\boldsymbol{\delta}(t)$ in A, wenn $t \in (-c, c)$ gilt. Setzt man $\boldsymbol{\delta}$ in $\boldsymbol{f}$ ein, so erhält man wieder eine in der Spur von $\boldsymbol{f}$ verlaufende Kurve:

$$\boldsymbol{\gamma} : \begin{cases} (-c, c) \to \mathbb{R}^3 \\ t \mapsto (\boldsymbol{f} \circ \boldsymbol{\delta})(t) \end{cases} \tag{11.1}$$

Die habe ich allerdings nicht mehr in Abbildung 11.1 aufgenommen, weil es sonst zu unübersichtlich geworden wäre.

Aufgabe 128: Berechnen Sie den Geschwindigkeitsvektor von $\boldsymbol{\gamma}$ im Punkt $\boldsymbol{f}(\boldsymbol{p})$ mithilfe der mehrdimensionalen Kettenregel (9.8).

Mithilfe der Kettenregel und der Kenntnis der Spalten von $D\boldsymbol{f}(\boldsymbol{p})$ erhalten wir:

$$\boldsymbol{\gamma}(0) = \boldsymbol{f}(\boldsymbol{\delta}(0)) = \boldsymbol{f}(\boldsymbol{p})$$

$$\boldsymbol{\delta}'(0) = (v_1, v_2)$$
$$\boldsymbol{\gamma}'(0) = D\boldsymbol{f}(\boldsymbol{p}) \cdot D\boldsymbol{\delta}(0) = v_1 \cdot \boldsymbol{\alpha}'(x_0) + v_2 \cdot \boldsymbol{\beta}'(y_0)$$

Der Geschwindigkeitsvektor von $\boldsymbol{\gamma}$ im Punkt $\boldsymbol{f}(\boldsymbol{p})$ ist also eine Linearkombination der beiden Vektoren $\boldsymbol{\alpha}'(x_0)$ und $\boldsymbol{\beta}'(y_0)$ und liegt damit in der von diesen Vektoren aufgespannten Ebene. Es liegt nahe, diese Ebene, die in Abbildung 11.2 dargestellt ist, als *Tangentialebene* der Fläche in diesem Punkt zu bezeichnen.

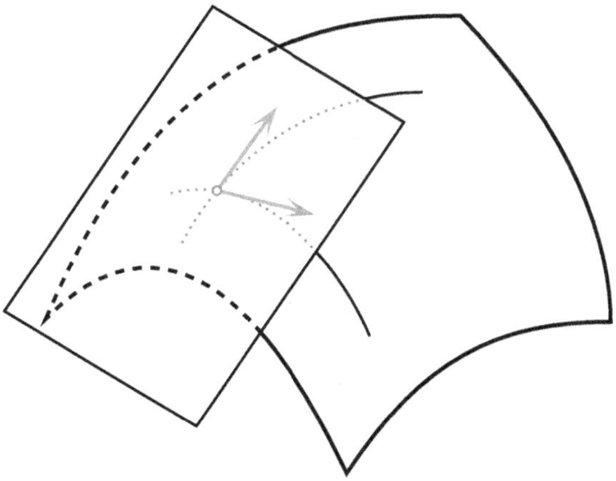

Abbildung 11.2

DIE SACHE HAT ALLERDINGS ZWEI HAKEN:

(i) Existiert diese Ebene überhaupt immer?

(ii) Ist sie, wenn sie existiert, eindeutig bestimmt?

Fragen zur Existenz und Eindeutigkeit werden von Mathematikern fast schon reflexartig bei der Einführung neuer Objekte gestellt und evtl. kommen sie Ihnen an dieser Stelle überflüssig vor. Tatsächlich ergeben sie beide jedoch Sinn, wie wir jetzt sehen werden.

Zunächst zur Existenz. Dafür betrachten wir diese Funktion:

$$\boldsymbol{g}: \begin{cases} (-1,1)^2 \to \mathbb{R}^3 \\ (u,v) \mapsto (u^3 + u + v, u^2 + uv, v^3) \end{cases}$$

In Abbildung 11.3 sind zwei verschiedene Ansichten ihres Wertebereichs zu sehen. Wir wollen nun begründen, warum $\boldsymbol{g}$ ein Flächenstück im Sinne der Definition von Kapitel 10 ist. (Dann ist die Spur eine Fläche.) Falls Ihnen das zu technisch wird, können Sie das auch einfach glauben und die eingerückten Absätze überspringen.

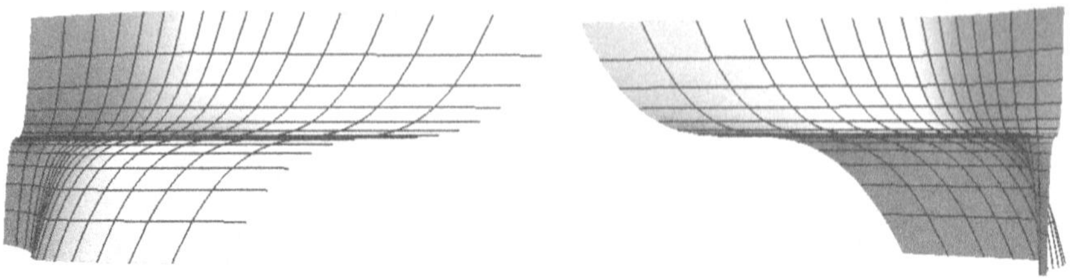

Abbildung 11.3

Dass $\boldsymbol{g}$ glatt ist, sieht man sofort – beim mehrfachen partiellen Ableiten der Komponentenfunktionen nach u oder v ergeben sich nur „harmlose" Terme. Um zu begründen, dass $\boldsymbol{g}$ injektiv ist, betrachten wir zunächst die dritte Komponentenfunktion g_3, die (u,v) auf v^3 abbildet und nur von v abhängt. Die Funktion $v \mapsto v^3$ ist natürlich injektiv. Wenn also $\boldsymbol{g}(u_1, v_1) = \boldsymbol{g}(u_2, v_2)$ gilt, dann muss auf jeden Fall $v_1 = v_2$ gelten. Für die erste Komponente würde dann $u_1^3 + u_1 = u_2^3 + u_2$ folgen. Da $u \mapsto u^3 + u$ aber die immer positive Ableitung $3u^2 + 1$ hat, ist diese Funktion streng monoton steigend, also ebenfalls injektiv und es folgt $u_1 = u_2$.

Wir müssen nun noch begründen, dass die Umkehrfunktion $\boldsymbol{g}^{-1}$ stetig ist. Dafür wählen wir einen Punkt $\boldsymbol{g}(u,v) = (x,y,z)$ aus dem Wertebereich von $\boldsymbol{g}$. Da in der dritten Komponente $z = g_3(u,v) = v^3$ gilt, folgt sofort $v = \sqrt[3]{z}$. Die zweite Komponentenfunktion von $\boldsymbol{g}^{-1}$ ist also die offensichtlich stetige Funktion $(x,y,z) \mapsto \sqrt[3]{z}$. Für die erste Komponente haben wir $x = g_1(u,v) = u^3 + u + v$. Das ist eine Gleichung dritten Grades für u, für die es drei Lösungen gibt, von denen aber nur eine reell ist. Mithilfe der cardanischen Formeln (oder vielleicht besser unter Einsatz eines Computeralgebrasystems) erhält man mit

$$r(x,v) = 27(x-v) + \sqrt{108 + 729(x-v)^2}$$
$$s(x,v) = \sqrt[3]{2/r(x,v)}$$

und der Substitution $v = \sqrt[3]{z}$ als erste Komponente von $\boldsymbol{g}^{-1}$ die Funktion

$$(x,y,z) \mapsto (3s(x,\sqrt[3]{z}))^{-1} - s(x,\sqrt[3]{z}) \tag{11.2}$$

die stetig ist.

Aufgabe 129: Damit man sich wirklich sicher sein kann, dass die in (11.2) dargestellte Funktion stetig ist, muss man nachweisen, dass nicht durch null dividiert wird. Probieren Sie mal, ob Sie das hinbekommen.

Wir berechnen nun die Jacobi-Matrix von $\boldsymbol{g}$ an der Stelle $(0,0)$:

$$D\boldsymbol{g}(u,v) = \begin{pmatrix} 3u^2+1 & 1 \\ 2u+v & u \\ 0 & 3v^2 \end{pmatrix} \qquad D\boldsymbol{g}(0,0) = \begin{pmatrix} 1 & 1 \\ 0 & 0 \\ 0 & 0 \end{pmatrix}$$

Die beiden Tangenten, die wir in Abbildung 11.1 als zwei verschiedene Vektoren $\boldsymbol{\alpha}'(x_0)$ und $\boldsymbol{\beta}'(y_0)$ dargestellt haben, sind in diesem Fall derselbe Vektor $(1,0,0)$. Um deutlich zu machen, was im Punkt $(0,0)$ passiert, habe ich in Abbildung 11.4 ein paar Koordinatenlinien auf die x-y- sowie auf die x-z-Ebene projiziert. Die beiden relevanten und hervorgehobenen Linien verlaufen sogar komplett in den jeweiligen Ebenen. Und man sieht, dass im Nullpunkt die Tangente in beiden Fällen die x-Achse ist.

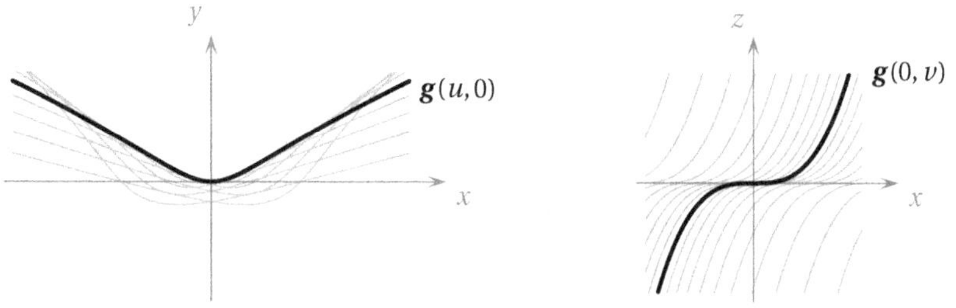

Abbildung 11.4

Es gibt also hier keine Tangential*ebene* im obigen Sinne, weil es keine zwei in unterschiedliche Richtung zeigende Vektoren gibt, die eine Ebene aufspannen könnten.

Aufgabe 130: Ein weiteres Beispiel für eine Fläche, die nicht in jedem Punkt eine Tangentialebene hat, erhält man durch die folgende Funktion:

$$\boldsymbol{h}: \begin{cases} (-1,1)^2 \to \mathbb{R}^3 \\ (u,v) \mapsto (u^3, v^3, uv) \end{cases}$$

Zwei Ansichten ihres Wertebereichs sind in Abbildung 11.5 zu sehen. Begründen Sie, dass $\boldsymbol{h}$ ein Flächenstück ist und warum es im Punkt $(0,0)$ keine Tangentialebene gibt.

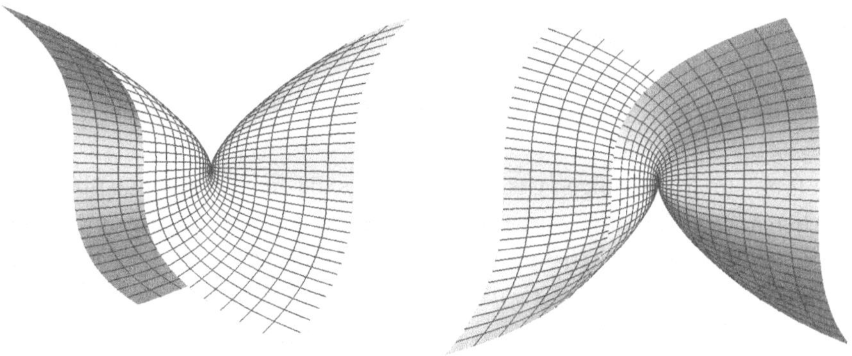

Abbildung 11.5

Wenn wir es in Zukunft mit einer differenzierbaren Funktion $\boldsymbol{f}(u,v)$ von $\mathbb{R}^2$ nach $\mathbb{R}^3$ zu tun haben, werden wir abkürzend $\boldsymbol{f}_u$ für den Vektor

$$\left(\frac{\partial f_1}{\partial u}, \frac{\partial f_2}{\partial u}, \frac{\partial f_3}{\partial u}\right)$$

schreiben. Das ist die erste Spalte der Jacobi-Matrix von $\boldsymbol{f}$. Analog schreiben wir $\boldsymbol{f}_v$ für die zweite Spalte. Das ist wieder so eine etwas ungenaue Schreibweise, aber sie wird uns viel Schreibarbeit sparen.

Die beiden letzten Beispiele haben gezeigt, dass wir nicht bei jeder Fläche erwarten können, dass in jedem Punkt eine Tangentialebene[1] existiert. Daher definieren wir nun, dass wir ein Flächenstück $\boldsymbol{f}$ regulär nennen, wenn die beiden Vektoren $\boldsymbol{f}_u(u,v)$ und $\boldsymbol{f}_v(u,v)$ für alle (u,v) aus dem Definitionsbereich von $\boldsymbol{f}$ eine Ebene aufspannen. Das kann man auf sehr viele unterschiedliche Arten ausdrücken, die alle äquivalent sind:

- $\boldsymbol{f}_u(u,v)$ und $\boldsymbol{f}_v(u,v)$ sind immer linear unabhängig.
- Die Jacobi-Matrix $D\boldsymbol{f}(u,v)$ hat in jedem Punkt vollen Rang.
- Das Vektorprodukt $\boldsymbol{f}_u(u,v) \times \boldsymbol{f}_v(u,v)$ ist nie der Nullvektor.
- Die drei Unterdeterminanten, die man erhält, wenn man jeweils eine Zeile der Jacobi-Matrix streicht, verschwinden niemals alle gleichzeitig.

Ferner nennen wir eine Fläche regulär, wenn wir sie mithilfe von lauter regulären Flächenstücken darstellen können. Wir werden uns ab jetzt ausschließlich mit regulären Flächen beschäftigen. Und wenn in Zukunft von Flächenstücken regulärer Flächen die Rede ist, sind damit implizit auch immer reguläre Flächenstücke gemeint.

Für reguläre Flächen könnten wir nun die Tangentialebene im Punkt $\boldsymbol{p}$ als die durch $\boldsymbol{f}_u(u_0,v_0)$ und $\boldsymbol{f}_v(u_0,v_0)$ aufgespannte Ebene definieren, wobei $\boldsymbol{f}$ ein Flächenstück sein soll, für das $\boldsymbol{f}(\boldsymbol{p})$ gilt. Aber da war ja noch Punkt (ii) von Seite 141...

Aufgabe 131: Sehen Sie, was an dieser Definition evtl. problematisch sein könnte?

Das Problem an der obigen Definition ist, dass die Tangentialebene über das Flächenstück $\boldsymbol{f}$ bestimmt wird. Der Punkt $\boldsymbol{p}$ kann aber in der Spur von mehreren verschiedenen Flächenstücken liegen – denken Sie an die Kugeloberfläche. Könnte es sein, dass wir je nach Wahl des Flächenstücks unterschiedliche Ebenen erhalten?

---

[1] Wir haben nach wie vor nicht definiert, was genau mit *Tangentialebene* gemeint ist. Ich hoffe aber, dass anschaulich klar ist, in welche Richtung es geht.

Zum Glück ist das nicht der Fall. Man kann die folgende Aussage beweisen: Sei S eine reguläre Fläche, $\boldsymbol{p}$ ein Punkt in S, $\boldsymbol{f}$ eine lokale Parametrisierung von S mit $\boldsymbol{f}(u_0, v_0) = \boldsymbol{p}$ und $\boldsymbol{\alpha}$ irgendeine in S verlaufende Raumkurve, deren Spur $\boldsymbol{p}$ enthält. Dann liegt der Geschwindigkeitsvektor von $\boldsymbol{\alpha}$ im Punkt $\boldsymbol{p}$ in der von $\boldsymbol{f}_u(u_0, v_0)$ und $\boldsymbol{f}_v(u_0, v_0)$ aufgespannten Ebene. Umgekehrt ist jeder in dieser Ebene liegende Vektor der Geschwindigkeitsvektor im Punkt $\boldsymbol{p}$ einer Kurve, die in S verläuft.

Anmerkung: Der Beweis dieser Aussage läuft analog zu dem, was wir mit der Kurve $\boldsymbol{\gamma}$ aus (11.1) gemacht haben. Es ist lediglich nicht völlig offensichtlich, dass wir solche Kurven immer in der Form $\boldsymbol{f} \circ \boldsymbol{\delta}$ darstellen können, wobei $\boldsymbol{\delta}$ eine ebene Kurve ist, die im Definitionsbereich A von $\boldsymbol{f}$ verläuft. Dafür braucht man den Satz von der Umkehrabbildung:

Da die Fläche regulär ist, ist eine der drei Unterdeterminanten von $D\boldsymbol{f}(u_0, v_0)$ nicht null. Wir können o.B.d.A. annehmen, dass es die ist, die sich aus den ersten beiden Zeilen ergibt. Das bedeutet aber, dass auf die Abbildung

$$\overline{\boldsymbol{f}}: \begin{cases} A \to \mathbb{R}^2 \\ (u, v) \to (f_1(u, v), f_2(u, v)) \end{cases}$$

im Punkt (u_0, v_0) der Satz von der Umkehrfunktion anwendbar ist. Ihre Umkehrfunktion $\overline{\boldsymbol{f}}^{-1}$ existiert also in einer Umgebung U von $\overline{\boldsymbol{f}}(u_0, v_0)$. Definieren wir $\boldsymbol{g}$ durch

$$\boldsymbol{g}(x, y, z) = \overline{\boldsymbol{f}}^{-1}(x, y)$$

so muss also $\boldsymbol{f} \circ \boldsymbol{g}$ die Identität sein. Für die Werte t, für die $\boldsymbol{\alpha}(t)$ in dieser Umgebung U liegt, ist $\boldsymbol{\delta} = \boldsymbol{g} \circ \boldsymbol{\alpha}$ nun eine in A verlaufende ebene Kurve und man erhält:

$$\boldsymbol{f} \circ \boldsymbol{\delta} = \boldsymbol{f} \circ \boldsymbol{g} \circ \boldsymbol{\alpha} = \boldsymbol{\alpha}$$

Die wesentliche Erkenntnis aus diesem Satz ist jedoch, dass die Tangentialebene einer regulären Fläche S im Punkt $\boldsymbol{p}$, für die wir in Zukunft $T_{\boldsymbol{p}}S$ schreiben werden, tatsächlich eindeutig bestimmt ist. Man *definiert* sie als die Fläche, in der alle Geschwindigkeitsvektoren aller Kurven verlaufen, die innerhalb von S durch $\boldsymbol{p}$ laufen. Das ist dann einerseits unabhängig von einem bestimmten Flächenstück, man kann aber andererseits beruhigt ein beliebiges Flächenstück zur Berechnung der Fläche heranziehen. Das werden wir gleich ausprobieren. Vorher sei jedoch noch angemerkt, dass man sich die Tangentialebene zwar immer wie in Abbildung 11.2 als durch den Punkt $\boldsymbol{p}$ verlaufend vorstellt, dass sie aber rein technisch eine Ebene durch den Nullpunkt ist.

Wir nehmen uns nun die Parametrisierung der Kugeloberfläche durch sechs offene Halbkugeln vor und wollen uns zunächst überzeugen, dass es sich um eine reguläre Parametrisierung handelt. Dafür betrachten wir exemplarisch das durch (10.2) definierte Flächenstück $\boldsymbol{f}$ und berechnen die Spalten der Jacobi-Matrix:[2]

$$\boldsymbol{f}_u(u,v) = \begin{pmatrix} 1 \\ 0 \\ -\frac{u}{\sqrt{1-u^2-v^2}} \end{pmatrix} \qquad \boldsymbol{f}_v(u,v) = \begin{pmatrix} 0 \\ 1 \\ -\frac{v}{\sqrt{1-u^2-v^2}} \end{pmatrix} \tag{11.3}$$

Schon an den ersten beiden Komponenten sieht man, dass diese beiden Vektoren immer linear unabhängig sind. Dieses Flächenstück ist also regulär und die anderen fünf sind es auch.

Setzen wir $(0,0)$ für (u,v) ein, so geht es um den „Nordpol". Wir erhalten:

$$\boldsymbol{f}_u(0,0) = \begin{pmatrix} 1 \\ 0 \\ 0 \end{pmatrix} \qquad \boldsymbol{f}_v(0,0) = \begin{pmatrix} 0 \\ 1 \\ 0 \end{pmatrix} \tag{11.4}$$

Die Tangentialebene an diesen Punkt ist also die x-y-Ebene und das haben Sie ja wohl auch erwartet.

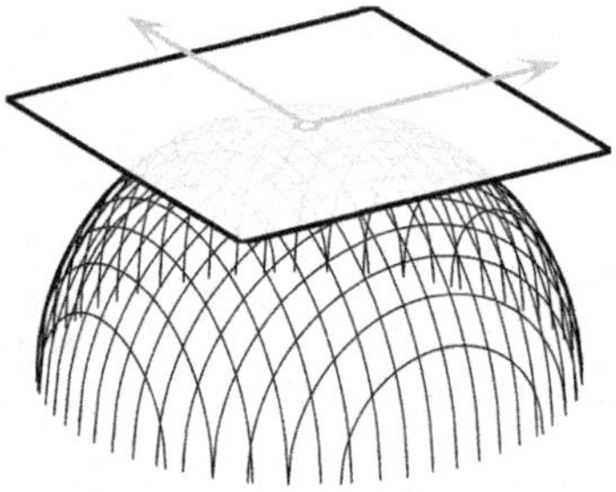

Aufgabe 132: Überzeugen Sie sich durch Nachrechnen, dass die Parametrisierung aus Aufgabe 123 ebenfalls regulär ist und berechnen Sie auch hier die Tangentialebene im Nordpol.

Aufgabe 133: Warum ist ein *Monge patch* (Aufgabe 116) immer regulär?

Aufgabe 134: Lassen Sie sich von einem Computer die Spur des folgenden Flächenstücks zeichnen:

$$\boldsymbol{f}: \begin{cases} (-1,1)^2 \to \mathbb{R}^3 \\ (u,v) \mapsto \begin{cases} (\operatorname{sgn}(u)\exp(-1/u^2), \exp(-1/u^2), v) & u \neq 0 \\ (0,0,v) & u = 0 \end{cases} \end{cases}$$

Sind Sie überrascht?

[2] Siehe auch Aufgabe 121.

Aufgabe 135: Wenn man entsprechend dreht und skaliert, kann man mit zwölf solchen Flächenstücken wie in Aufgabe 134 die Oberfläche eines Quaders bis auf die Ecken parametrisieren. Eine recht anspruchsvolle Knobelaufgabe: Fällt Ihnen auch eine Parametrisierung für ein Eckstück ein?

Ein paar Hinweise:

- Verwenden Sie Polarkoordinaten und teilen Sie einen kreisrunden Definitionsbereich in drei Drittel auf, von denen jedes Drittel für eine der Flächen „zuständig" ist, die sich in der Ecke treffen.
- In der Lösung von Aufgabe 142 finden Sie eine glatte Funktion, die außerhalb eines bestimmten Intervalls verschwindet.
- Verwenden Sie außerdem die Funktion aus Aufgabe 134, um bei Annäherung an die Ecke „langsamer" zu werden.

Projekte

Projekt P21: Unter der URL `http://weitz.de/v/tangpl` finden Sie Code, der ein Flächenstück $\boldsymbol{f}$ sowie einen roten Punkt $\boldsymbol{p}$ auf der Spur dieses Flächenstücks zeichnet. Mithilfe eines Menüs können Sie zwischen verschiedenen Flächenstücken auswählen und die Position des Punktes steuern. Fügen Sie Code hinzu, der an der Stelle des Punktes die Tangentialebene einzeichnet. Dabei können sie folgendermaßen vorgehen:

- Berechnen Sie numerisch (siehe Projekt P6) $\boldsymbol{f}_u(\boldsymbol{p})$ und $\boldsymbol{f}_v(\boldsymbol{p})$.
- Berechnen Sie das Vektorprodukt $\boldsymbol{n}$ dieser beiden Vektoren.
- Zeichnen Sie eine Ebene, die durch $\boldsymbol{p}$ verläuft und senkrecht auf $\boldsymbol{n}$ steht. Sie können dafür die Funktion `rotateFromTo` aus Projekt P15 verwenden.

12

Die erste Fundamentalform

Daher kommt es, daß die Mathematiker die formalen Probleme bereits seit langem gelöst haben, zu denen das allgemeine Relativitätspostulat führt.

Albert Einstein

Wie misst man Längen, Abstände und Winkel auf einer beliebigen Fläche? Um diese Frage richtig einordnen zu können, stellen Sie sich am besten eine zweidimensionale Ameise vor, die in der Fläche lebt und die nur die krummlinigen Koordinaten von geometrischen Objekten zur Verfügung hat.

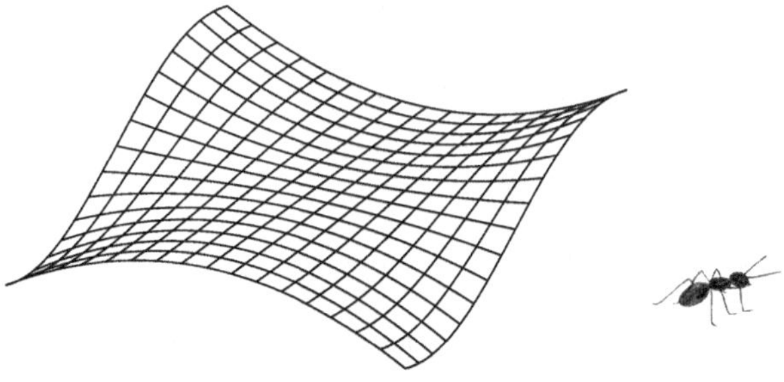

Mit *zweidimensional* ist dabei gemeint, dass die Ameise nur die Richtungen vorwärts und rückwärts sowie rechts und links kennt, aber so etwas wie oben und unten weder wahrnehmen kann noch je davon gehört hat. Während wir als dreidimensionale Wesen die Fläche als in den Raum $\mathbb{R}^3$ eingebettet sehen, gibt es für die Ameise keine Welt außerhalb der Fläche.

Wir gehen allerdings davon aus, dass die Ameise dieselben Längenmaße verwendet wie wir. Wenn es der Ameise gelingt, die Länge einer in ihrer Fläche verlaufenden Kurve zu bestimmen, dann soll das Ergebnis dasselbe sein, das

E. Weitz, *Elementare Differentialgeometrie (nicht nur) für Informatiker*,
https://doi.org/10.1007/978-3-662-60463-2_12

wir erhalten würden, wenn wir wie in Kapitel 3 die Länge der Kurve als Raumkurve ermitteln würden.

Machen wir uns zunächst noch einmal klar, wie wir in der vertrauten euklidischen Ebene die Längen von Vektoren berechnen. Der Vektor $\boldsymbol{w} = (\lambda, \mu)$ hat nach Pythagoras die folgende Länge:

$$\|\boldsymbol{w}\| = \sqrt{\lambda^2 + \mu^2} \tag{12.1}$$

Wie ändert sich das, wenn wir das Koordinatengitter der Ebene anders skalieren? In der folgenden Skizze haben die horizontalen Gitterlinien mit ganzzahligen Koordinaten den Abstand 0.6 voneinander, während der Abstand zwischen den vertikalen Linien 1.3 beträgt.

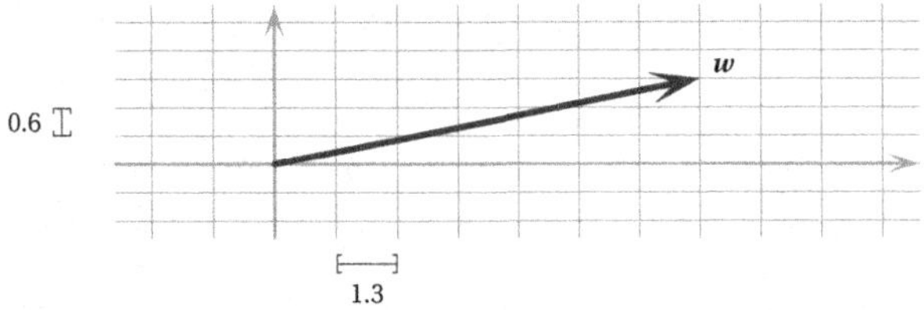

Aufgabe 136: Der oben eingezeichnete Vektor $\boldsymbol{w}$ hat die Koordinaten $(7,3)_n$. Wie berechnet man seine Länge? (Zur Unterscheidung werde ich Koordinaten mit den Indizes n für *neu* und a für *alt* versehen. Mit *alt* ist das „normale" Koordinatensystem der euklidischen Ebene gemeint, das die Längeneinheiten vorgibt.)

Wenn Sie Aufgabe 136 bearbeitet haben, haben Sie festgestellt, dass ein Vektor mit den Koordinaten $(\lambda, \mu)_n$ hier die Länge

$$\|(\lambda, \mu)_n\| = \sqrt{1.69 \cdot \lambda^2 + 0.36 \cdot \mu^2} \tag{12.2}$$

hat. Anders ausgedrückt: Die Kenntnis der Skalierungsfaktoren 1.3 und 0.6 liefert uns eine Formel für die Längenberechnung in dem skalierten Koordinatensystem.

Nun gehen wir noch etwas weiter und betrachten ein Koordinatensystem, bei dem die Koordinatenlinien nicht mehr senkrecht aufeinander stehen.

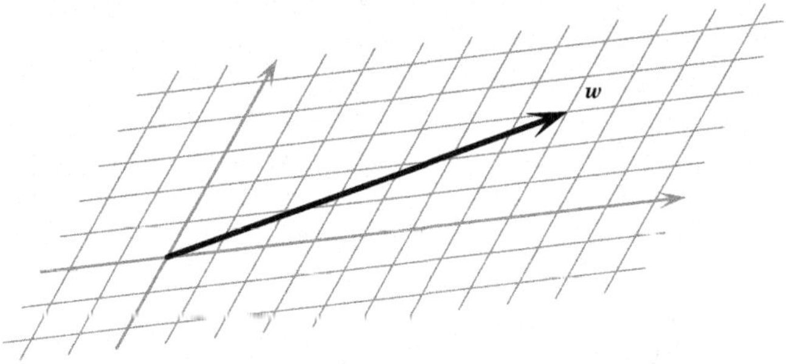

Aufgabe 137: Auch hier hat der Vektor $\boldsymbol{w}$ die Koordinaten $(7,3)_n$. Überlegen Sie sich, wie man seine Länge berechnen könnte. Welche Informationen braucht man dafür?

Um die Länge von $\boldsymbol{w}$ in diesem Koordinatensystem ermitteln zu können, reicht es offenbar nicht, wie im vorherigen Fall lediglich die Abstände der Gitterlinien zu kennen. Wir brauchen zusätzlich Informationen über den Winkel, in dem die Gitterlinien aufeinandertreffen. Am einfachsten ist die Rechnung, wenn uns die Vektoren, die das verzerrte Gitter aufspannen, in „alten" Koordinaten geliefert werden. In der folgenden Skizze sehen wir die beiden aufspannenden Vektoren – es handelt sich um $\boldsymbol{x} = (1.8, 0.2)_a$ und $\boldsymbol{y} = (0.4, 1.2)_a$ – relativ zum unverzerrten Gitter.

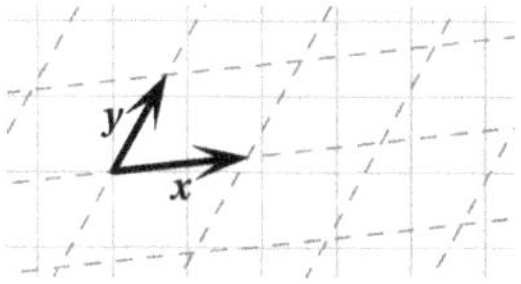

Nun können wir die Länge von $\boldsymbol{w}$ angeben:

$$\|\boldsymbol{w}\| = \|7\cdot\boldsymbol{x}+3\cdot\boldsymbol{y}\| = \|7\cdot(1.8,0.2)_a+3\cdot(0.4,1.2)_a\| = \|(13.8,5.0)_a\| \approx 14.68$$

Hilfreicher für das weitere Vorgehen ist es allerdings so:

$$\|\boldsymbol{w}\| = \|7\cdot\boldsymbol{x}+3\cdot\boldsymbol{y}\| = \sqrt{(7\cdot\boldsymbol{x}+3\cdot\boldsymbol{y})^2} = \sqrt{7^2\cdot\boldsymbol{x}^2+3\cdot7\cdot2\boldsymbol{x}\boldsymbol{y}+3^2\cdot\boldsymbol{y}^2}$$

Dabei ist zu beachten, dass mit dem Quadrat eines Vektors in der obigen Formel das Skalarprodukt des Vektors mit sich selbst gemeint ist. $\boldsymbol{x}^2$, $\boldsymbol{y}^2$ und $\boldsymbol{x}\boldsymbol{y}$ können wir nun ausrechnen und erhalten dadurch eine allgemeine Formel für die Länge eines Vektors im verzerrten Koordinatensystem:

$$\|(\lambda,\mu)_n\| = \sqrt{3.28\cdot\lambda^2+2\cdot0.96\cdot\lambda\mu+1.6\cdot\mu^2}$$

Allgemeiner gesagt liefern uns die aufspannenden Vektoren $\boldsymbol{x}$ und $\boldsymbol{y}$ drei Zahlen $E = \boldsymbol{x}^2 = \|\boldsymbol{x}\|^2$, $F = \boldsymbol{x}\boldsymbol{y}$ und $G = \|\boldsymbol{y}\|^2$, so dass wir Längen folgendermaßen berechnen können:

$$\|(\lambda,\mu)_n\|^2 = E\cdot\lambda^2+2F\cdot\lambda\mu+G\cdot\mu^2 \tag{12.3}$$

Aufgabe 138: Kann man den Ausdruck (12.2) auch in der Form (12.3) darstellen? Und was ist mit (12.1)?

NUN WOLLEN WIR im verzerrten Koordinatensystem die Länge einer Kurve berechnen. Wir wählen dafür exemplarisch die Neilsche Parabel aus Kapitel 4 in der Form $t \mapsto \boldsymbol{\delta}(t) = (t^3, t^2)$ für $t \in (-1,1)$. In der folgenden Skizze sieht man die Kurve links im alten und rechts im neuen Koordinatensystem.

Ihnen ist sicher schon aufgefallen, dass man neue Koordinaten durch die lineare Abbildung $\boldsymbol{v} \mapsto \boldsymbol{M} \cdot \boldsymbol{v}$ mit der Matrix

$$\boldsymbol{M} = \begin{pmatrix} 1.8 & 0.4 \\ 0.2 & 1.2 \end{pmatrix}$$

in alte umwandeln kann. Die rechte Kurve und ihre Ableitung sind also gegeben durch:

$$\boldsymbol{\gamma}(t) = \boldsymbol{M} \cdot \boldsymbol{\delta}(t) = \begin{pmatrix} 1.8t^3 + 0.4t^2 \\ 0.2t^3 + 1.2t^2 \end{pmatrix}_a$$

$$\boldsymbol{\gamma}'(t) = \begin{pmatrix} 5.4t^2 + 0.8t \\ 0.6t^2 + 2.4t \end{pmatrix}_a$$

Eine numerische Approximation der Kurvenlänge kann man nun z.B. mit PYTHON bekommen:[1]

```
from scipy.integrate import quad
from math import sqrt

quad(lambda t: sqrt((5.4*t*t+0.8*t)**2+(0.6*t*t+2.4*t)**2),
     -1, 1)
```

Das liefert in etwa 4.416.

Wir wollen die Länge der Kurve aber direkt, d.h. aus der Darstellung $\boldsymbol{\delta}$ in *neuen* Koordinaten bestimmen. Dazu erinnern wir uns, wie wir in Kapitel 3 die Formel für die Länge motiviert und den Zusammenhang (3.3) für ein infinitesimales Stück $\mathrm{d}s$ einer Kurve $\boldsymbol{\alpha}$ an der Stelle t hergeleitet haben. Man kann das informell so schreiben:

$$|\mathrm{d}s| = \sqrt{\left(\frac{\mathrm{d}\alpha_1}{\mathrm{d}t}\right)^2 + \left(\frac{\mathrm{d}\alpha_2}{\mathrm{d}t}\right)^2} \cdot |\mathrm{d}t| = \sqrt{\mathrm{d}\alpha_1^2 + \mathrm{d}\alpha_2^2}$$

$$\mathrm{d}s^2 = \mathrm{d}\alpha_1^2 + \mathrm{d}\alpha_2^2$$

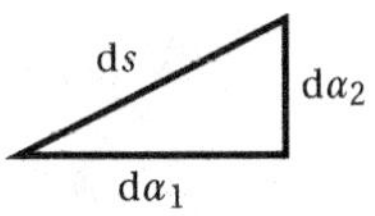

An der zweiten Formel erkennt man deutlich, dass wir den in der Herleitung verwendeten Satz des Pythagoras in die Welt der infinitesimalen Größen übertragen haben. Diesen Zusammenhang wollen wir nun verwenden, nur dass der

[1] Man kann dieses Integral auch analytisch berechnen, aber es geht hier ohnehin nur um eine Plausibilitätsprüfung.

in unserer „verzerrten Welt“ gültige Satz des Pythagoras jetzt die Form (12.3) hat. Daher muss die Formel für die Länge eines infinitesimalen Kurvenstücks von $\boldsymbol{\alpha}$ so aussehen:

$$ds^2 = E \cdot d\alpha_1^2 + 2F \cdot d\alpha_1 d\alpha_2 + G \cdot d\alpha_2^2 \tag{12.4}$$

$$ds = \sqrt{E \cdot \alpha_1'(t)^2 + 2F \cdot \alpha_1'(t)\alpha_2'(t) + G \cdot \alpha_2'(t)} \cdot dt$$

Für die gesuchte Kurvenlänge ergibt sich:

$$\int_{-1}^{1} \sqrt{3.28 \cdot (3t^2)^2 + 2 \cdot 0.96 \cdot 3t^2 2t + 1.6 \cdot (2t)^2}\, dt$$

Und tatsächlich erhalten wir denselben Wert:

```
E, F, G = 3.28, 0.96, 1.6
quad(lambda t: sqrt(E*9*t**4+2*F*6*t**3+G*4*t**2), -1, 1)
```

ABER EIGENTLICH WOLLTEN WIR JA der Ameise helfen. Dafür gehen wir von einem regulären Flächenstück $\boldsymbol{f} : A \to \mathbb{R}^3$ aus und betrachten eine Raumkurve $\boldsymbol{\gamma} : I \to \mathbb{R}^3$, deren Spur in der Spur von $\boldsymbol{f}$ liegt.

Dazu gibt es eine in A verlaufende ebene Kurve $\boldsymbol{\delta}$ mit $\boldsymbol{f} \circ \boldsymbol{\delta} = \boldsymbol{\gamma}$. (Siehe die Anmerkung auf Seite 145.) $\boldsymbol{\delta}$ gibt also die krummlinigen Koordinaten von $\boldsymbol{\gamma}$ in der Spur von $\boldsymbol{f}$ an.

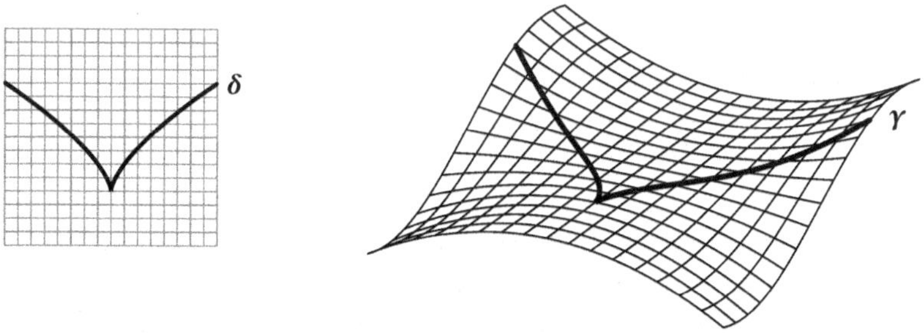

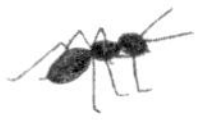

Wir sind nun fast in derselben Situation wie vorhin mit der Neilschen Parabel. Der Unterschied ist, dass $\boldsymbol{\gamma}$ nicht in einer Ebene verläuft. Aber Gleichung (12.4) beschreibt ja ein infinitesimales Stück. Und da $\boldsymbol{f}$ glatt ist, stimmt die Spur von $\boldsymbol{f}$ im Infinitesimalen mit ihrer Tangentialebene überein. Zum Messen kann man also an dieser Stelle die Geometrie der Tangentialebene (siehe Abbildung 12.1) verwenden. Wir wissen aus Kapitel 11, dass

$$\boldsymbol{\gamma}'(t) = \delta_1'(t) \cdot \boldsymbol{f}_u(\boldsymbol{\delta}(t)) + \delta_2'(t) \cdot \boldsymbol{f}_v(\boldsymbol{\delta}(t))$$

gilt. $\boldsymbol{f}_u(\boldsymbol{\delta}(t))$ und $\boldsymbol{f}_v(\boldsymbol{\delta}(t))$ spielen also hier die Rolle von $\boldsymbol{x}$ und $\boldsymbol{y}$ in unseren vorherigen Beispielen und wir können Sie benutzen, um E, F und G zu berechnen. Es gibt allerdings den wesentlichen Unterschied, dass diese drei Werte sich

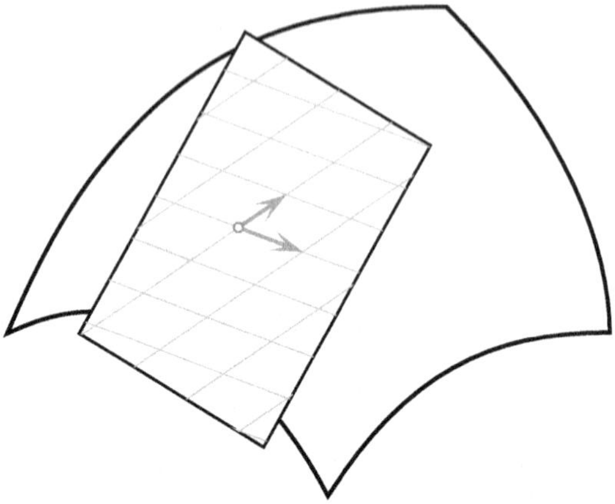

Abbildung 12.1

prinzipiell in *jedem* Punkt der Fläche unterscheiden können. E, F und G sind also nun Funktionen und wir erhalten:

$$\begin{aligned}
E(u,v) &= \|\boldsymbol{f}_u(u,v)\|^2 \\
F(u,v) &= \boldsymbol{f}_u(u,v)\cdot\boldsymbol{f}_v(u,v) \\
G(u,v) &= \|\boldsymbol{f}_v(u,v)\|^2 \\
\mathrm{d}s^2 &= E(u,v)\cdot\mathrm{d}\delta_1^2 + 2F(u,v)\cdot\mathrm{d}\delta_1\mathrm{d}\delta_2 + G(u,v)\cdot\mathrm{d}\delta_2 \qquad (12.5)
\end{aligned}$$

Dabei ist mit ds wie oben ein infinitesimales Kurvenstück von $\boldsymbol{\gamma}$ gemeint.

In (12.5) können wir nun wieder informell durch dt^2 teilen und die Wurzel ziehen und erhalten so eine Formel für die Länge:

$$L(\boldsymbol{\gamma}) = \int_I \sqrt{E(\boldsymbol{\delta}(t))\cdot\delta_1'(t)^2 + 2F(\boldsymbol{\delta}(t))\cdot\delta_1'(t)\cdot\delta_2'(t) + G(\boldsymbol{\delta}(t))\cdot\delta_2'(t)^2}\,\mathrm{d}t$$

Als Beispiel rechnen wir die Länge eines „Äquators“ (eines sogenannten *Großkreises*) auf S^2 aus, da wir ja schon wissen, was da herauskommen muss. Wir wählen die folgende Parametrisierung, die wir aus Kapitel 10 kennen:

$$\boldsymbol{f}:\begin{cases}(0,2\pi)\times(0,\pi)\to\mathbb{R}^3\\ (u,v)\mapsto(\cos u\cdot\sin v,\ \sin u\cdot\sin v,\ \cos v)\end{cases}$$

Damit können wir E, F und G wie folgt berechnen:

$$\boldsymbol{f}_u(u,v) = \begin{pmatrix}-\sin u\cdot\sin v\\ \cos u\cdot\sin v\\ 0\end{pmatrix}$$

$$\boldsymbol{f}_v(u,v) = \begin{pmatrix}\cos u\cdot\cos v\\ \sin u\cdot\cos v\\ -\sin v\end{pmatrix}$$

$$E(u,v) = \left\| \begin{pmatrix} -\sin u \cdot \sin v \\ \cos u \cdot \sin v \\ 0 \end{pmatrix} \right\|^2 = \sin^2 v$$

$$F(u,v) = \begin{pmatrix} -\sin u \cdot \sin v \\ \cos u \cdot \sin v \\ 0 \end{pmatrix} \cdot \begin{pmatrix} \cos u \cdot \cos v \\ \sin u \cdot \cos v \\ -\sin v \end{pmatrix} = 0$$

$$G(u,v) = \left\| \begin{pmatrix} \cos u \cdot \cos v \\ \sin u \cdot \cos v \\ -\sin v \end{pmatrix} \right\|^2 = \cos^2 v + \sin^2 v = 1$$

Eine Darstellung eines Großkreises wäre $\boldsymbol{\gamma} = \boldsymbol{f} \circ \boldsymbol{\delta}$ mit diesem $\boldsymbol{\delta}$:

$$\boldsymbol{\delta} : \begin{cases} (0,2\pi) \to (0,2\pi) \times (0,\pi) \\ t \mapsto (t,\pi/2) \end{cases}$$

Dann gilt $E(\boldsymbol{\delta}(t)) = \sin^2 \pi/2 = 1$ für alle $t \in (0,2\pi)$ und damit:

$$L(\boldsymbol{\gamma}) = \int_0^{2\pi} \sqrt{\delta_1'(t)^2 + \delta_2'(t)^2}\, \mathrm{d}t = \int_0^{2\pi} \mathrm{d}t = 2\pi$$

Aufgabe 139: Die Stadt Hamburg hat die geographischen Koordinaten $53°33'55''$N und $10°00'05''$E. Wenn Sie dort starten und sich so lange exakt in westliche Richtung bewegen, bis Sie wieder am Ausgangspunkt sind, welche Strecke haben Sie dann zurückgelegt? Anders ausgedrückt: Wie lang ist der Breitenkreis, auf dem Hamburg liegt? Beantworten Sie die Frage mit der gerade verwendeten Methode und gehen Sie dabei davon aus, dass die Erde eine Kugel mit einem Radius von 6371 Kilometern ist. Beachten Sie, dass bei der obigen Parametrisierung der Kugeloberfläche andere Winkelkonventionen als bei geographischen Koordinaten verwendet werden.

Der Ausdruck (12.5) wird traditionell so aufgeschrieben:

$$\mathrm{d}s^2 = E\,\mathrm{d}u^2 + 2F\,\mathrm{d}u\,\mathrm{d}v + G\,\mathrm{d}v^2 \tag{12.6}$$

Man lässt dabei das Argument (u,v) weg und betrachtet $\mathrm{d}u$ und $\mathrm{d}v$ als infinitesimale Abstände in u- bzw. v-Richtung. Das wird dann erste Fundamentalform von $\boldsymbol{f}$ im Punkt $\boldsymbol{f}(u,v)$ genannt. Und $\mathrm{d}s$ nennt man in diesem Zusammenhang auch das Linien- oder Bogenlängenelement. Obwohl man in (12.6) z.B. E statt $E(u,v)$ schreibt, darf man allerdings nicht vergessen, dass diese Gleichung nicht global gilt, sondern für jeden Punkt anders aussehen kann!

Es ist lehrreich, sich noch einmal klarzumachen, was wir gerade gemacht haben. Das führt zu einer abstrakteren Sichtweise und einer modernen Darstellung der ersten Fundamentalform. Wir wollten die Länge eines Vektors $\boldsymbol{v}$ (des

Geschwindigkeitsvektors einer Kurve in einem bestimmten Punkt $\boldsymbol{p}$) berechnen, der nicht in der Fläche S liegt, die wir betrachten. Längen von Vektoren berechnet man mithilfe des Skalarproduktes: $\|\boldsymbol{v}\| = \sqrt{\boldsymbol{v} \cdot \boldsymbol{v}}$. Wir haben uns nun zunutze gemacht, dass $\boldsymbol{v}$ zu $T_{\boldsymbol{p}}S$ gehört und sich daher als Linearkombination von $\boldsymbol{f}_u$ und $\boldsymbol{f}_v$ schreiben lässt, wenn $\boldsymbol{f}$ ein entsprechendes Flächenstück ist. Schreibt man $\mathrm{d}s$ für $\|\boldsymbol{v}\|$ und $\boldsymbol{v} = \mathrm{d}u \cdot \boldsymbol{f}_u + \mathrm{d}v \cdot \boldsymbol{f}_v$, so erhält man durch Ausmultiplizieren (12.6). Dabei sind E, F und G ebenfalls Skalarprodukte von $T_{\boldsymbol{p}}S$-Vektoren, hängen aber von der Wahl des Flächenstücks ab. Entscheidend ist jedoch, dass man für die Berechnung von $\|\boldsymbol{v}\|$ nur solche Skalarprodukte braucht. In der modernen Form bezeichnet man daher die Abbildung, die je zwei Vektoren $\boldsymbol{a}, \boldsymbol{b} \in T_{\boldsymbol{p}}S$ ihr Skalarprodukt

$$\langle \boldsymbol{a}, \boldsymbol{b} \rangle_{\boldsymbol{p},S} = \boldsymbol{a} \cdot \boldsymbol{p} \tag{12.7}$$

zuordnet, als die erste Fundamentalform von S im Punkt $\boldsymbol{p}$. Diese Darstellung ist für theoretische Überlegungen besser als (12.6), denn sie enthält die ganze Information, die wir brauchen, und das Skalarprodukt zweier Vektoren ist unabhängig von deren Darstellung bzgl. eines bestimmten Koordinatensystems immer gleich. Daher sprechen wir hier auch von der Fundamentalform der *Fläche*, während (12.6) die des Flächen*stücks* ist.

Aufgabe 140: Wie kann man noch mal den Winkel zwischen zwei Vektoren mithilfe des Skalarproduktes berechnen?

Aufgabe 141: Verifizieren Sie für Vektoren $\boldsymbol{v}, \boldsymbol{w} \in \mathbb{R}^3$ die folgende Identität:

$$\|\boldsymbol{v} \times \boldsymbol{w}\|^2 = \|\boldsymbol{v}\|^2 \|\boldsymbol{w}\|^2 - (\boldsymbol{v} \cdot \boldsymbol{w})^2$$

(Das ist übrigens ein Spezialfall der sogenannten *Lagrange-Identität*.)

Aufgabe 140 sollte Sie daran erinnern, dass das Skalarprodukt auch die Information beinhaltet, die man zur Berechnung von Winkeln benötigt. Tatsächlich kann man mithilfe der ersten Fundamentalform außer der Länge noch diverse weitere Werte berechnen. Darauf möchte ich hier zumindest kurz summarisch eingehen:

(I) Wenn sich zwei in der Fläche S verlaufende Kurven $\boldsymbol{\gamma}$ und $\tilde{\boldsymbol{\gamma}}$ in einem Punkt $\boldsymbol{p}$ schneiden, so definiert man den *Winkel* zwischen den beiden Kurven als den Winkel zwischen ihren Geschwindigkeitsvektors in diesem Punkt. Da diese Vektoren in der Tangentialebene $T_{\boldsymbol{p}}S$ liegen (Abbildung 12.2), kann man zur Berechnung die erste Fundamentalform verwenden:

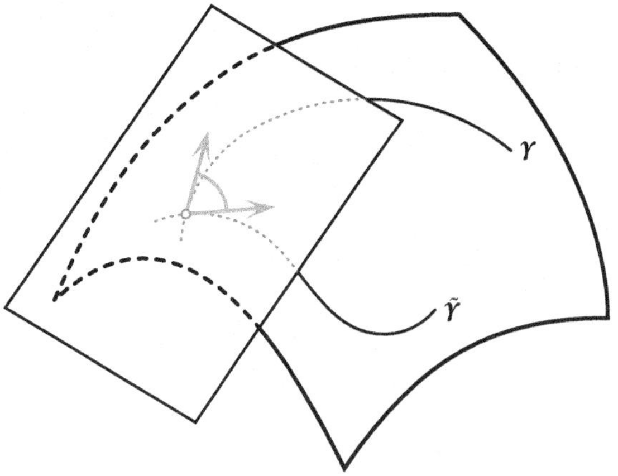

Abbildung 12.2

Ist $\boldsymbol{f}$ ein Flächenstück, in dessen Spur $\boldsymbol{p}$ liegt und sind $\boldsymbol{\delta}$ und $\tilde{\boldsymbol{\delta}}$ die ebenen Kurven, durch die $\boldsymbol{\gamma}$ und $\tilde{\boldsymbol{\gamma}}$ in der Nähe von $\boldsymbol{p}$ im Definitionsbereich von $\boldsymbol{f}$ dargestellt werden, so ergibt sich der Winkel so:

$$\begin{aligned}
&\arccos \frac{\boldsymbol{\gamma}' \cdot \tilde{\boldsymbol{\gamma}}'}{\|\boldsymbol{\gamma}'\| \|\tilde{\boldsymbol{\gamma}}'\|} \\
&= \arccos \frac{(\delta_1' \cdot \boldsymbol{f}_u + \delta_2' \cdot \boldsymbol{f}_v) \cdot (\tilde{\delta}_1' \cdot \boldsymbol{f}_u + \tilde{\delta}_2' \cdot \boldsymbol{f}_v)}{\|(\delta_1' \cdot \boldsymbol{f}_u + \delta_2' \cdot \boldsymbol{f}_v)\| \|(\tilde{\delta}_1' \cdot \boldsymbol{f}_u + \tilde{\delta}_2' \cdot \boldsymbol{f}_v)\|} \\
&= \arccos \frac{E\delta_1'\tilde{\delta}_1' + F(\delta_1'\tilde{\delta}_2' + \tilde{\delta}_1'\delta_2') + G\delta_2'\tilde{\delta}_2'}{\sqrt{E(\delta_1')^2 + 2F\delta_1'\delta_2' + G(\delta_2')^2}\sqrt{E(\tilde{\delta}_1')^2 + 2F\tilde{\delta}_1'\tilde{\delta}_2' + G(\tilde{\delta}_2')^2}}
\end{aligned}$$

Dabei wurden diverse Abkürzungen vorgenommen, z.B. $\boldsymbol{\gamma}'$ und δ_1' statt $\boldsymbol{\gamma}'(t)$ und $\delta_1'(t)$, $\boldsymbol{f}_u$ statt $\boldsymbol{f}_u(u,v)$ und so weiter.

Lassen Sie sich von der auf der ersten Blick etwas unübersichtlichen Formel nicht zu sehr beeindrucken. Entscheidend ist lediglich, dass wir den Winkel anhand der Darstellungen $\boldsymbol{\delta}$ und $\tilde{\boldsymbol{\delta}}$ berechnen können, wenn wir nur E, F und G kennen.

(II) Die Berechnung von allgemeinen *Flächeninhalten* kann man sich folgendermaßen vorstellen: Um den Flächeninhalt eines Rechtecks $(a,b) \times (c,d)$ in der Ebene zu ermitteln, könnte man das Integral

$$\int_c^d \int_a^b 1 \, \mathrm{d}u \mathrm{d}v = \int_c^d \int_a^b \mathrm{d}u \mathrm{d}v$$

berechnen. Die Idee dahinter ist, dass das Rechteck aus infinitesimalen Quadraten zusammengesetzt ist.

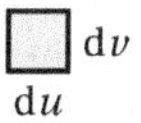

Dass man über die konstante Funktion 1 integriert, lässt sich damit erklären, dass man sich das besagte Quadrat als von den Vektoren $du \cdot \boldsymbol{e}_1$ und $dv \cdot \boldsymbol{e}_2$ aufgespannt vorstellen sollte, wobei $\boldsymbol{e}_1$ und $\boldsymbol{e}_2$ die kanonischen Einheitsvektoren sind. Das von $\boldsymbol{e}_1$ und $\boldsymbol{e}_2$ aufgespannte Quadrat hat natürlich die Fläche 1. Wenn wir es jedoch mit einem verzerrten Koordinatensystem wie in der Skizze auf Seite 151 zu tun haben, welche Fläche hat dann das von $\boldsymbol{x}$ und $\boldsymbol{y}$ aufgespannte Parallelogramm?

Wir kennen bereits eine Möglichkeit, den Flächeninhalt zu berechnen, nämlich durch die Norm des Vektorprodukts[2] $\boldsymbol{x} \times \boldsymbol{y}$. Aus dem Integral von oben würde dann dieses werden:

$$\int_c^d \int_a^b \|\boldsymbol{x} \times \boldsymbol{y}\| \, \mathrm{d}u \, \mathrm{d}v = \|\boldsymbol{x} \times \boldsymbol{y}\| \cdot \int_c^d \int_a^b \mathrm{d}u \, \mathrm{d}v$$

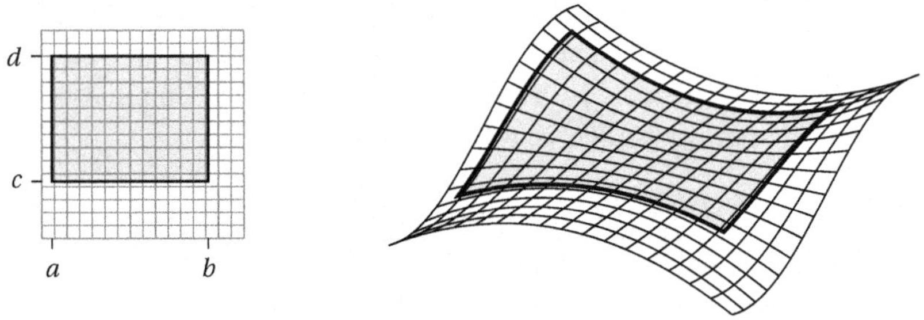

Abbildung 12.3

Wollen wir einen entsprechenden Flächeninhalt in einer Fläche[3] berechnen (siehe Abbildung 12.3), so können wir allerdings das Vektorprodukt nicht mehr vor das Integral ziehen, weil es an jeder Stelle der Fläche einen anderen Wert haben kann. Aufgabe 141 hat jedoch gezeigt, dass wir auch diesen Wert allein mithilfe des Skalarproduktes errechnen können:

$$\|\boldsymbol{f}_u \times \boldsymbol{f}_v\|^2 = \|\boldsymbol{f}_u\|^2 \|\boldsymbol{f}_v\|^2 - (\boldsymbol{f}_u \cdot \boldsymbol{f}_v)^2 = EG - F^2$$

Für den Flächeninhalt ergibt sich somit:

$$\int_c^d \int_a^b \|\boldsymbol{f}_u \times \boldsymbol{f}_v\| \, \mathrm{d}u \mathrm{d}v = \int_c^d \int_a^b \sqrt{EG - F^2} \, \mathrm{d}u \mathrm{d}v$$

Der entsprechende Ausdruck wird manchmal auch Flächenelement genannt. Hierbei ist wieder zu beachten, dass eine kompakte Schreibweise gewählt wurde und Werte wie $\boldsymbol{f}_u$ und E eigentlich als $\boldsymbol{f}_u(u, v)$ und $E(u, v)$ von u und v abhängen.

[2] Das ist formal nicht ganz korrekt, weil das Vektorprodukt ja nur für $\mathbb{R}^3$-Vektoren definiert ist. Wir können das jedoch beheben, indem wir als dritte Komponente einfach null hinzufügen.

[3] Es ist etwas unglücklich, dass man im Deutschen sehr ähnliche Wörter für zwei unterschiedliche Konzepte verwendet. Im Englischen kann man *area* und *surface* leichter auseinanderhalten.

Man kann diesen Ansatz nun dahingehend verallgemeinern, dass man nicht nur die Inhalte von Flächen auf S berechnen kann, die durch Koordinatenlinien begrenzt sind. Das will ich hier aber nicht weiter vertiefen.

(III) Wie ermittelt man den *Abstand* zweier Punkte, die in einer Fläche liegen? In der euklidischen Ebene ist das kein Problem – man berechnet die Länge der Verbindungsstrecke. Das ist aber nicht einfach per Konvention so festgelegt, sondern ergibt auch Sinn. Man kann nämlich leicht zeigen, dass jede in der Ebene verlaufende Kurve, die zwei Punkte verbindet, mindestens so lang wie die Verbindungsstrecke ist.

Durch diese Beobachtung erhält man auch eine sinnvolle Definition für den Abstand zweier Punkte auf beliebigen Flächen. Man wählt das Infimum der Längen aller Kurven, die in der Fläche verlaufen und die beiden Punkte verbinden.[4] Für Punkte auf einer Kugeloberfläche erhält man den minimalen Abstand beispielsweise durch eine Kurve, die entlang des eindeutig bestimmten Großkreises durch die beiden Punkte verläuft. (Großkreise kamen weiter oben schon vor. Es sind Kreise maximalen Umfangs auf der Kugeloberfläche, also die Kreise, die die Oberfläche in zwei gleich große Hälften zerlegen.)

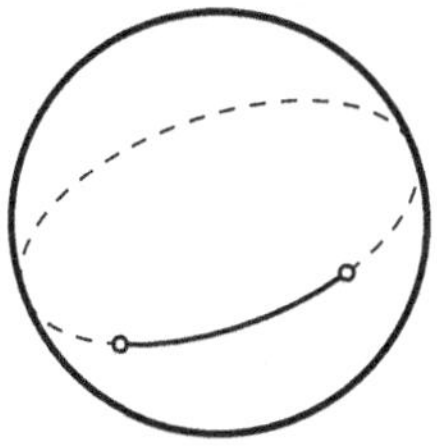

Für manche Flächen ist es ggf. nicht leicht, den so definierten Abstand zu bestimmen. Für uns ist allerdings zunächst nur relevant, dass die Definition die Längen von Kurven verwendet, die man mithilfe der ersten Fundamentalform ausrechnen kann.

Aufgabe 142: Wieso taucht in der obigen Definition des Abstands das Infimum auf und nicht das Minimum? Fällt Ihnen eine Fläche ein, bei der es zwischen zwei Punkten keine Kurve minimalen Abstands gibt?

Wir rekapitulieren noch mal, was wir gerade gesehen haben. Mithilfe der ersten Fundamentalform können wir die Länge von Kurven, Winkel zwischen Kurven, Flächeninhalte und Abstände bestimmen. Das sind einige der wichtigsten geometrischen Kenngrößen in der Ebene. Man sagt deshalb auch, dass

[4] Dafür braucht man natürlich eine *zusammenhängende* Fläche – siehe Kapitel 10.

alle Größen und Beziehungen in der Fläche, die sich alleine aus der ersten Fundamentalform herleiten lassen, die **innere Geometrie** der Fläche bilden. Von *innerer* Geometrie spricht man deshalb, weil man sich vorstellen kann, dass unsere Ameise den Verlauf der Funktionen E, F und G theoretisch ermitteln kann, ohne die Fläche zu verlassen, wenn sie nur die gesamte Fläche vermisst und beliebig genaue Messinstrumente zur Verfügung hat.

Aufgabe 143: Wie kann unsere Ameise, die auf einer Fläche S lebt, die erste Fundamentalform, also die Funktionen E, F und G ermitteln? Das ist natürlich eine rein theoretische Frage, für die wir gewisse Annahmen machen:

- Die Ameise ermittelt die Funktionswerte dieser Funktionen *punktweise* und numerisch durch Messung.
- Sie hat lediglich das „krummlinige" u-v-Koordinatensystem zur Verfügung. Sie kennt weder eine Parametrisierung von S noch weiß sie überhaupt irgendetwas von einer dritten Dimension.
- Innerhalb ihrer Welt kann die Ameise aber beliebig genau messen. Man stellt sich dafür am besten einen „programmierbaren Messwagen" vor, den man mit u-v-Koordinaten füttern kann. Man kann ihm also eine parametrisierte *ebene* Kurve $\boldsymbol{\alpha} : (a, b) \to \mathbb{R}^2$ vorgeben und der Messwagen fährt die Spur von $\boldsymbol{\alpha}$ ab und gibt die gefahrene Länge an.
- Die Messergebnisse stimmen mit denen überein, die wir als dreidimensionale Wesen im Raum erhalten würden. Ist $\boldsymbol{f}$ ein Flächenstück für S, dessen Definitionsbereich die Spur von $\boldsymbol{\alpha}$ umfasst, so würde der Messwagen also faktisch die Länge der Raumkurve $\boldsymbol{f} \circ \boldsymbol{\alpha}$ messen.

Versetzen Sie sich in die Rolle der Ameise. Sie sollen für einen Punkt (u_0, v_0) die Werte $E(u_0, v_0)$, $F(u_0, v_0)$ und $G(u_0, v_0)$ mit einer bestimmten Genauigkeit ermitteln. Wie programmieren Sie Ihren Messwagen?

An dieser Stelle möchte ich auch noch einmal auf eine Bemerkung eingehen, die weiter oben vielleicht untergegangen ist. Ich hatte bei unseren Untersuchungen der „verzerrten" Ebene gesagt, dass der Satz des Pythagoras dort eine andere Form annimmt.

Seit der Veröffentlichung der Abhandlung *Die Elemente* des griechischen Mathematikers Euklid vor über 2000 Jahren ist man davon ausgegangen, dass die dort entwickelte *euklidische Geometrie* die einzig mögliche ist. Erst im 19. Jahrhundert haben Mathematiker wie Gauß, János Bolyai und Nikolai Lobatschewski[5] erkannt, dass es auch andere Geometrien geben kann, wobei der wesentliche Unterschied ist, dass es im Gegensatz zur euklidischen Geometrie keine

[5] Zu ihren Lebzeiten wurden die Erkenntnisse von Bolyai und Lobatschewski (hier abgebildet) fast völlig ignoriert. Und Gauß, der damals schon berühmt war, veröffentlichte seine Einsichten nicht, sondern deutete sie nur in Briefen an Kollegen an.

eindeutig bestimmten Parallelen gibt. Ein weiterer Unterschied ist, dass in den sogenannten *nichteuklidischen Geometrien* der Satz des Pythagoras nicht gilt.

Mithilfe der auf Descartes zurückgehenden *analytischen Geometrie* (also mit Koordinaten und Vektoren) kann man umgekehrt auch die ganze euklidische Geometrie auf der Basis des Satzes von Pythagoras entwickeln. Der Satz ist also nicht nur eines von vielen Resultaten, sondern eine definierende Eigenschaft der Geometrie. In einer allgemeinen Fläche im Sinne dieses Buches kann die erste Fundamentalform nun prinzipiell in jedem Punkt eine andere Version dieses Satzes vorgeben. Und dadurch werden die wesentlichen geometrischen Eigenschaften der Fläche determiniert.

WIR WERDEN NUN NOCH EINIGE weitere erste Fundamentalformen berechnen, um einen Eindruck davon zu bekommen, wie diese aussehen können. Fangen wir dafür mit der einfachsten Fläche an, mit einer Ebene. In Punkt-Richtungs-Form kann man sie als $S = \boldsymbol{p} + \mathbb{R}\boldsymbol{x} + \mathbb{R}\boldsymbol{y}$ darstellen und als Flächenstück sieht es dann so aus:

$$\boldsymbol{f} : \begin{cases} \mathbb{R}^2 \to \mathbb{R}^3 \\ (u,v) \mapsto \boldsymbol{p} + u\boldsymbol{x} + v\boldsymbol{y} \end{cases}$$

Wir erhalten $\boldsymbol{f}_u(u,v) = \boldsymbol{x}$ und $\boldsymbol{f}_v(u,v) = \boldsymbol{y}$ und damit:

$$\begin{aligned} E(u,v) &= \|\boldsymbol{f}_u(u,v)\|^2 = \|\boldsymbol{x}\|^2 \\ F(u,v) &= \boldsymbol{f}_u(u,v) \cdot \boldsymbol{f}_v(u,v) = \boldsymbol{x} \cdot \boldsymbol{y} \\ G(u,v) &= \|\boldsymbol{f}_v(u,v)\|^2 = \|\boldsymbol{y}\|^2 \end{aligned}$$

E, F und G sind also konstant. Und sind $\boldsymbol{x}$ und $\boldsymbol{y}$ insbesondere normiert und orthogonal zueinander, so gilt $E = G = 1$ und $F = 0$ und aus (12.6) wird der klassische Satz des Pythagoras. Mit anderen Worten: Das Leben auf so einer Fläche fühlt sich für die Ameise exakt so an wie das in der euklidischen Ebene $\mathbb{R}^2$.

Nun schauen wir uns den Zylinder an und dazu das folgende Flächenstück:

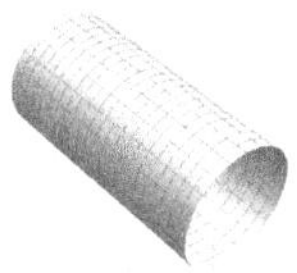

$$\boldsymbol{g} : \begin{cases} (0, 2\pi) \times (-a, a) \to \mathbb{R}^3 \\ (u,v) \mapsto (\cos u, \sin u, v) \end{cases}$$

Hier ergibt sich:

$$\begin{aligned} \boldsymbol{g}_u(u,v) &= (-\sin u, \cos u, 0) \\ \boldsymbol{g}_v(u,v) &= (0,0,1) \\ E(u,v) &= \sin^2 u + \cos^2 u = 1 \\ F(u,v) &= 0 \end{aligned}$$

$$G(u, v) = 1$$

Sind Sie überrascht? Hier kommt dasselbe Ergebnis wie bei der Ebene heraus. Nur mithilfe der inneren Geometrie kann die Ameise also keinen Unterschied zwischen dem Leben auf einem Zylinder und dem Leben im $\mathbb{R}^2$ feststellen!

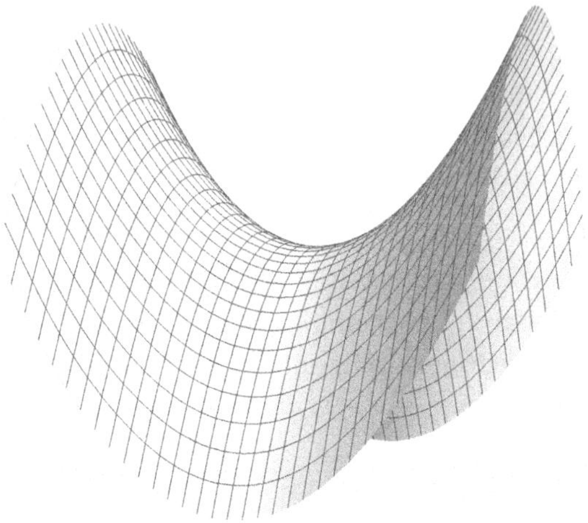

Abbildung 12.4

Aufgabe 144: Welche Form hat die Fläche, die durch das folgende Flächenstück dargestellt wird?

$$\boldsymbol{h}: \begin{cases} (0, 2\pi) \times (0, \infty) \\ (\varphi, r) \mapsto r(\cos\varphi, \sin\varphi, 1) \end{cases}$$

Berechnen Sie die erste Fundamentalformen.

Aufgabe 145: Abbildung 12.4 zeigt ein *hyperbolisches Paraboloid*,[6] das durch das folgende Flächenstück parametrisiert wird:

$$\boldsymbol{f}: \begin{cases} (-1, 1)^2 \to \mathbb{R}^3 \\ (u, v) \mapsto (u, v, u^2 - v^2) \end{cases}$$

Berechnen Sie die erste Fundamentalform.

VIELLEICHT HABEN SIE SICH GEFRAGT, wieso man in (12.7) eine neue Bezeichnung vergibt, wenn doch unabhängig von $\boldsymbol{p}$ immer nur das bekannte Skalarprodukt im $\mathbb{R}^3$ ausgerechnet wird.

[6]Man spricht aus offensichtlichen Gründen auch von einer *Sattelfläche*.

Das liegt daran, dass Bernhard Riemann[7] 1854 in seinem legendären Habilitationsvortrag *Über die Hypothesen, welche der Geometrie zu Grunde liegen* eine revolutionäre Idee hatte. Die erste Fundamentalform in der Form (12.7) kann man als Abbildung von $T_{\boldsymbol{p}}S \times T_{\boldsymbol{p}}S$ nach $\mathbb{R}$ betrachten, die für alle $\boldsymbol{a}, \boldsymbol{b}, \boldsymbol{c} \in T_{\boldsymbol{p}}S$ und alle $\lambda \in \mathbb{R}$ die folgenden drei Eigenschaften hat:

(i) $\langle \boldsymbol{a}, \boldsymbol{a} \rangle_{\boldsymbol{p},S} \geq 0$ und aus $\langle \boldsymbol{a}, \boldsymbol{a} \rangle_{\boldsymbol{p},S} = 0$ folgt $\boldsymbol{a} = \boldsymbol{0}$.

(ii) $\langle \boldsymbol{a}, \boldsymbol{b} \rangle_{\boldsymbol{p},S} = \langle \boldsymbol{b}, \boldsymbol{a} \rangle_{\boldsymbol{p},S}$

(iii) $\langle \boldsymbol{a} + \lambda \boldsymbol{b}, \boldsymbol{c} \rangle_{\boldsymbol{p},S} = \langle \boldsymbol{a}, \boldsymbol{c} \rangle_{\boldsymbol{p},S} + \lambda \cdot \langle \boldsymbol{b}, \boldsymbol{c} \rangle_{\boldsymbol{p},S}$

In heutiger mathematischer Terminologie würde man sagen, dass diese Abbildung *ein* mögliches Skalarprodukt ist, aber bei weitem nicht das einzige. Es gibt viele andere Abbildungen, die die obigen Bedingungen erfüllen und die damit auch Skalarprodukte auf $T_{\boldsymbol{p}}S$ sind. Riemann erkannte, dass man einer Fläche S quasi eine Geometrie „aufzwingen" kann, indem man für jeden Punkt $\boldsymbol{p}$ auf der Tangentialebene $T_{\boldsymbol{p}}S$ ein Skalarprodukt vorgibt, so lange diese Vorgabe gewisse Voraussetzungen erfüllt.[8] So eine Vorgabe nennt man heute eine riemannsche Metrik.[9] Die erste Fundamentalform, die wir im vorliegenden Kapitel untersucht haben, ist in diesem Sinne lediglich die kanonische riemannsche Metrik, die durch den umgebenden Raum $\mathbb{R}^3$ induziert wird.

Riemann hat diese Überlegungen nicht nur für Flächen, sondern ganz allgemein für abstrakte Räume beliebig hoher Dimension angestellt. Damit hat er, ohne das natürlich ahnen zu können, den Grundstein für die allgemeine Relativitätstheorie gelegt, die etwa 60 Jahre später von Albert Einstein entwickelt wurde.

[7] Trotz seines relativ kurzen Lebens hatte der in Niedersachsen geborene Riemann so viele bahnbrechende Ideen, dass er als einer der einflussreichsten Mathematiker überhaupt gilt. Unter anderem stammt von ihm auch die *Riemannsche Vermutung*, die das wohl wichtigste ungelöste Problem der gesamten Mathematik ist.

[8] Sie muss differenzierbar von $\boldsymbol{p}$ abhängen.

[9] Das ist übrigens keine Metrik im Sinne der in Kapitel 5 besprochenen metrischen Räume.

Projekte

Projekt P22: Schreiben Sie Code, der eine Kurve in einem verzerrten Koordinatensystem darstellt. (Siehe dazu die Grafik mit der Neilschen Parabel auf Seite 152.) Unter der URL `http://weitz.de/v/skew.js` finden Sie P5.JS-Code, in dem Ihnen schon ein Teil der Arbeit abgenommen wurde: Es werden zwei identische Koordinatengitter gezeichnet und in diesen jeweils die Kurve. Ferner können Sie mit Mausklicks in den grauen Dreiecken die Vektoren ändern, die das verzerrte Koordinatensystem aufspannen und die wir am Anfang des Kapitels $\boldsymbol{x}$ bzw. $\boldsymbol{y}$ genannt haben. Sie werden in globalen Variablen mit den Namen `V1` und `V2` abgespeichert. Sie sollen nun das rechte Koordinatengitter zusammen mit der Kurve in Abhängigkeit von diesen Werten verzerren.

Projekt P23: Unter der URL `http://weitz.de/v/gcirc.js` finden Sie Code, der eine Kugeloberfläche zeichnet. Außerdem werden zwei zufällig auf dieser Fläche positionierte Punkte angezeigt. Wenn Sie die Taste `R` drücken, erhalten Sie ein neues Punktepaar. Fügen Sie Code hinzu, der die kürzeste auf der Kugeloberfläche verlaufende Kurve anzeigt, die die beiden Punkte verbindet.

Sie können dabei z.B. so vorgehen:

(i) Berechnen Sie eine Matrix $\boldsymbol{M}$, die den Raum so dreht, dass die beiden Punkte in der x-y-Ebene liegen. Sie können sich dafür an der Funktion `rotateFromTo` aus Projekt P15 orientieren.[10]

(ii) Wenn Sie den Großkreis, der in der x-y-Ebene liegt, mit $\boldsymbol{M}^{-1}$ drehen, dann haben Sie schon mal den Großkreis, der durch die beiden Punkte geht.

(iii) Und wenn die beiden Punkte durch $\boldsymbol{M}$ in die x-y-Ebene gedreht wurden, kann man mit `atan2` die zugehörigen Winkel bestimmen und daraus ermitteln, welchen Teil des Großkreises man anzeigen sollte.

[10] Beachten Sie dabei aber, dass die P5.JS-Funktion `applyMatrix` die Einträge in der Matrix in einer anderen als der üblichen Reihenfolge erwartet.

13 Normalenfelder und Orientierbarkeit

> What is difficult and essential in mathematics is the creation of enough mental images to allow the brain to function.
>
> Alain Connes

Auf einer regulären Fläche S gibt es zu jedem Punkt eine Tangentialebene. Da diese Ebene rein technisch durch den Nullpunkt geht, ist sie durch die Angabe eines senkrecht zu ihr stehenden Vektors – eines sogenannten *Normalenvektors* – eindeutig bestimmt.[1] Eine Abbildung N, die jedem Punkt $\boldsymbol{p} \in S$ einen Vektor $N(\boldsymbol{p}) \neq \boldsymbol{0}$ zuordnet, der senkrecht auf $T_{\boldsymbol{p}}S$ steht, nennt man ein Normalenfeld für S.

Aufgabe 146: Wie könnte ein möglichst einfaches Normalenfeld für die Fläche S aussehen, wenn S die x-y-Ebene ist?

Allerdings gibt es viele solche Abbildungen, da außer $N(\boldsymbol{p})$ ja auch jeder Vektor der Form $\lambda \cdot N(\boldsymbol{p})$ mit $\lambda \neq 0$ senkrecht auf $T_{\boldsymbol{p}}S$ steht. Um das etwas zu standardisieren, nennt man N ein Einheitsnormalenfeld, falls zusätzlich $\|N(\boldsymbol{p})\| = 1$ für alle $\boldsymbol{p} \in S$ gilt.

Auch für Einheitsnormalenfelder gibt es aber unendlich viele Möglichkeiten, weil man jeden Vektor $N(\boldsymbol{p})$ durch $-N(\boldsymbol{p})$ ersetzen kann. Hat man jedoch ein

[1] Vielleicht entsinnen Sie sich aus der linearen Algebra an die *hessesche Normalenform.* Sie wird z.B. in Kapitel 31 von [Wei18] vorgestellt.

E. Weitz, *Elementare Differentialgeometrie (nicht nur) für Informatiker*,
https://doi.org/10.1007/978-3-662-60463-2_13

Flächenstück $\boldsymbol{f}$ für S zur Verfügung, so kann man eindeutig das Standardeinheitsnormalenfeld für $\boldsymbol{f}$ definieren, für das wir $N_{\boldsymbol{f}}$ schreiben werden:

$$N_{\boldsymbol{f}}(u,v) = \frac{\boldsymbol{f}_u(u,v) \times \boldsymbol{f}_v(u,v)}{\|\boldsymbol{f}_u(u,v) \times \boldsymbol{f}_v(u,v)\|}$$

Als erstes Beispiel nehmen wir uns die „Nordhalbkugel" vor, für die wir in (11.3) schon $\boldsymbol{f}_u$ und $\boldsymbol{f}_v$ ausgerechnet hatten. Es ergibt sich (rechnen Sie nach!)

$$\boldsymbol{f}_u(u,v) \times \boldsymbol{f}_v(u,v) = \frac{1}{\sqrt{1-u^2-v^2}} \cdot \boldsymbol{f}(u,v)$$

und damit $N_{\boldsymbol{f}}(u,v) = \boldsymbol{f}(u,v)$. Für die anderen fünf Flächenstücke kommt man auf entsprechende Ergebnisse. In Abbildung 13.1 ist ein Teil des Standardeinheitsnormalenfeldes dargestellt. Die Konvention ist, dass man die Vektoren im entsprechenden Punkt der Fläche ansetzt, also dort, wo man sich auch die Tangentialebene vorstellt.

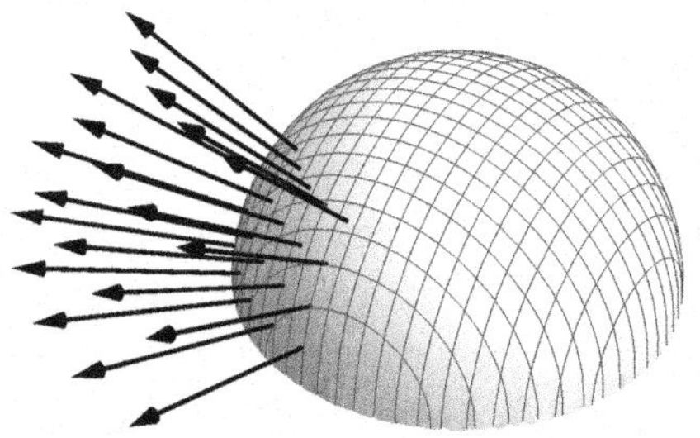

Abbildung 13.1

Aufgabe 147: Berechnen Sie das Standardeinheitsnormalenfeld für das in (10.1) definierte Flächenstück.

Besonders interessant ist in diesem Zusammenhang die Fläche, die man Möbiusband nennt.[2] Man erhält sie zum Beispiel, wenn man den Mittelpunkt eines Stabes der Länge 1 um den Einheitskreis in der x-y-Ebene laufen lässt, während der Stab selbst sich dabei um die Tangente dieser Drehbewegung herum dreht. Während der Mittelpunkt den Kreis einmal komplett umfährt, soll der Stab nur eine halbe Drehung (um 180°) machen.

[2] Sie ist benannt nach August Ferdinand Möbius, der u.a. auch die in der Computergrafik weit verbreiteten homogenen Koordinaten (siehe Projekt P2) einführte. Das Möbiusband könnte aber auch *Listingband* heißen, weil zur gleichen Zeit Johann Benedict Listing dieselbe Idee hatte.

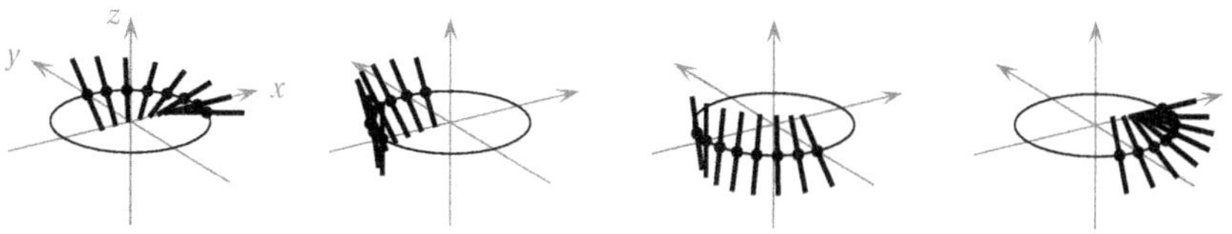

Ist also φ der momentane Ortswinkel der Drehung des Mittelpunkts (wobei φ wie üblich von 0 bis 2π läuft), so soll der Anstellwinkel des Stabes zur x-y-Ebene zu diesem Zeitpunkt $\varphi/2$ sein.

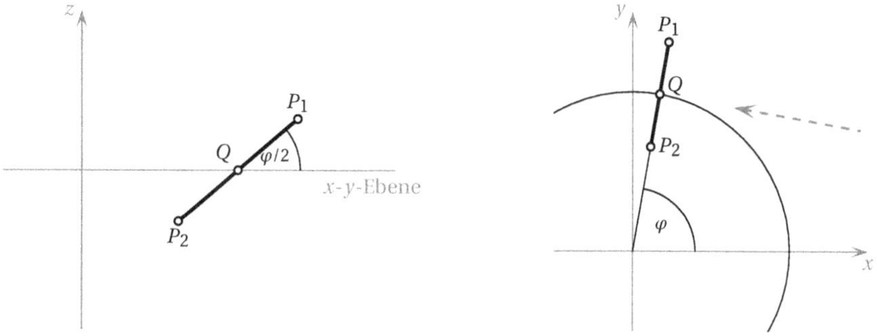

Abbildung 13.2

In Abbildung 13.2 ist Q der Mittelpunkt des Stabes und hat deshalb die Koordinaten $(\cos\varphi, \sin\varphi, 0)$. Betrachtet man den Stab von der Seite, während man „auf der x-y-Ebene steht",[3] so sieht man die in der Skizze links dargestellte Situation. Das obere Ende P_1 des Stabes muss die z-Koordinate $0.5 \cdot \sin\varphi/2$ haben (weil die Strecke von Q nach P_1 die Länge 0.5 hat). Die z-Koordinate des unteren Endes P_2 ist natürlich derselbe Wert mit negativem Vorzeichen.

Ferner sieht man, dass die Projektionen von P_1 und P_2 auf die x-y-Ebene den Abstand $d = 0.5 \cdot \cos\varphi/2$ von Q haben. Schaut man nun von oben auf diese Ebene (rechter Teil der Skizze), so kann man mittels d und φ die x- und y-Koordinaten von P_1 und P_2 ablesen. Eine Parametrisierung, die auch die Punkte zwischen P_1 und P_2 in Betracht zieht, könnte also so aussehen:

$$f^1 : \begin{cases} (-0.5, 0.5) \times (0, 2\pi) \to \mathbb{R}^3 \\ (t, \varphi) \mapsto \begin{pmatrix} (1 + t\cos\varphi/2)\cos\varphi \\ (1 + t\cos\varphi/2)\sin\varphi \\ t\sin\varphi/2 \end{pmatrix} \end{cases}$$

Aufgabe 148: Lassen Sie sich die Fläche mit P5.JS oder mit GEOGEBRA zeichnen.

[3] In der rechten Skizze ist die Blickrichtung eingezeichnet.

Aufgabe 149: Das obige Flächenstück hat den Index 1, weil es alleine nicht ausreicht, das gesamte Möbiusband abzudecken. Welcher Teil fehlt? Geben Sie ein zweites Flächenstück $\boldsymbol{f}^2$ an, das zusammen mit dem ersten einen Atlas für die gesamte Fläche bildet.

Wir berechnen nun für das Flächenstück $\boldsymbol{f}^1$ des Möbiusbandes die Werte des Einheitsnormalenfeldes an den Stellen $(t,\varphi) = (0,0)$ und $(t,\varphi) = (0,2\pi)$:[4]

$$\boldsymbol{f}_t^1(t,\varphi) = \begin{pmatrix} \cos\varphi/2 \cdot \cos\varphi \\ \cos\varphi/2 \cdot \sin\varphi \\ \sin\varphi/2 \end{pmatrix}$$

$$\boldsymbol{f}_\varphi^1(t,\varphi) = \begin{pmatrix} -0.5t \cdot \sin\varphi/2 \cdot \cos\varphi - (1 + t\cos\varphi/2)\sin\varphi \\ -0.5t \cdot \sin\varphi/2 \cdot \sin\varphi + (1 + t\cos\varphi/2)\cos\varphi \\ 0.5t \cdot \cos\varphi/2 \end{pmatrix}$$

$$\begin{aligned} \boldsymbol{f}_t^1(0,0) &= (1,0,0) \\ \boldsymbol{f}_\varphi^1(0,0) &= (0,1,0) \\ N_{\boldsymbol{f}^1}(0,0) &= (0,0,1) \\ \boldsymbol{f}_t^1(0,2\pi) &= (-1,0,0) \\ \boldsymbol{f}_\varphi^1(0,2\pi) &= (0,1,0) \\ N_{\boldsymbol{f}^1}(0,2\pi) &= (0,0,-1) \end{aligned}$$

Überraschenderweise kommen hier zwei Vektoren heraus, die in entgegengesetzte Richtung zeigen, obwohl es um denselben Punkt auf der Fläche geht. Und man kann zeigen, dass dies kein Problem der spezifischen Parametrisierung ist: Es ist nicht möglich, auf dem Möbiusband ein Einheitsnormalenfeld zu definieren, das stetig ist, das also nicht wie hier auf einmal von der einen Seite auf die andere springt.

Wobei die Ironie dieser Formulierung ist, dass Flächen wie das Möbiusband gerade deshalb dieses seltsame Verhalten zeigen, weil sie nur eine „Seite“ haben. Wenn Sie auf einer Zylinderoberfläche entlanggehen, bis Sie wieder am Ausgangspunkt sind, dann haben Sie im gewissen Sinne die Hälfte des Zylinders gar nicht gesehen, nämlich die andere Seite. Würden Sie hingegen auf dem Möbiusband entlangspazieren, so wären Sie nach einer Umrundung scheinbar auf der „Unterseite“ des Startpunktes angelangt. Nach einer *zweiten* Umrundung wäre Sie aber wieder da, wo Sie losgelaufen sind. Und Sie hätten im Gegensatz zur Tour auf dem Zylinder auch nichts „verpasst“.

[4] Diese beiden Stellen gehören zwar nicht mehr zum Definitionsbereich, aber für Werte in der Nähe werden wir aus Stetigkeitsgründen sehr ähnliche Ergebnisse erhalten. An den ausgewählten Stellen ist die Rechnung jedoch besonders einfach.

Flächen, für die man ein stetiges Einheitsnormalenfeld angeben kann, nennt man **orientierbar**. Bis auf das Möbiusband sind alle Flächen, mit denen wir es bisher zu tun hatten, orientierbar. Und auch im Rest des Buches werden wir uns nur mit solchen Flächen beschäftigen, auch wenn das vielleicht nicht jedesmal explizit erwähnt werden wird.

Projekte

Projekt P24: Erweitern Sie den Code von Projekt P21 um die Fähigkeit, am Ort des roten Punktes auch noch den zugehörigen Vektor des Standardeinheitsnormalenfeldes anzuzeigen. Wenn Sie das besagte Projekt bearbeitet haben, haben Sie den größten Teil der Arbeit bereits erledigt.

14 Diffeomorphismen und Isometrien

> Geometry is no longer a precursor of physics. Geometry *is* physics and thus of cosmic importance.
>
> Cornelius Lanczos

In diesem Kapitel wollen wir einen adäquaten Begriff dafür einführen, inwieweit man eine Fläche „verformen“ kann, ohne ihre innere Geometrie zu ändern. Wir wollen also ausdrücken können, wann zwei Flächen in Bezug auf ihre innere Geometrie äquivalent sind.

Im Kapitel 9 haben wir über das Differenzieren von Abbildungen mit mehreren Veränderlichen gesprochen. Ist damit auch klar, was mit einer glatten Abbildung von einer Fläche auf eine andere gemeint sein soll? Zunächst mal nicht, weil die Ableitung einer Funktion nur definiert ist für Funktionen, deren Definitionsbereiche offene Teilmengen von $\mathbb{R}^n$ sind. Flächen sind aber keine offenen Teilmengen von $\mathbb{R}^3$.

Anmerkung: Das hat topologische Gründe und ich kann das hier nur informell begründen. Wenn S eine Fläche ist, dann kann man sich einen Punkt $\boldsymbol{p}$ aus S und dazu eine offene Menge $V \subseteq \mathbb{R}^3$ herausgreifen, so dass $S \cap V$ Spur eines Flächenstücks $\boldsymbol{f}$ ist. Wenn S nun eine offene Menge in $\mathbb{R}^3$ wäre, dann wäre auch $S \cap V$ offen. O.B.d.A. können wir davon ausgehen, dass $S \cap V$ eine offene Kugel um $\boldsymbol{p}$ ist. In diese Kugel legen wir eine einfach geschlossene Raumkurve $\boldsymbol{\alpha}$, deren Spur den Punkt $\boldsymbol{p}$ nicht enthält. Das Urbild dieser Raumkurve ist eine einfach geschlossene ebene Kurve $\boldsymbol{\delta}$ im Definitionsbereich U von $\boldsymbol{f}$, die $\boldsymbol{q} = \boldsymbol{f}^{-1}(\boldsymbol{p})$ nicht trifft. In U kann man jedoch nun einen Punkt $\boldsymbol{r}$ finden, so dass $\boldsymbol{r}$ und $\boldsymbol{q}$ sich nicht durch eine ebene Kurve in U verbinden lassen, die die Spur von $\boldsymbol{\delta}$ nicht schneidet. Aber $\boldsymbol{f}(\boldsymbol{r})$ und $\boldsymbol{p} = \boldsymbol{f}(\boldsymbol{q})$ lassen sich sicher

E. Weitz, *Elementare Differentialgeometrie (nicht nur) für Informatiker*,
https://doi.org/10.1007/978-3-662-60463-2_14

durch eine Raumkurve $\boldsymbol{\beta}$ in $S \cap V$ verbinden, die die Spur von $\boldsymbol{\alpha}$ nicht schneidet. Das Urbild von $\boldsymbol{\beta}$ steht dann im Widerspruch zur Wahl von $\boldsymbol{r}$.

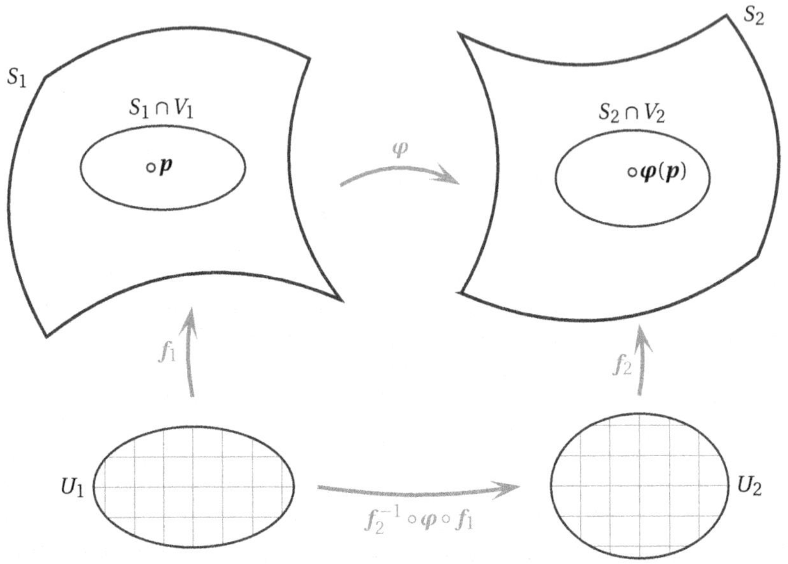

Abbildung 14.1

Seien also S_1 und S_2 reguläre Flächen und sei $\boldsymbol{\varphi}$ eine Abbildung von S_1 nach S_2. Man behilft sich nun damit, dass man nicht direkt mit S_1 und S_2, sondern mit den krummlinigen Koordinaten arbeitet: Zu einem Punkt $\boldsymbol{p}$ aus S_1 greift man sich lokale Parametrisierungen $(U_1, \boldsymbol{f}_1, V_1)$ von $\boldsymbol{p}$ sowie $(U_2, \boldsymbol{f}_2, V_2)$ von $\boldsymbol{\varphi}(\boldsymbol{p})$ heraus und nennt $\boldsymbol{\varphi}$ differenzierbar in $\boldsymbol{p}$, wenn die durch $\boldsymbol{f}_2^{-1} \circ \boldsymbol{\varphi} \circ \boldsymbol{f}_1$ definierte Funktion $\boldsymbol{\varphi}^*$ (siehe Abbildung 14.1) an der Stelle $\boldsymbol{f}_1^{-1}(\boldsymbol{p})$ differenzierbar ist. $\boldsymbol{\varphi}^*$ bildet von einer offenen Teilmenge von $\mathbb{R}^2$ (nämlich von U_1) nach $U_2 \subseteq \mathbb{R}^2$ ab und daher kann man hier sinnvoll von Differenzierbarkeit sprechen. Wie üblich sagt man nun auch, dass $\boldsymbol{\varphi}$ differenzierbar ist, wenn $\boldsymbol{\varphi}$ in jedem Punkt von S_1 differenzierbar ist. Analog wird über den „Umweg" $\boldsymbol{\varphi}^*$ definiert, was es bedeuten soll, dass $\boldsymbol{\varphi}$ glatt ist.

Aufgabe 150: Bevor Sie weiterlesen: Was muss man überprüfen, damit die Definition auch sinnvoll ist? Erinnern Sie sich, was wir in Kapitel 11 über Existenz und Eindeutigkeit gesagt hatten!

Aus der Definition geht zunächst einmal nicht hervor, ob man nicht je nach Wahl der lokalen Parametrisierungen unterschiedliche Aussagen über die Differenzierbarkeit erhält. Man kann aber zum Glück beweisen, dass dies nicht der Fall ist. Das heißt im Umkehrschluss, dass man sich die jeweils günstigste Parametrisierung aussuchen kann.

Als Beispiel betrachten wir die unendliche Fläche $S_1 = \{0\} \times \mathbb{R} \times (-1,1)$ und den Zylinder $S_2 = S^1 \times (-1,1)$, wobei $S^1 = \{(x,y) \in \mathbb{R}^2 : x^2 + y^2 = 1\}$ der Einheitskreis sein soll. Durch die folgende Abbildung „wickeln" wir S_1 unendlich oft um den Zylinder herum:

$$\boldsymbol{\psi} : \begin{cases} S_1 \to S_2 \\ (0,y,z) \mapsto (\cos y, \sin y, z) \end{cases}$$

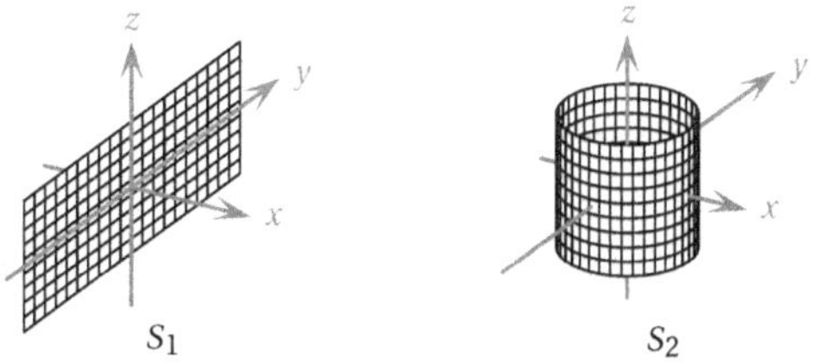

Wir wollen in diesem Fall tatsächlich mal ausrechnen, wie man $\boldsymbol{\psi}$ in krummlinigen Koordinaten ausdrücken würde. Für S_1 ist offenbar jede der Abbildungen

$$\boldsymbol{f}^{(a,b)} : \begin{cases} (a,b) \times (-1,1) \to \mathbb{R}^3 \\ (u,v) \mapsto (0,u,v) \end{cases}$$

mit $a < b$ eine lokale Parametrisierung. Für S_2 wählen wir zwei Parametrisierungen $\boldsymbol{g}_1$ und $\boldsymbol{g}_2$ der Form $(u,v) \mapsto (\cos u, \sin u, v)$, die sich nur durch ihren Definitionsbereich unterscheiden. Im ersten Fall ist es $(0,2\pi) \times (-1,1)$ und im zweiten $(-\pi,\pi) \times (-1,1)$.

Wir zeigen für einen Punkt $\boldsymbol{p} = (0,y,z)$, dass $\boldsymbol{\psi}$ in $\boldsymbol{p}$ glatt ist. Dabei setzen wir o.B.d.A. voraus, dass y kein ganzzahliges Vielfaches von 2π ist, und wählen das $k \in \mathbb{Z}$ mit $y \in I = (2k\pi, 2(k+1)\pi)$. Man sieht, dass $\boldsymbol{g}_1^{-1} \circ \boldsymbol{\psi} \circ \boldsymbol{f}^I$ die Funktion $(u,v) \mapsto (u - 2k\pi, v)$ ist, die offenbar glatt ist.

Aufgabe 151: Was ändert sich, wenn $y = 2k\pi$ für ein $k \in \mathbb{Z}$ gilt?

IM ALLGEMEINEN IST MAN JEDOCH an Abbildungen interessiert, die noch weitere Anforderungen erfüllen. Eine glatte Abbildung von einer regulären Fläche S_1 auf eine reguläre Fläche S_2 wird Diffeomorphismus genannt, wenn sie bijektiv und ihre Umkehrabbildung ebenfalls glatt ist. Man sagt dann auch, dass die Flächen S_1 und S_2 diffeomorph sind.

Bevor wir einen weiteren wichtigen Begriff definieren, wollen wir uns ein paar Beispiele anschauen. Dabei verwenden wir ohne Beweis zwei hilfreiche Eigenschaften, die uns in vielen Fällen den Umweg über die krummlinigen Koordinaten ersparen können. Wir gehen jeweils von einer (im konventionellen Sinne) glatten Abbildung $\boldsymbol{\varphi}$ von einer offenen Menge $U \subseteq \mathbb{R}^3$ nach $\mathbb{R}^3$ und einer regulären Fläche $S_1 \subseteq U$ aus. Es gilt:

(i) Gibt es eine reguläre Fläche S_2 mit $\boldsymbol{\varphi}[S_1] \subseteq S_2$, so ist die Einschränkung $\boldsymbol{\varphi} \upharpoonright S_1$ von $\boldsymbol{\varphi}$ auf S_1 eine glatte Abbildung (im Sinne der obigen Definition) von S_1 auf S_2.

(ii) Ist die Jacobi-Matrix von $\boldsymbol{\varphi}$ auf ganz S_1 regulär, so ist $\boldsymbol{\varphi}[S_1]$ eine reguläre Fläche. (Das ist eine Konsequenz des Satzes von der Umkehrabbildung.)

Eine ganze Klasse von Beispielen erhalten wir durch *affine Transformationen*:[1] Sei $\boldsymbol{M}$ eine reguläre Matrix und $\boldsymbol{v}_0$ ein fest gewählter Vektor. Durch die Vorschrift $\boldsymbol{\varphi}(\boldsymbol{v}) = \boldsymbol{M}\boldsymbol{v} + \boldsymbol{v}_0$ wird eine auf ganz $\mathbb{R}^3$ glatte Funktion definiert, deren Umkehrfunktion die Form $\boldsymbol{v} \mapsto \boldsymbol{M}^{-1}(\boldsymbol{v} - \boldsymbol{v}_0)$ hat und ebenfalls glatt ist. Die Jacobi-Matrix von $\boldsymbol{\varphi}$ ist einfach $\boldsymbol{M}$ und damit sind die Voraussetzungen von eben erfüllt. Für jede reguläre Fläche S ist also $\boldsymbol{\varphi}[S]$ eine zu S diffeomorphe reguläre Fläche.

Ist etwa $\boldsymbol{M}$ die Einheitsmatrix, so ist $\boldsymbol{\varphi}$ einfach eine Verschiebung (*Translation*) um den Vektor $\boldsymbol{v}_0$. Ist umgekehrt $\boldsymbol{v}_0$ der Nullvektor, so erhält man durch geeignete Wahl von $\boldsymbol{M}$ z.B. Drehungen, Spiegelungen oder Scherungen.

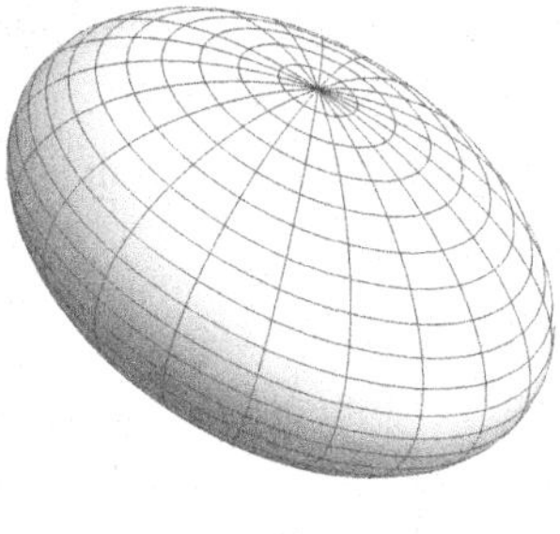

Abbildung 14.2

Aufgabe 152: Geben Sie eine affine Transformation an, die demonstriert, dass die Oberfläche S^2 der Einheitskugel und die folgende Fläche diffeomorph sind:

$$K = \{\boldsymbol{p} \in \mathbb{R}^3 : \|\boldsymbol{p} - \boldsymbol{q}\| = 2\}$$

Dabei soll $\boldsymbol{q}$ ein fest gewählter Punkt des Raums $\mathbb{R}^3$ sein.

[1] Falls Sie den Begriff schon kennen: In diesem Buch meine ich mit affinen *Transformationen* immer affine *Abbildungen*, die bijektiv sind.

Aufgabe 153: $\boldsymbol{\psi}$ sei die Abbildung, die jeden Punkt von S^2 auf seinen *antipodalen Punkt* abbildet, also auf den, der ihm diametral gegenüber liegt.[2] Begründen Sie, dass $\boldsymbol{\psi}$ ein Diffeomorphismus von S^2 auf sich selbst ist.

Aufgabe 154: Ein Ellipsoid (siehe Abbildung 14.2) ist eine Verallgemeinerung der Kugeloberfläche. Man erhält ein Ellipsoid z.B. so, wenn a, b und c positive reelle Zahlen sind:

$$E = \{(x, y, z) \in \mathbb{R}^3 : (x/a)^2 + (y/b)^2 + (z/c)^2 = 1\}$$

Für welche Tripel (a, b, c) ist E eine Kugeloberfläche? Begründen Sie, dass E immer diffeomorph zu S^2 ist.

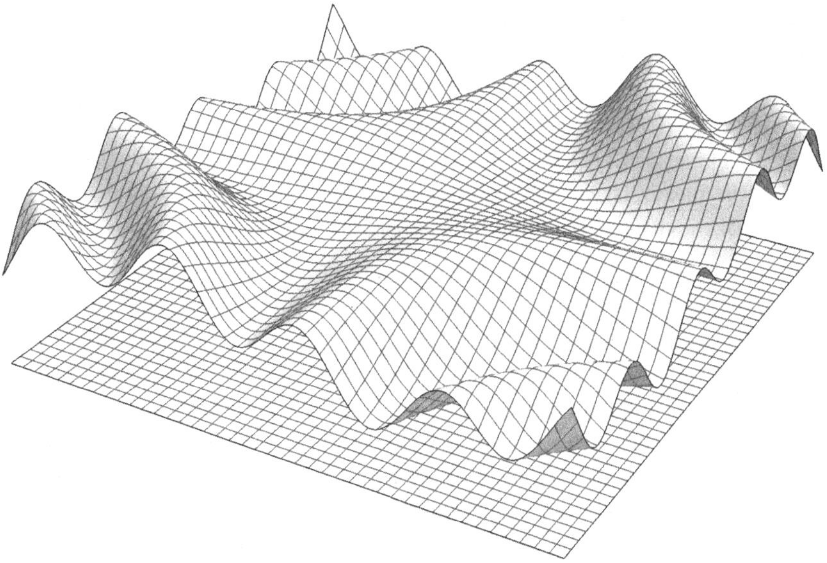

Abbildung 14.3

Schließlich wollen wir uns noch ein Beispiel ansehen, in dem es nicht um affine Transformationen geht. Dazu sei f eine glatte Abbildung einer offenen Menge $U \subseteq \mathbb{R}^2$ nach $\mathbb{R}$ und S_1 der zugehörige *Monge patch* (siehe Aufgabe 116). S_2 sei der durch $U \times \{0\}$ gegebene Teil der x-y-Ebene.[3] S_1 und S_2 sind dann diffeomorph und der Diffeomorphismus $\boldsymbol{\varphi} : S_1 \to S_2$ sowie die zugehörige Umkehrabbildung sehen folgendermaßen aus:

$$\boldsymbol{\varphi}(x, y, z) = (x, y, 0)$$

[2] Wäre S^2 die Erdoberfläche, so würde der Nordpol auf den Südpol abgebildet werden. Der antipodale Punkt zu Hamburg liegt irgendwo im Südpazifik, fast 1000 Kilometer von Neuseeland entfernt.

[3] Stellen Sie sich, damit das ganze anschaulich bleibt, vor, dass U ein Rechteck oder zumindest eine zusammenhängende Menge ist.

$$\boldsymbol{\varphi}^{-1}(x,y,z) = (x,y,f(x,y))$$

Da $\boldsymbol{\varphi}$ offenbar auf ganz $\mathbb{R}^3$ glatt ist und $\boldsymbol{\varphi}^{-1}$ zumindest auf der offenen Menge $U \times \mathbb{R}$, folgt sofort, dass $\boldsymbol{\varphi}$ tatsächlich ein Diffeomorphismus ist.

Man kann sich $\boldsymbol{\varphi}$ als die Abbildung vorstellen, die den Graphen von f auf seinen (in der x-y-Ebene liegenden) Definitionsbereich projiziert – siehe Abbildung 14.3.

Anmerkung: Diese Überlegung lässt sich übrigens noch erweitern: Man kann zeigen, dass reguläre Flächenstücke grundsätzlich immer Diffeomorphismen sind (obwohl in der Definition nur gefordert wird, dass sie Homöomorphismen sind). Das bedeutet, dass reguläre Flächen zumindest *lokal* immer diffeomorph zu einem Teil der Ebene sind. (Die Regularität ist dafür allerdings eine notwendige Voraussetzung. Das Flächenstück in Aufgabe 134 ist z.B. kein Diffeomorphismus.)

Anmerkung: In unserem ersten Beispiel hatten wir einen unendlich langen Streifen der y-z-Ebene glatt um einen Zylinder herumgewickelt. Diese Abbildung war natürlich nicht injektiv. Ist es möglich ein endliches Stück eines solchen Streifens, also ein Rechteck, durch einen Diffeomorphismus auf den Zylinder abzubilden?

Die Antwort ist nein. Und auch hier kann ich nur eine anschauliche topologische[4] Begründung liefern. In einem Rechteck kann man jede einfach geschlossene Kurve stetig zu einem einzigen Punkt zusammenziehen. Damit ist gemeint, dass die Ausgangskurve, alle „Zwischenkurven" und der finale Punkt komplett im Rechteck liegen. (Mathematisch präzise kann man das mit *Homotopien* beschreiben; das sind Verallgemeinerungen der in Kapitel 8 erwähnten Isotopien.) Auf einem Zylinder gibt es aber geschlossene Kurven, die einmal um den Zylinder herumführen und die man daher nicht stetig zu einem Punkt zusammenziehen kann, ohne die Zylinderoberfläche zu verlassen.

Aufgabe 155: Es ist allerdings möglich, einen Diffeomorphismus zwischen einer Zylinderoberfläche und einem Rechteck mit einem „Loch" anzugeben. Fällt Ihnen dazu eine Abbildung ein?

Wir hatten am Anfang des Kapitels vom Erhalten der inneren Geometrie gesprochen. Glatte Abbildungen sind eine wichtige Voraussetzung dafür (sie erhalten die differenzierbare Struktur, ohne die wir gar keine Differentialgeometrie betreiben können), aber sie bewahren nicht die metrischen Verhältnisse.

Ein einfaches Beispiel dafür haben wir in Aufgabe 152 gesehen. Der Abstand (siehe Kapitel 12) von Nord- und Südpol ist in S_2 natürlich π. Nennen wir die beiden Pole $\boldsymbol{p}_1$ und $\boldsymbol{p}_2$ und den Diffeomorphismus $\boldsymbol{\varphi}$, so ist der Abstand von

[4] Mit anderen Worten: Nicht einmal ein *Homöomorphismus* zwischen einem Zylinder und einem Rechteck kann existieren.

$\boldsymbol{\varphi}(\boldsymbol{p}_1)$ und $\boldsymbol{\varphi}(\boldsymbol{p}_2)$ aber offensichtlich 2π. Kann man eine Fläche so auf eine andere abbilden, dass sowohl die differenzierbare Struktur als auch grundlegende geometrische Beziehungen wie z.B. Abstände erhalten bleiben?

Vielleicht kennen Sie aus der linearen Algebra noch den Begriff der *Isometrie*. Formuliert man das speziell für den dreidimensionalen Raum, so sind damit Abbildungen von $\mathbb{R}^3$ nach $\mathbb{R}^3$ gemeint, die Abstände zwischen Punkten bewahren. $\boldsymbol{\varphi}$ ist also eine Isometrie in diesem Sinne, wenn

$$d(\boldsymbol{\varphi}(\boldsymbol{x}), \boldsymbol{\varphi}(\boldsymbol{y})) = d(\boldsymbol{x}, \boldsymbol{y})$$

für alle Punkte $\boldsymbol{x}, \boldsymbol{y} \in \mathbb{R}^3$ gilt. Zur Abgrenzung von dem neuen Begriff, den wir gleich einführen wollen, werden wir solche Funktionen in diesem Buch Isometrien des Raumes nennen.

Dass so eine Abbildung auf ganz $\mathbb{R}^3$ definiert sein muss, ist eine ziemlich starke Forderung, weswegen es auch nur sehr „wenige" Isometrien des Raumes gibt:[5] Isometrien in diesem Sinne lassen sich immer als $\boldsymbol{\varphi}(\boldsymbol{x}) = \boldsymbol{M}\boldsymbol{x} + \boldsymbol{v}_0$ mit einer orthogonalen Matrix $\boldsymbol{M}$ darstellen. Sie bestehen also immer aus einer Drehung bzw. Drehspiegelung, auf die eine Translation folgt. Insbesondere sind solche Isometrien auch dadurch charakterisiert, dass sich durch sie das Skalarprodukt nicht ändert und dass deswegen auch Winkel und Normen erhalten bleiben. (Eine Begründung dafür finden Sie in dem am Rande verlinkten Video.)

Uns geht es aber um Flächen und daher werden wir den Begriff für unsere Zwecke spezifischer definieren: Sind S_1 und S_2 reguläre Flächen und ist $\boldsymbol{\varphi}$ eine glatte Abbildung von S_1 nach S_2, so nennen wir $\boldsymbol{\varphi}$ eine lokale Isometrie, wenn jede Kurve in S_1 durch $\boldsymbol{\varphi}$ auf eine Kurve *derselben Länge* in S_2 abgebildet wird. (Dass $\boldsymbol{\varphi}$ Kurven auf Kurven abbildet, ist klar. Entscheidend ist, dass lokale Isometrien die Längen der Kurven dabei nicht ändern.)

Isometrien des Raumes sind offenbar immer lokale Isometrien. Ein Beispiel dafür haben wir in Aufgabe 153 gesehen. Weitere Beispiele wären beliebige Translationen oder Drehungen. Es wird aber wohl noch interessantere Beispiele geben, sonst würde man kaum einen neuen Begriff definieren...

Um den Begriff der lokalen Isometrie näher untersuchen zu können, brauchen wir zunächst so etwas Ähnliches wie die Ableitung[6] einer glatten Funktion zwischen Flächen. Ich werde das hier nicht formal korrekt einführen, sondern will diese Ableitung nur motivieren. Sei dafür $\boldsymbol{\varphi}$ eine glatte Abbildung der regulären Fläche S_1 auf die reguläre Fläche S_2. Wir betrachten eine in S_1 durch einen Punkt $\boldsymbol{p}$ verlaufende Kurve $\boldsymbol{\alpha} : I \to S_1$. Für $t_0 \in I$ soll $\boldsymbol{\alpha}(t_0) = \boldsymbol{p}$ gelten.

[5] Es gibt unendlich viele, aber sie sind alle vom selben Typ.

[6] Eigentlich entwickeln wir ein Pendant zur sogenannten *Richtungsableitung*.

$\boldsymbol{\varphi}$ macht aus $\boldsymbol{\alpha}$ eine in S_2 verlaufende Kurve $\boldsymbol{\beta} = \boldsymbol{\varphi} \circ \boldsymbol{\alpha}$, die dort durch den Punkt $\boldsymbol{\varphi}(\boldsymbol{p})$ geht, d.h. es gilt $\boldsymbol{\beta}(t_0) = \boldsymbol{\varphi}(\boldsymbol{p})$. Wollen wir nun den Geschwindigkeitsvektor von $\boldsymbol{\beta}$ bei $t = t_0$ berechnen, so geht das folgendermaßen:

$$\boldsymbol{\beta}'(t_0) = \lim_{t \to t_0} \frac{\boldsymbol{\beta}(t) - \boldsymbol{\beta}(t_0)}{t - t_0} = \lim_{t \to t_0} \frac{\boldsymbol{\varphi}(\boldsymbol{\alpha}(t)) - \boldsymbol{\varphi}(\boldsymbol{\alpha}(t_0))}{t - t_0} \tag{14.1}$$

Nun „schummeln“ wir und tun so, als wäre $\boldsymbol{\varphi}$ nicht nur auf S_1, sondern auf einer ganzen offenen Menge um $\boldsymbol{p}$ herum definiert und differenzierbar. Nach Definition der konventionellen Ableitung $D\boldsymbol{\varphi}(p)$ von $\boldsymbol{\varphi}$ an der Stelle $\boldsymbol{p}$ (siehe Kapitel 9) können wir für (14.1) schreiben:[7]

$$\begin{aligned}\boldsymbol{\beta}'(t_0) &= \lim_{t \to t_0} \frac{\boldsymbol{\varphi}(\boldsymbol{\alpha}(t)) - \boldsymbol{\varphi}(\boldsymbol{\alpha}(t_0))}{t - t_0} = \lim_{t \to t_0} \frac{D\boldsymbol{\varphi}(\boldsymbol{p}) \cdot (\boldsymbol{\alpha}(t) - \boldsymbol{\alpha}(t_0))}{t - t_0} \\ &\overset{(*)}{=} \lim_{t \to t_0} D\boldsymbol{\varphi}(\boldsymbol{p}) \cdot \left(\frac{\boldsymbol{\alpha}(t) - \boldsymbol{\alpha}(t_0)}{t - t_0} \right) = D\boldsymbol{\varphi}(\boldsymbol{p}) \cdot \lim_{t \to t_0} \frac{\boldsymbol{\alpha}(t) - \boldsymbol{\alpha}(t_0)}{t - t_0} \\ &= D\boldsymbol{\varphi}(\boldsymbol{p}) \cdot \boldsymbol{\alpha}'(t_0)\end{aligned}$$

$\boldsymbol{\beta}'(t_0)$ entsteht also aus $\boldsymbol{\alpha}'(t_0)$ durch Anwendung der linearen Abbildung, die durch die Matrix $D\boldsymbol{\varphi}(\boldsymbol{p})$ beschrieben wird. Und $\boldsymbol{\alpha}'(t_0)$ und $\boldsymbol{\beta}'(t_0)$ sind Elemente der Tangentialebenen $T_{\boldsymbol{p}}S_1$ bzw. $T_{\boldsymbol{\varphi}(\boldsymbol{p})}S_2$. Außerdem lässt sich, wie wir bereits wissen, jeder Vektor aus $T_{\boldsymbol{p}}S_1$ als Geschwindigkeitsvektor einer entsprechenden Kurve $\boldsymbol{\alpha}$ darstellen.

Auch ohne den „Trick“ mit der (im Allgemeinen nicht existenten) Matrix $D\boldsymbol{\varphi}(\boldsymbol{p})$ kann man nun eine Funktion $D_{\boldsymbol{p}}\boldsymbol{\varphi}$ von $T_{\boldsymbol{p}}S_1$ nach $T_{\boldsymbol{\varphi}(\boldsymbol{p})}S_2$ dadurch definieren, dass sie den Geschwindigkeitsvektoren von Kurven in S_1 an der Stelle $\boldsymbol{p}$ die Geschwindigkeitsvektoren der Bildkurven durch $\boldsymbol{\varphi}$ in S_2 an der Stelle $\boldsymbol{\varphi}(\boldsymbol{p})$ zuordnet – siehe Abbildung 14.4. Diese (lineare) Abbildung wird typischerweise die Ableitung oder das Differential von $\boldsymbol{\varphi}$ an der Stelle $\boldsymbol{p}$ genannt, in abstrakteren Zusammenhängen auch Pushforward.

ZURÜCK ZUR LÄNGE von Kurven, um die es uns ja eigentlich geht. Seien $\boldsymbol{\alpha}$ und $\boldsymbol{\beta}$ Kurven wie oben. Wir haben gerade gesehen, dass immer $\boldsymbol{\beta}'(t) = D_{\boldsymbol{\alpha}(t)}\boldsymbol{\varphi}(\boldsymbol{\alpha}'(t))$ gilt. Berechnen wir nun die Längen von $\boldsymbol{\alpha}$ und $\boldsymbol{\beta}$ mithilfe der ersten Fundamentalform in Form des Skalarproduktes, so erhalten wir:

$$\begin{aligned}L(\boldsymbol{\alpha}) &= \int_I \|\boldsymbol{\alpha}'(t)\| \,\mathrm{d}t = \int_I \sqrt{\langle \boldsymbol{\alpha}'(t), \boldsymbol{\alpha}'(t) \rangle_{\boldsymbol{\alpha}(t),S_1}} \,\mathrm{d}t \\ L(\boldsymbol{\beta}) &= \int_I \|\boldsymbol{\beta}'(t)\| \,\mathrm{d}t = \int_I \sqrt{\langle D_{\boldsymbol{\alpha}(t)}\boldsymbol{\varphi}(\boldsymbol{\alpha}'(t)), D_{\boldsymbol{\alpha}(t)}\boldsymbol{\varphi}(\boldsymbol{\alpha}'(t)) \rangle_{\boldsymbol{\varphi}(\boldsymbol{\alpha}(t)),S_2}} \,\mathrm{d}t\end{aligned}$$

[7] Dabei ist der mit $(*)$ markierte Schritt erlaubt, weil $(t - t_0)^{-1}$ ja nur ein skalarer Faktor ist.

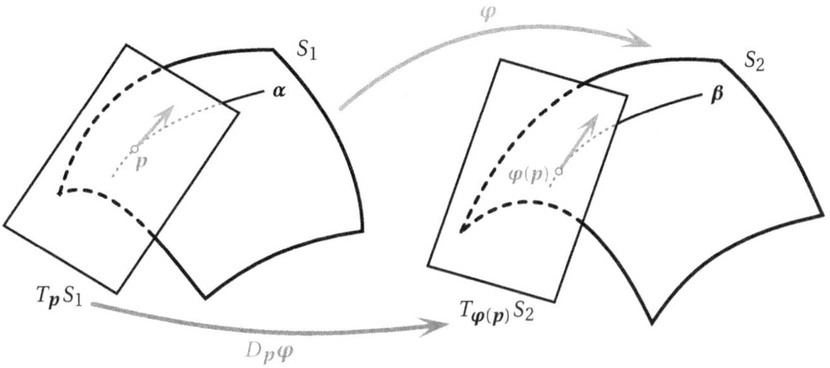

Abbildung 14.4

Man kann sich leicht überlegen, dass diese beiden Kurvenlängen dann und nur dann immer gleich sind, wenn die beiden dort auftretenden Skalarprodukte immer gleich sind, d.h. wenn für alle $\boldsymbol{p} \in S_1$ und für alle $\boldsymbol{v}, \boldsymbol{w} \in T_{\boldsymbol{p}}S_1$ immer

$$\langle \boldsymbol{v}, \boldsymbol{w} \rangle_{\boldsymbol{p},S_1} = \langle D_{\boldsymbol{p}}\boldsymbol{\varphi}(\boldsymbol{v}), D_{\boldsymbol{p}}\boldsymbol{\varphi}(\boldsymbol{w}) \rangle_{\boldsymbol{\varphi}(\boldsymbol{p}),S_2}$$

gilt. Anders ausgedrückt: Lokale Isometrien sind die Funktionen, die die erste Fundamentalform unverändert von einer Fläche auf eine andere transportieren.

Übertragen wir diese Überlegungen auf die traditionelle Darstellung der ersten Fundamentalform, so erhalten wir ein in der Praxis anwendbares Kriterium dafür, ob eine glatte Funktion $\boldsymbol{\varphi} : S_1 \to S_2$ eine lokale Isometrie ist:

- Aus den obigen Überlegungen über das Skalarprodukt kann man folgern, dass eine lokale Isometrie $\boldsymbol{p}$ auch immer ein *lokaler Diffeomorphismus* sein muss, d.h. zu jedem Punkt $\boldsymbol{p}$ aus dem Definitionsbereich von $\boldsymbol{\varphi}$ muss es eine offene Umgebung U geben, für die Einschränkung $\boldsymbol{\varphi} \restriction U$ ein Diffeomorphismus ist.
- Ist nun $\boldsymbol{f} : A \to \mathbb{R}^2$ ein Flächenstück für S_1, so muss deshalb $\boldsymbol{g} = \boldsymbol{\varphi} \circ \boldsymbol{f}$ ein Flächenstück für S_2 sein.
- Für beide kann man die drei Funktionen aus (12.6) berechnen, die wir $E_{\boldsymbol{f}}$, $F_{\boldsymbol{f}}$ und $G_{\boldsymbol{f}}$ bzw. $E_{\boldsymbol{g}}$, $F_{\boldsymbol{g}}$ und $G_{\boldsymbol{g}}$ nennen wollen.
- Man kann zeigen, dass $\boldsymbol{\varphi}$ genau dann eine lokale Isometrie ist, wenn diese Funktionen paarweise gleich sind, wenn also $E_{\boldsymbol{f}}(u,v) = E_{\boldsymbol{g}}(u,v)$ für alle $(u,v) \in A$ gilt und entsprechende Identitäten auch für F und G.

Das war nun ein sehr technischer Abschnitt mit recht komplizierten Schreibweisen, bei denen man schon mal durcheinander kommen kann. (Und dabei sind wir über diverse mathematische Feinheiten sogar nur hinweggehuscht.)

Der Kern dessen, was wir herausgearbeitet haben, lässt sich aber anschaulich klar formulieren: Eine lokale Isometrie sorgt dafür, dass die beiden beteiligten Flächen „im Kleinen" dieselbe innere Geometrie haben. Wenn $\boldsymbol{\varphi}: S_1 \to S_2$ die lokale Isometrie ist, dann sieht für die „Bewohner" von S_1 die Umgebung eines Punktes $\boldsymbol{p}$ genauso aus wie die Umgebung von $\boldsymbol{\varphi}(\boldsymbol{p})$ für die „Bewohner" von S_2.

EIN KONKRETES BEISPIEL, bei dem sich schon angedeutet hat, dass die inneren Geometrien sich nicht unterscheiden: Ein Rechteck $S_1 = (-\pi, 2\pi) \times (-a, a) \times \{0\}$ und ein Zylinder $S^1 \times (-a, a)$ werden für ein $a > 0$ wie folgt *teilweise* parametrisiert:

$$\boldsymbol{f}^1 : \begin{cases} (0, 2\pi) \times (-a, a) \to \mathbb{R}^3 \\ (u, v) \mapsto (u, v, 0) = u \cdot \boldsymbol{e}_1 + v \cdot \boldsymbol{e}_2 \end{cases}$$

$$\boldsymbol{g}^1 : \begin{cases} (0, 2\pi) \times (-a, a) \to \mathbb{R}^3 \\ (u, v) \mapsto (\cos u, \sin u, v) \end{cases}$$

Es ist offensichtlich, dass durch

$$\boldsymbol{\varphi}(x, y, z) = (\cos x, \sin x, y)$$

eine auf ganz $\mathbb{R}^3$ glatte Funktion definiert ist und dass die Einschränkung dieser Funktion auf das Rechteck S_1 als Wertebereich den Zylinder hat. Außerdem sieht man sofort, dass $\boldsymbol{g}^1 = \boldsymbol{\varphi} \circ \boldsymbol{f}^1$ gilt. In Kapitel 12 hatten wir bereits die ersten Fundamentalformen ausgerechnet und gesehen, dass sie identisch sind. Daher ist diese Funktion auch eine lokale Isometrie.

Eine Abbildung von einer regulären Fläche auf eine andere, die sowohl Diffeomorphismus als auch lokale Isometrie ist, nennt man einfach Isometrie. Und wenn es eine Isometrie zwischen zwei Flächen gibt, dann sagt man, dass sie isometrisch sind.

Anmerkung: An dieser Stelle ist vielleicht eine grundsätzliche Anmerkung zu Diffeomorphismen und Isometrien angebracht. Man kann einen Großteil der modernen Mathematik dadurch zusammenfassen, dass man sagt, dass die Mathematiker *Strukturen* untersuchen. Das sind ganz allgemein Mengen von Objekten mit *strukturierenden* Operationen oder Relationen, die die Mengen für das jeweilige Teilgebiet „interessant" machen. Solche Strukturen können z.B. Gruppen, Ringe, Vektorräume oder metrische Räume sein.

In unserem Fall sind die Mengen Kurven bzw. Flächen (die aus der Sicht der abstrakten Differentialgeometrie Beispiele für Mannigfaltigkeiten sind). Diese Mengen haben eine sehr reichhaltige Struktur: Sie haben topologische Eigenschaften (siehe Kapitel 5), man kann auf ihnen Differentialrechnung betreiben und man kann außerdem auf ihnen Messungen durchführen.

Eine zentrale Rolle in solchen strukturellen Untersuchungen spielen immer die sogenannten *Isomorphismen.* Das sind bijektive Abbildungen zwischen zwei Mengen, die so gebaut sind, dass sie die besagte Struktur erhalten. Aus Sicht der jeweiligen Theorie gibt es zwischen den beiden Strukturen dann keinen relevanten Unterschied. Man kann es so interpretieren, dass der Isomorphismus nichts weiter ist als eine Umbenennung der Elemente der Struktur.

Die Isomorphismen der Topologie sind die Homöomorphismen. Zwei topologische Räume, die homöomorph sind, lassen sich mit den Mitteln der Topologie nicht unterscheiden. Die Isomorphismen der sogenannten *Differentialtopologie* sind die Diffeomorphismen. Sie sind insbesondere auch Homöomorphismen, haben aber die zusätzliche Eigenschaft, dass sie die *differenzierbare Struktur* der Mengen, die abgebildet werden, erhalten. Und Isometrien sind nun Diffeomorphismen, die noch eine weitere Eigenschaft haben: Sie erhalten zusätzlich auch die *metrische Struktur,* d.h. sie lassen die innere Geometrie unverändert. Der Fokus auf diese metrische Struktur ist der definierende Unterschied zwischen Differentialtopologie und Differentialgeometrie, um die es ja in diesem Buch geht.

Wir haben uns bereits überlegt, dass es einen Homöomorphismus zwischen einem Rechteck und der Zylinderoberfläche nicht geben kann, also kann es erst recht keine Isometrie geben.

Allerdings erhält man eine Isometrie, wenn man den Zylinder „aufschneidet“, wenn man also statt $S^1 \times (-a, a)$ nur den Wertebereich von $\boldsymbol{g}^1$ betrachtet und statt des obigen Rechtecks S_1 das etwas kleinere $(0, 2\pi) \times (-a, a) \times \{0\}$. Man kann dann wieder $\boldsymbol{\varphi}$ einschränken und erhält offensichtlich eine Bijektion. Der aufgeschnittene Zylinder und ein dazu passendes Rechteck sind also aus der Sicht der Differentialgeometrie *dieselbe* Struktur!

15 Die Krümmung von Flächen

In der Mathematik geht es nicht um Bezeichnungen, sondern um Begriffe.

Carl Friedrich Gauß

Einer der wichtigsten und spannendsten Begriffe in der Theorie der Flächen ist der der *Krümmung*. Wir werden uns diesem Begriff nähern, indem wir eine Analogie zur Krümmung von Kurven entwickeln.

Dafür muss ich zunächst einen Begriff aus der Analysis wiederholen und ihn dann verallgemeinern. Wir entsinnen uns, dass die Ableitung einer Funktion f von $\mathbb{R}$ nach $\mathbb{R}$ in einem Punkt x_0 uns eine *lineare Näherung* der Funktion an dieser Stelle liefert. Man kann das als

$$f(x) = \underbrace{f(x_0) + f'(x_0) \cdot (x - x_0)}_{t(x)} + r(x) \tag{15.1}$$

schreiben. Dabei stellt der Ausdruck rechts vom Gleichheitszeichen eine Gerade t zusammen mit einem sogenannten *Restglied* $r(x)$ dar. Dieses Restglied ist der Fehler, den man durch die Approximation macht, und für $x \to x_0$ geht $r(x)/(x - x_0)$ gegen null.

Letzteres bedeutet, dass die Kurve in einer Umgebung von x_0 zwischen zwei Geraden verlaufen muss, die t umschließen:

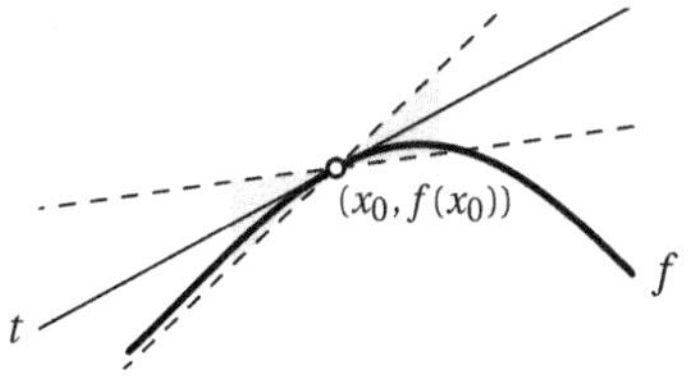

E. Weitz, *Elementare Differentialgeometrie (nicht nur) für Informatiker*,
https://doi.org/10.1007/978-3-662-60463-2_15

Und zwar unabhängig davon, wie eng sich die Geraden an t anschmiegen (solange sie nicht mit t identisch sind). Die Umgebung wird dann höchstens kleiner.[1]

Ist f zweimal differenzierbar, so kann man (15.1) noch verbessern:

$$f(x) = \underbrace{f(x_0) + f'(x_0) \cdot (x - x_0) + 1/2 \cdot f''(x_0) \cdot (x - x_0)^2}_{p(x)} + r(x) \qquad (15.2)$$

p ist jetzt eine Parabel, die sogenannte *Schmiegeparabel.* Der entscheidende Unterschied ist jedoch, dass für das Restglied nun $r(x)/(x - x_0)^2 \to 0$ für $x \to x_0$ gilt. Der Fehler wird, wenn man sich x_0 nähert, viel schneller kleiner als vorher. Die „Fliege" wird in diesem Fall zur Mitte hin quadratisch schmaler statt linear. In der folgenden Skizze sieht man eine vergrößerte Ansicht des vorher dargestellten Kurvenstücks:

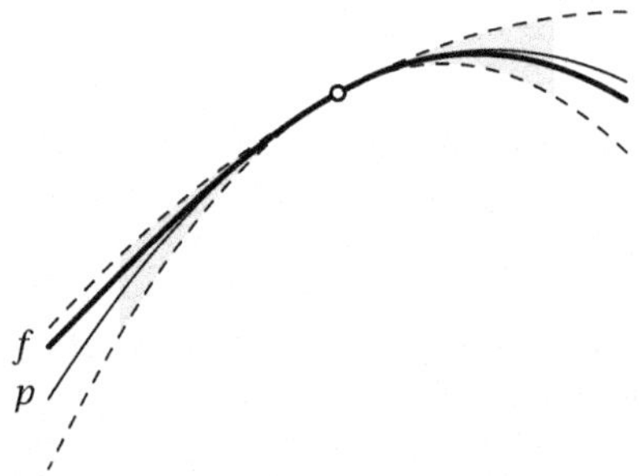

Aufgabe 156: Wieso ist in diesem Fall quadratisch „besser" als linear?

Man kann (15.2) weiter verbessern, wenn man noch höhere Ableitungen zur Verfügung hat. Man nennt diese Darstellung, bei der es um die Approximation von mehrfach differenzierbaren Funktionen durch Polynome geht, die *Taylor-Formel.*[2]

Aufgabe 157: Wie berechnet man mithilfe des Skalarprodukts die Länge der senkrechten Projektion eines Vektors $\boldsymbol{v}$ auf einen normierten Vektor $\boldsymbol{n}$?

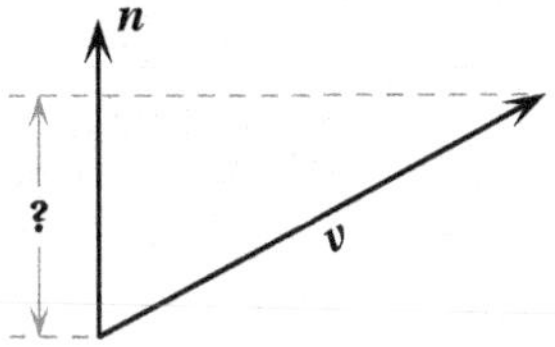

[1] Kommt Ihnen das bekannt vor? Das sind die „Fliegen" aus Kapitel 6.

[2] Mehr dazu in Kapitel 51 von [Wei18].

Für die Behandlung von Kurven und Flächen ist nun die Tatsache relevant, dass die Taylor-Formel sich auf Funktionen mehrerer Variablen übertragen lässt. Für Kurven kann man sie quasi wortwörtlich abschreiben, weil man sie komponentenweise übertragen kann. Ist $\boldsymbol{\alpha} : I \to \mathbb{R}^2$ eine parametrisierte Kurve, so gilt für $t_0 \in I$ nach (15.2):

$$\boldsymbol{\alpha}(t) \approx \boldsymbol{\alpha}(t_0) + (t - t_0) \cdot \boldsymbol{\alpha}'(t_0) + \frac{(t - t_0)^2}{2} \cdot \boldsymbol{\alpha}''(t_0)$$

Das Restglied habe ich hier weggelassen. Wir nehmen das einfach als sehr gute Näherung in der Nähe von t_0. Schreibt man Δt für $t - t_0$, so kann man die obige Formel auch so hinschreiben:

$$\boldsymbol{\alpha}(t_0 + \Delta t) - \boldsymbol{\alpha}(t_0) \approx \Delta t \cdot \boldsymbol{\alpha}'(t_0) + \frac{(\Delta t)^2}{2} \cdot \boldsymbol{\alpha}''(t_0) \tag{15.3}$$

Nun betrachten wir eine nach Bogenlänge parametrisierte Kurve $\boldsymbol{\alpha}$ und erinnern uns, dass wir den *Normalenvektor* $\boldsymbol{n}_{\boldsymbol{\alpha}}(t)$ als normierten Vektor, der senkrecht auf dem Geschwindigkeitsvektor $\boldsymbol{\alpha}'(t)$ steht, definiert hatten. Die *Krümmung* von $\boldsymbol{\alpha}$ im Punkt $\boldsymbol{\alpha}(t_0)$ sollte die Abweichung von der geradlinigen Bewegung $\boldsymbol{\alpha}'(t_0)$ messen, also die Abweichung in Richtung des Normalenvektors. Dafür schauen wir uns an, wo $\boldsymbol{\alpha}(t)$ „etwas später" ist und betrachten den Vektor $\boldsymbol{\alpha}(t_0 + \Delta t) - \boldsymbol{\alpha}(t_0)$:

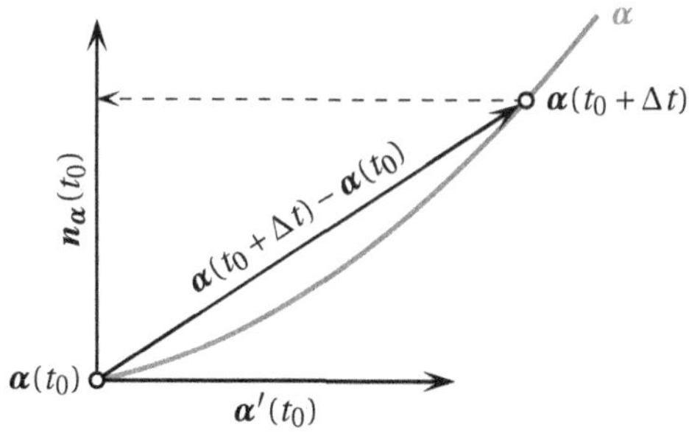

Die Länge der Projektion dieses Vektors auf $\boldsymbol{n}_{\boldsymbol{\alpha}}(t_0)$ (siehe Aufgabe 157) sollte für kleine Δt ein gutes Maß für die gesuchte Abweichung sein. Verwenden wir die Näherung (15.3), so erhält man für diese Länge:[3]

$$\frac{(\Delta t)^2}{2} \cdot \boldsymbol{\alpha}''(t_0) \cdot \boldsymbol{n}_{\boldsymbol{\alpha}}(t_0)$$

Lässt man den nicht von $\boldsymbol{\alpha}$ abhängenden Vorfaktor weg, so ergibt sich genau die Definition von $\kappa_{\boldsymbol{\alpha}}(t_0)$, die wir auch in Kapitel 4 gewählt hatten.

Diese Idee übertragen wir nun auf Flächen. Wir wollen quantifizieren, wie stark sich eine Fläche in einem Punkt von ihrer Tangentialebene (die die Rolle des Geschwindigkeitsvektors übernimmt) wegbewegt und verwenden dafür

[3] Der andere Term fällt weg, weil Geschwindigkeits- und Normalenvektor nach Definition senkrecht aufeinander stehen.

die Taylor-Formel zweiten Grades sowie die Projektion auf den auf der Tangentialebene senkrecht stehenden Standardeinheitsnormalenvektor.

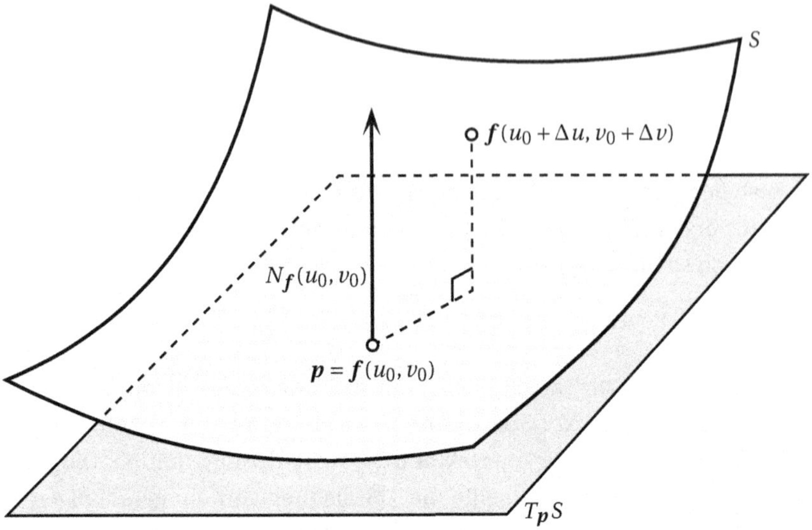

Abbildung 15.1

Dazu gehen wir von einem Flächenstück $\boldsymbol{f}$ aus. Es geht uns um die Krümmung an der Stelle (u_0, v_0) im Definitionsbereich von $\boldsymbol{f}$. Die Taylor-Formel für Funktionen von zwei Variablen (die wir an dieser Stelle einfach glauben) liefert eine zu (15.3) analoge Näherung für einen Punkt in der Nähe von (u_0, v_0) (Abbildung 15.1):

$$\begin{aligned} &\boldsymbol{f}(u_0 + \Delta u, v_0 + \Delta v) - \boldsymbol{f}(u_0, v_0) \\ &\quad \approx \Delta u \cdot \boldsymbol{f}_u + \Delta v \cdot \boldsymbol{f}_v + \tfrac{1}{2} \cdot \left((\Delta u)^2 \cdot \boldsymbol{f}_{uu} + 2 \Delta u \Delta v \cdot \boldsymbol{f}_{uv} + (\Delta v)^2 \cdot \boldsymbol{f}_{vv} \right) \end{aligned} \tag{15.4}$$

Dabei steht z.B. $\boldsymbol{f}_{uv}$ abkürzend für diesen Vektor:

$$\left(\frac{\partial^2 f_1}{\partial v \partial u}, \frac{\partial^2 f_2}{\partial v \partial u}, \frac{\partial^2 f_3}{\partial v \partial u} \right)$$

Außerdem wurden aus Platzgründen in der zweiten Zeile von (15.4) die Argumente (u_0, v_0) überall weggelassen.

Wie bei der Kurve multiplizieren wir nun den Ausdruck (15.4) mit $N_{\boldsymbol{f}}(u_0, v_0)$, um die Länge der Projektion zu ermitteln. Die ersten beiden Terme können wir ignorieren, weil $\boldsymbol{f}_u$ und $\boldsymbol{f}_v$ in der Tangentialebene liegen und damit senkrecht auf dem Vektor $N_{\boldsymbol{f}}(u_0, v_0)$ stehen. Es ergibt sich

$$\tfrac{1}{2} \cdot \left(L(\Delta u)^2 + 2M \Delta u \Delta v + N(\Delta v)^2 \right)$$

mit den folgenden Abkürzungen:

$$L = \boldsymbol{f}_{uu}(u_0, v_0) \cdot N_{\boldsymbol{f}}(u_0, v_0)$$

$$M = \boldsymbol{f}_{uv}(u_0, v_0) \cdot \boldsymbol{N_f}(u_0, v_0)$$
$$N = \boldsymbol{f}_{vv}(u_0, v_0) \cdot \boldsymbol{N_f}(u_0, v_0)$$

Traditionell nennt man den Term

$$L\,\mathrm{d}u^2 + 2M\,\mathrm{d}u\,\mathrm{d}v + N\,\mathrm{d}v^2 \tag{15.5}$$

auch die zweite Fundamentalform von $\boldsymbol{f}$. Wie bei der ersten Fundamentalform ist natürlich zu beachten, dass L, M und N keine Konstanten sind, sondern Funktionen, die von u und v abhängen.

WÄHREND DIE KRÜMMUNG EINER KURVE in einem Punkt *eine* Zahl ist, der wir eine offensichtliche geometrische Bedeutung zuordnen können, ist zu diesem Zeitpunkt noch nicht klar, wie man die *drei* Zahlen L, M und N interpretieren soll. Wir werden aber trotzdem die zweite Fundamentalform für einige Beispiele berechnen. Die Ergebnisse werden wir später noch gebrauchen können.

Wir betrachten wie in Kapitel 14 ein Rechteck und die aufgeschnittene Zylinderoberfläche, die durch die beiden folgenden Flächenstücke komplett parametrisiert werden:

$$\boldsymbol{f} : \begin{cases} (0, 2\pi) \times (-a, a) \to \mathbb{R}^3 \\ (u, v) \mapsto (u, v, 0) = u \cdot \boldsymbol{e}_1 + v \cdot \boldsymbol{e}_2 \end{cases}$$
$$\boldsymbol{g} : \begin{cases} (0, 2\pi) \times (-a, a) \to \mathbb{R}^3 \\ (u, v) \mapsto (\cos u, \sin u, v) \end{cases} \tag{15.6}$$

Wir wissen bereits, dass $\boldsymbol{f}_u$ und $\boldsymbol{f}_v$ konstant sind. Daher sind $\boldsymbol{f}_{uu}$, $\boldsymbol{f}_{uv}$ und $\boldsymbol{f}_{vv}$ konstant $\mathbf{0}$ und es folgt, dass die Funktionen L, M und N überall verschwinden. Obwohl wir noch nicht genau wissen, welche Bedeutung die zweite Fundamentalform hat, scheint das ein sinnvolles Ergebnis zu sein, weil wir sicher sagen würden, dass eine ebene Fläche nicht gekrümmt ist.

Für $\boldsymbol{g}$ erhalten wir:

$$\boldsymbol{g}_u = (-\sin u, \cos u, 0) \qquad \boldsymbol{g}_v = (0,0,1) \qquad \boldsymbol{N_g} = (\cos u, \sin u, 0)$$
$$\boldsymbol{g}_{uu} = (-\cos u, -\sin u, 0) \qquad \boldsymbol{g}_{uv} = (0,0,0) \qquad \boldsymbol{g}_{vv} = (0,0,0)$$
$$L = -1 \qquad M = 0 \qquad N = 0$$

Damit ergibt sich:

Zweite Fundamentalform des Rechtecks: 0
Zweite Fundamentalform des Zylinders: $-\mathrm{d}u^2$

Wir können an dieser Stelle also schon mal festhalten, dass die beiden Flächenstücke dieselbe erste Fundamentalform haben, sich ihre zweite aber unterscheidet. Die zweite Fundamentalform wird somit durch Isometrien *nicht* erhalten!

Aufgabe 158: Wir hätten *denselben* Zylinder aber auch so parametrisieren können:

$$\boldsymbol{h}: \begin{cases} (0, 2\pi) \times (-a, a) \to \mathbb{R}^3 \\ (u, v) \mapsto (\cos u, \sin u, -v) \end{cases}$$

Der einzige Unterschied ist hier das Vorzeichen in der dritten Komponente. Berechnen Sie die zweite Fundamentalform von $\boldsymbol{h}$.

UM NUN ZU VERSTEHEN, welche Bedeutung die zweite Fundamentalform hat, betrachten wir eine in einer regulären Fläche S verlaufende parametrisierte Kurve $\boldsymbol{\gamma}$, die nach Bogenlänge parametrisiert ist. Wir können $\boldsymbol{\gamma}$ als Raumkurve betrachten und erinnern uns, dass wir die Krümmung im Punkt $\boldsymbol{p} = \boldsymbol{\gamma}(t)$ als die Norm von $\boldsymbol{\gamma}''(t)$ definiert hatten.

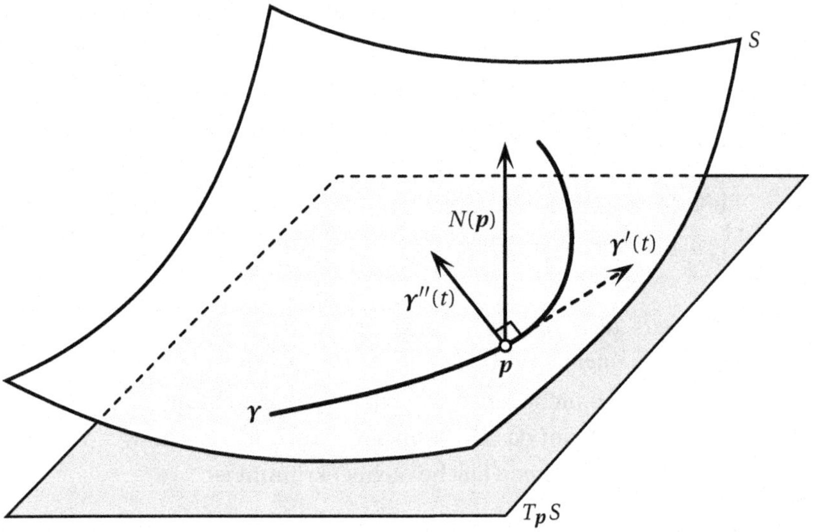

Abbildung 15.2

Diese Krümmung setzt sich aus zwei Teilen zusammen:[4]

- Die Fläche ist gekrümmt und die Kurve muss, weil sie in der Fläche verläuft, diese Krümmung „mitmachen“. Dieser Anteil der Krümmung wird

[4] Präziser: Man kann $\boldsymbol{\gamma}''(t)$ als Summe zweier Vektoren darstellen, die rechtwinklig zueinander und zu $\boldsymbol{\gamma}'(t)$ stehen. Die Normen dieser beiden Vektoren sind die beiden im Folgenden vorgestellten Krümmungen.

uns im vorliegenden Kapitel interessieren. Er wird als Normalkrümmung bezeichnet und wir werden für diesen Wert $\kappa_{\boldsymbol{\gamma},n}(t)$ schreiben. Es handelt sich um die Krümmung der ebenen Kurve, die durch Projektion von $\boldsymbol{\gamma}$ auf die Ebene entsteht, die senkrecht auf $T_{\boldsymbol{p}}S$ steht und in der $\boldsymbol{\gamma}'(t)$ liegt. Siehe dazu Abbildung 15.2.[5]

- Der andere Anteil kann auch von unserer Ameise gemessen werden und ist damit Teil der inneren Geometrie. Er wird als geodätische Krümmung bezeichnet. Mit der werden wir uns in diesem Buch nicht mehr beschäftigen. Es sei aber angemerkt, dass die geodätische Krümmung im Punkt $\boldsymbol{p}$ die Krümmung der ebenen Kurve ist, die man erhält, wenn man $\boldsymbol{\gamma}$ auf die Tangentialebene $T_{\boldsymbol{p}}S$ projiziert.

Ein Extremfall wäre eine Ebene, die selbst gar nicht gekrümmt ist. Bei allen Kurven in dieser Ebene würde ihre Krümmung als Raumkurve der geodätischen Krümmung entsprechen. Der andere Extremfall wäre eine Kurve, die für die Ameise wie eine Gerade aussieht. So eine Kurve hätte, wenn überhaupt, nur Normalkrümmung, die von der Ameise nicht wahrgenommen würde.

Man kann nun zeigen, dass sich die Normalkrümmung wie folgt berechnen lässt: Liegt $\boldsymbol{p}$ in der Spur des Flächenstücks $\boldsymbol{f}: A \to S$ und hat dort die Koordinaten (u, v) und ist $\boldsymbol{\delta}$ eine in A verlaufende ebene parametrisierte Kurve mit $\boldsymbol{\gamma} = \boldsymbol{f} \circ \boldsymbol{\delta}$, so ergibt sich mithilfe der zweiten Fundamentalform (15.5) von $\boldsymbol{f}$:

$$\kappa_{\boldsymbol{\gamma},n}(t) = L \cdot \delta_1'(t)^2 + 2M \cdot \delta_1'(t)\delta_2'(t) + N \cdot \delta_2'(t)^2$$

Rechnen wir ein paar Beispiele durch. Wir beginnen mit (15.6). Weil die zweite Fundamentalform von $\boldsymbol{f}$ null ist, hat *jede* im Rechteck verlaufende und nach Bogenlänge parametrisierte Kurve die Normalkrümmung null. Das entspricht natürlich auch dem, was wir erwartet haben.

Nun betrachten wir zwei Kurven auf dem Zylinder. Die erste sieht – zusammen mit ihrer Darstellung in krummlinigen Koordinaten – so aus:

$$\boldsymbol{\gamma}: \begin{cases} (-a, a) \to \mathbb{R}^3 \\ t \mapsto (-1, 0, t) \end{cases} \qquad \boldsymbol{\delta}: \begin{cases} (-a, a) \to \mathbb{R}^2 \\ t \mapsto (\pi, t) \end{cases}$$

Sowohl die Raumkurve $\boldsymbol{\gamma}$ als auch die ebene Kurve $\boldsymbol{\delta}$ sind gerade Strecken und man rechnet nach, dass $\kappa_{\boldsymbol{\gamma},n}(t) = \delta_1'(t)^2 = 0$ gilt.

Und hier ist die zweite Kurve:

$$\tilde{\boldsymbol{\gamma}}: \begin{cases} (-\pi, \pi) \to \mathbb{R}^3 \\ t \mapsto (\cos t, \sin t, 0) \end{cases} \qquad \tilde{\boldsymbol{\delta}}: \begin{cases} (-\pi, \pi) \to \mathbb{R}^2 \\ t \mapsto (t, 0) \end{cases}$$

[5] Beachten Sie, dass in dieser Skizze $\boldsymbol{\gamma}''(t)$ orthogonal zu $\boldsymbol{\gamma}'(t)$ ist, aber im Gegensatz zu letzterem Vektor nicht notwendig in der Tangentialebene liegt, auch wenn das so aussehen mag.

Als Normalkrümmung ergibt sich in diesem Fall $\kappa_{\tilde{\gamma},n}(t) = -\tilde{\delta}_1'(t)^2 = -1$. Da sich $\boldsymbol{f}$ und $\boldsymbol{g}$ aus der Sicht ihrer „Bewohner" nicht unterscheiden, ist die Normalkrümmung also ganz offenbar etwas, das davon abhängt, wie die Fläche in den Raum eingebettet ist.

WIR SIND ALLERDINGS BISHER implizit davon ausgegangen, dass unsere Ergebnisse unabhängig von der Parametrisierung sind. Das stimmt zwar im Prinzip, aber wir wissen noch nicht, wieso das so ist. Um das auch noch zu verstehen, schauen wir uns einen weiteren Zugang zur Krümmung an. Auch hier werden wir anhand einer Analogie zur Krümmung von Kurven arbeiten. Über die hatten wir nämlich gelernt, dass man sie als Änderungsrate des Winkels relativ zur Bogenlänge, also als Ableitung der Winkelfunktion interpretieren kann. Die Winkelfunktion „verfolgte" den Geschwindigkeitsvektor, aber wir hätten ebenso den Normalenvektor nehmen können, denn der entsteht ja aus dem Geschwindigkeitsvektor durch Drehung um 90 Grad und diese konstante „Phasenverschiebung" verschwindet beim Differenzieren.

Wir hatten in Kapitel 13 vereinbart, dass wir uns nur noch mit orientierbaren Flächen beschäftigen wollen. Zu denen gibt es nach Definition ein stetiges Einheitsnormalenfeld. Das werden wir, wenn die Fläche S heißt, mit $\mathscr{N}_S$ bezeichnen. Man kann sich leicht überlegen, dass $\mathscr{N}_S$ sogar glatt ist.

Aufgabe 159: Sind wir bei der Definition von $\mathscr{N}_S$ mathematisch korrekt vorgegangen oder gibt es Mehrdeutigkeiten?

Da ein Einheitsnormalenvektor nach Definition ein Vektor der Länge eins ist, kann man ihn als Ortsvektor eines Punktes auf der Oberfläche der Einheitskugel interpretieren. In diesem Sinne ist $\mathscr{N}_S$ eine glatte Abbildung zwischen zwei Flächen, nämlich eine von S auf S^2. Obwohl es sich um dieselbe Funktion handelt, verwendet man für diese Interpretation typischerweise eine andere Schreibweise – nämlich $\mathscr{G}_S$ – und nennt sie die Gauß-Abbildung von S.

Nun betrachten wir in einem Punkt $\boldsymbol{p} \in S$ analog zur Situation bei Kurven die Ableitung (im Sinne von Kapitel 14) dieser Abbildung, also $D_{\boldsymbol{p}}\mathscr{G}_S$. Das ist eine Abbildung von $T_{\boldsymbol{p}}S$ nach $T_{\mathscr{G}_S(\boldsymbol{p})}S^2$. Aber wir wissen, dass die Tangentialebene $T_{\mathscr{G}_S(\boldsymbol{p})}S^2$ der Einheitskugel senkrecht auf $\mathscr{G}_S(\boldsymbol{p})$ steht. Und $\mathscr{G}_S(\boldsymbol{p}) = \mathscr{N}_S(\boldsymbol{p})$ ist nichts anderes als ein Normalenvektor für $T_{\boldsymbol{p}}S$. Also sind $T_{\mathscr{G}_S(\boldsymbol{p})}S^2$ und $T_{\boldsymbol{p}}S$ identisch und wir können $D_{\boldsymbol{p}}\mathscr{G}_S$ als Abbildung von $T_{\boldsymbol{p}}S$ auf sich selbst betrachten. Diese Abbildung versieht man nun aus historischen Gründen mit einem negativen Vorzeichen, nennt sie üblicherweise die Weingartenabbildung[6] und notiert sie in der Form $\mathscr{W}_{\boldsymbol{p},S} = -D_{\boldsymbol{p}}\mathscr{G}_S$.

Die Weingartenabbildung ist also die Ableitung der Gauß-Abbildung und sagt damit etwas über das Änderungsverhalten des Standardeinheitsnormalenfeldes aus. Es liegt nahe, dass ein Zusammenhang zur Krümmung besteht, da man eine Stelle, bei der das Normalenfeld starken Änderungen unterliegt, wohl als stark gekrümmt bezeichnen würde. Während jedoch die Ableitung der Winkelfunktion einer Kurve uns eine *Zahl* lieferte, ist die Weingartenabbildung eine *Funktion*. Sie hängt mit der Krümmung folgendermaßen zusammen:

Ist $\boldsymbol{\gamma}$ wie oben eine in der Fläche verlaufende und nach Bogenlänge parametrisierte Kurve, so kann man die Normalkrümmung im Punkt $\boldsymbol{p} = \boldsymbol{\gamma}(t)$ auch folgendermaßen bestimmen:

$$\kappa_{\boldsymbol{\gamma},n}(t) = \langle \boldsymbol{\gamma}'(t), \mathscr{W}_{\boldsymbol{p},S}(\boldsymbol{\gamma}'(t)) \rangle_{\boldsymbol{p},S} \tag{15.7}$$

In der modernen Sichtweise wird daher die Verknüpfung

$$(\boldsymbol{v}, \boldsymbol{w}) \mapsto \langle \boldsymbol{v}, \mathscr{W}_{\boldsymbol{p},S}(\boldsymbol{w}) \rangle_{\boldsymbol{p},S} = \mathrm{II}\langle \boldsymbol{v}, \boldsymbol{w} \rangle_{\boldsymbol{p},S}$$

die zweite Fundamentalform von S genannt.[7] Es ist wie bei der ersten Fundamentalform: Die traditionelle Darstellung ist in der Praxis häufig das Mittel der Wahl, weil man direkt die krummlinigen Koordinaten einsetzen kann. Für die Theorie ist die moderne Form jedoch fruchtbarer. Man kann an ihr u.a. sofort sehen:

- Die Normalkrümmung von $\boldsymbol{\gamma}$ hängt nur von $\boldsymbol{\gamma}$ und nicht von der Parametrisierung ab.
- Alle anderen nach Bogenlänge parametrisierten Kurven in S, die $\boldsymbol{\gamma}$ in $\boldsymbol{p}$ berühren, aber nicht schneiden, haben dort (siehe Kapitel 6) denselben Geschwindigkeitsvektor und daher auch dieselbe Normalkrümmung.
- Die Normalkrümmung ist lediglich bis auf das Vorzeichen eindeutig bestimmt. Siehe dazu Aufgabe 159.

Wir wollen uns zum Schluss noch einmal überzeugen, dass sich durch eine Umparametrisierung tatsächlich das Vorzeichen der Normalkrümmung ändern kann. Dafür setzen wir die anschaulich evidente Tatsache voraus, dass ei-

[6] Benannt nach dem deutschen Mathematiker Julius Weingarten, der im 19. Jahrhundert wesentliche Beiträge zur Flächentheorie leistete.

[7] Es sind verschiedene Schreibweisen gebräuchlich. Die hier gewählte mit II werden wir nur an einigen wenigen Stellen in diesem Buch verwenden. Achtung: [Pre10] verwendet spitze Klammern für die erste und *fette* spitze Klammern für die zweite Fundamentalform. Die kann man aber im Druckbild kaum auseinanderhalten.

ne Kugeloberfläche in jedem Punkt dieselbe Krümmung hat und dass auch alle Großkreise (siehe Kapitel 12) sich gleich verhalten.

Wir wählen zuerst eine Parametrisierung in Kugelkoordinaten:

$$\boldsymbol{f} : \begin{cases} (0, 2\pi) \times (0, \pi) \to \mathbb{R}^3 \\ (u, v) \mapsto (\cos u \cdot \sin v, \sin u \cdot \sin v, \cos v) \end{cases}$$

Einen Teil eines Großkreises erhält man durch das Abgehen eines Längenkreises. Hier ein Beispiel zusammen mit den krummlinigen Koordinaten:

$$\boldsymbol{\gamma} : \begin{cases} (0, \pi) \to \mathbb{R}^3 \\ t \mapsto (0, \sin t, \cos t) \end{cases} \qquad \boldsymbol{\delta} : \begin{cases} (0, \pi) \to \mathbb{R}^2 \\ t \mapsto (\pi/2, t) \end{cases}$$

Wir wissen bereits aus Aufgabe 147, dass $N_{\boldsymbol{f}} = -\boldsymbol{f}$ gilt. Damit erhalten wir

$$\begin{aligned} \boldsymbol{f}_{uu} &= (-\cos u \cdot \sin v, -\sin u \cdot \sin v, 0) \\ \boldsymbol{f}_{uv} &= (-\sin u \cdot \cos v, \cos u \cdot \cos v, 0) \\ \boldsymbol{f}_{vv} &= (-\cos u \cdot \sin v, -\sin u \cdot \sin v, -\cos v) \end{aligned}$$

und $\sin^2 v \, \mathrm{d}u^2 + \mathrm{d}v^2$ als zweite Fundamentalform.

Da die Komponentenfunktionen von $\boldsymbol{\delta}$ die Ableitungen 0 und 1 haben, ist die Normalkrümmung von $\boldsymbol{\gamma}$ also konstant eins.

Wenn wir dasselbe auch mit der Parametrisierung (10.2) machen wollen, haben wir jedoch das Problem, dass wir in diesem Kapitel bisher nur mit nach Bogenlänge parametrisierten Kurven gerechnet haben. Zum Glück hat aber schon mal jemand eine Formel für die Normalkrümmung *beliebiger regulärer* Kurven auf einer Fläche ausgerechnet. Man muss dafür in (15.7) lediglich durch die erste Fundamentalform teilen:

$$\kappa_{\boldsymbol{\gamma},n}(t) = \frac{\mathrm{II}\langle \boldsymbol{\gamma}'(t), \boldsymbol{\gamma}'(t) \rangle_{\boldsymbol{p},S}}{\langle \boldsymbol{\gamma}'(t), \boldsymbol{\gamma}'(t) \rangle_{\boldsymbol{p},S}} \tag{15.8}$$

Aufgabe 160: Verwenden Sie diese Formel, um die Krümmung auf einem Großkreis mithilfe des Flächenstücks (10.2) zu berechnen.

Projekte

Projekt P25: In den Videos zu diesem Kapitel sehen Sie eine interaktive Darstellung der Gauß-Abbildung. Programmieren Sie auch so etwas. Besonders herausfordernd wäre es, wenn man die zu untersuchende Fläche aus verschiedenen Blickwinkeln betrachten könnte, ohne dass sich die Einheitskugel dabei bewegt.

16 Der bemerkenswerte Satz von Gauß

> In mathematics, our freedom lies in the questions we ask – and in how we pursue them – but not in the answers awaiting us.
>
> Steven Strogatz

Als Finale möchte ich noch den wohl wichtigsten Satz der klassischen Flächentheorie vorstellen, der als eine der größten mathematischen Errungenschaften des 19. Jahrhunderts gilt. Wir werden diesen Satz im Rahmen des vorliegenden Buches nicht vollständig beweisen können – Sie werden noch öfter als in anderen Kapiteln einfach glauben müssen, dass das, was ich schreibe, stimmt. Aber ich werde versuchen, zumindest die Aussage des Satzes und seine Bedeutung klarzumachen.

Im letzten Kapitel haben wir gesehen, dass man mithilfe der zweiten Fundamentalform die Normalkrümmungen von Kurven in Flächen berechnen kann. Als „Krümmung" einer Fläche S in einem Punkt $\boldsymbol{p}$ haben wir also nicht wie bei Kurven eine Zahl, sondern unendlich viele. Da die Normalkrümmung aber nur vom Geschwindigkeitsvektor an der Stelle $\boldsymbol{p}$ abhängt, kann man sich zumindest auf sogenannte Normalschnitte konzentrieren. Das ist so gemeint (siehe Abbildung 16.1):

- Man gibt eine Richtung in der Tangentialebene vor, also einen normierten Vektor $\boldsymbol{v} \in T_{\boldsymbol{p}}S$.

- Man betrachtet die von $\boldsymbol{v}$ und einem Normalenvektor N zu $T_{\boldsymbol{p}}S$ aufgespannte Ebene $E_{\boldsymbol{v}}$.

E. Weitz, *Elementare Differentialgeometrie (nicht nur) für Informatiker*,
https://doi.org/10.1007/978-3-662-60463-2_16

- Es ist anschaulich evident und man kann auch formal beweisen,[1] dass der Durchschnitt der Flächen $E_{\boldsymbol{v}}$ und S sich in einer Umgebung von $\boldsymbol{p}$ als parametrisierte Raumkurve darstellen lässt, deren Geschwindigkeitsvektor an der Stelle $\boldsymbol{p}$ gerade $\boldsymbol{v}$ ist.
- Mit anderen Worten: Die Normalkrümmung dieser Kurve im Punkt $\boldsymbol{p}$ hat den Wert $\mathrm{II}\langle \boldsymbol{v}, \boldsymbol{v}\rangle_{\boldsymbol{p},S}$.
- Lässt man $\boldsymbol{v}$ alle möglichen Richtungen durchlaufen, so hat man alle möglichen Normalkrümmungen im Punkt $\boldsymbol{p}$ abgedeckt.

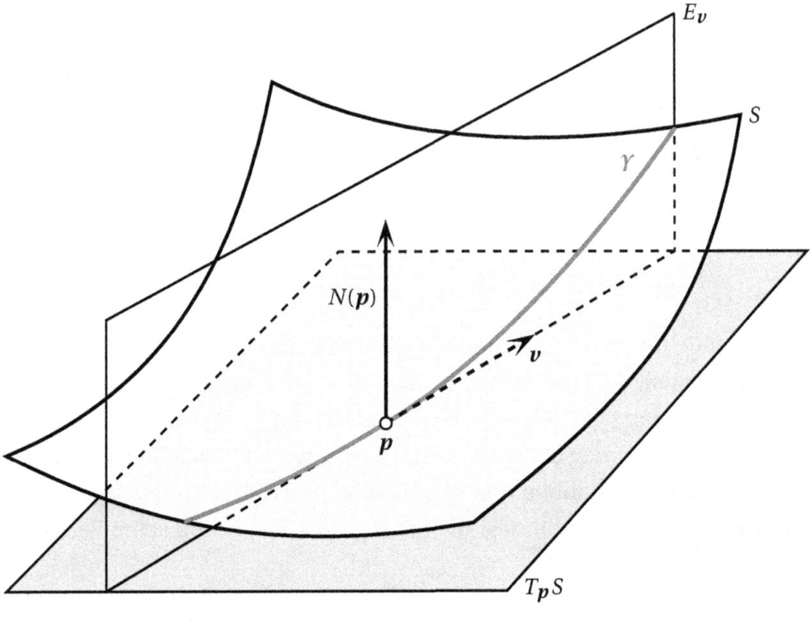

Abbildung 16.1

Bei der Berechnung der Normalkrümmung wird die zweite Fundamentalform verwendet, die von der Weingartenabbildung $\mathscr{W}_{\boldsymbol{p},S}$ abhängt. Man kann leicht nachrechnen, dass die zu $\mathscr{W}_{\boldsymbol{p},S}$ gehörende Matrix symmetrisch ist. Vielleicht erinnern Sie sich ja noch aus der linearen Algebra, was das bedeutet:[2]

Man kann zwei normierte und aufeinander senkrecht stehende Vektoren $\boldsymbol{v}_1$ und $\boldsymbol{v}_2$ in der Tangentialebene sowie zwei Zahlen κ_1 und κ_2 finden, so dass die

[1] Der Beweis verwendet den *Satz von der impliziten Funktion*, den man als Folgerung aus dem Satz von der Umkehrabbildung herleiten kann. In vielen Büchern ist aber auch der Satz von der Umkehrabbildung ein Korollar des Satzes von der impliziten Funktion. Es ist Geschmackssache, wie man es macht, solange man einen von beiden Sätzen beweist.

[2] Wenn Ihnen das nichts sagt, ist es aber auch nicht so tragisch, weil es für das Verständnis der geometrischen Konsequenzen nicht wesentlich ist.

Vektoren *Eigenvektoren* von $\mathscr{W}_{\boldsymbol{p},S}$ sind und die κ_i die zugehörigen *Eigenwerte*, d.h. es gilt $\mathscr{W}_{\boldsymbol{p},S}(\boldsymbol{v}_i) = \kappa_i \cdot \boldsymbol{v}_i$.

Geometrisch kann man daraus folgern:

- κ_i ist die Normalkrümmung in Richtung von $\boldsymbol{v}_i$.
- Jede andere Normalkrümmung im Punkt $\boldsymbol{p}$ liegt zwischen κ_1 und κ_2. Mit anderen Worten: eine der beiden Zahlen ist das Minimum, eine das Maximum der möglichen Normalkrümmungen in diesem Punkt.

Man nennt die Zahlen κ_i die Hauptkrümmungen von S an der Stelle $\boldsymbol{p}$ und die zugehörigen Vektoren $\boldsymbol{v}_i$ die Hauptkrümmungsrichtungen.

Aufgabe 161: Was folgt im Spezialfall $\kappa_1 = \kappa_2$?

Aufgabe 162: Sind die Hauptkrümmungen eindeutig bestimmt?

MÖCHTE MAN DIE KRÜMMUNG einer Fläche in einem Punkt durch eine einzige Zahl charakterisieren, so liegt es nahe, diese Zahl aus den Hauptkrümmungen zu errechnen. Die französische Mathematikerin Sophie Germain[3] schlug dafür den Begriff der mittleren Krümmung vor, der als arithmetisches Mittel $(\kappa_1 + \kappa_2)/2$ der Hauptkrümmungen definiert ist. Dieser Wert spielt in manchen Zusammenhängen, z.B. in der Theorie der *Minimalflächen*, eine wichtige Rolle. Für uns ist jedoch eine andere Kombination der Hauptkrümmungen wichtiger, nämlich die sogenannte gaußsche Krümmung, die als $\kappa_1 \kappa_2$ definiert ist.

Aufgabe 163: Ist die gaußsche Krümmung eindeutig bestimmt?

Man benennt Punkte in einer Fläche nach der Art der gaußschen Krümmung an dieser Stelle. Dafür wird in Abbildung 16.2 jeweils ein Beispiel gezeigt (von links nach rechts und von oben nach unten):

- Ein Punkt, in dem alle Hauptkrümmungen verschwinden, wird Flachpunkt genannt.
- Ein parabolischer Punkt ist einer, in dem die gaußsche Krümmung verschwindet, aber eine von beiden Hauptkrümmungen nicht null ist.

[3] Sophie Germain beschäftigte sich zu einer Zeit mit Mathematik, zu der das für Frauen als „nicht schicklich" galt. Daher gab sie sich lange Zeit in ihrer Korrespondenz mit Gauß als Mann aus. Als der ansonsten eher konservative Gauß schließlich erfuhr, dass sie eine Frau war, war er aber nicht etwa erzürnt, sondern setzte sich später sogar dafür ein, dass seine Universität ihr die Ehrendoktorwürde verlieh. (Dazu kam es aber nicht mehr, weil Germain bereits im Alter von 55 Jahren verstarb.)

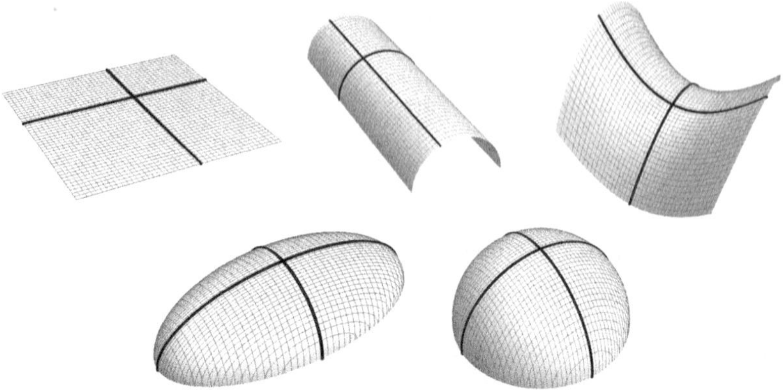

Abbildung 16.2

- In einem hyperbolischen Punkt ist die gaußsche Krümmung negativ. Die beiden Hauptkrümmungen haben daher unterschiedliche Vorzeichen, d.h. die zugehörigen Normalschnitte liegen auf unterschiedlichen Seiten der Tangentialebene.
- In einem elliptischen Punkt ist die gaußsche Krümmung positiv – die Hauptkrümmungen haben also dasselbe Vorzeichen.
- Ein Nabelpunkt (engl. *umbilical point*) hat die Eigenschaft, dass in ihm alle Normalkrümmungen gleich sind. Die gaußsche Krümmung in so einem Punkt ist daher niemals negativ und Flachpunkte sind Nabelpunkte.

Obwohl Carl Friedrich Gauss schon recht früh in der gesamten mathematischen Fachwelt als einer der ganz Großen galt, war er definitiv kein Lautsprecher. Den folgenden Satz bezeichnete er aber selbst im lateinischen Original als Theorema egregium, was so viel wie „bemerkenswerter Satz" heißt. Er bewies nämlich, dass die (natürlich erst später nach ihm benannte) gaußsche Krümmung eine Größe der inneren Geometrie ist. Wenn man die erste Fundamentalform kennt, kann man sie folgendermaßen berechnen:

$$\frac{\begin{vmatrix} -\frac{1}{2}E_{vv}+F_{uv}-\frac{1}{2}G_{uu} & \frac{1}{2}E_u & F_u-\frac{1}{2}E_v \\ F_v-\frac{1}{2}G_u & E & F \\ \frac{1}{2}G_v & F & G \end{vmatrix} - \begin{vmatrix} 0 & \frac{1}{2}E_v & \frac{1}{2}G_u \\ \frac{1}{2}E_v & E & F \\ \frac{1}{2}G_u & F & G \end{vmatrix}}{(EG-F^2)^2}$$

Symbole wie E_u oder F_{uv} stehen dabei für erste bzw. zweite partielle Ableitungen der Funktionen E, F und G.

Wichtig an dem Satz ist aber nicht diese Formel, sondern die dahinterstehende Aussage: Während alle anderen Kenngrößen, die wir im Zusammenhang mit der Krümmung einer Fläche kennengelernt haben, von der Lage der Fläche im Raum abhängen, kann unsere schon mehrfach erwähnte Ameise die gaußsche Krümmung aufgrund von Messungen *in der Fläche* ermitteln. Insbesondere heißt das auch, das die gaußsche Krümmung durch Isometrien nicht verändert wird.

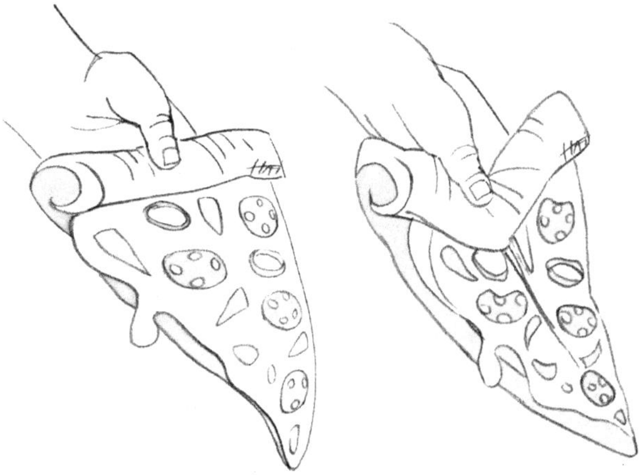

Abbildung 16.3

Das hat u.a. zwei uns aus dem Alltag vertraute Konsequenzen:

- Es ist nicht möglich, eine Landkarte zu erstellen, in der alle Abstände, Winkel und Flächen korrekt sind. Wenn das nämlich ginge, dann hätte man die Erdoberfläche oder zumindest einen Teil davon durch eine lokale Isometrie auf eine Ebene abgebildet. Auf der Erdoberfläche, die angenähert eine Kugeloberfläche ist, haben aber alle Punkte positive gaußsche Krümmung und diese müsste durch die Abbildung erhalten bleiben. In der Ebene der Landkarte haben jedoch alle Punkte die gaußsche Krümmung null.

- Wieso fassen wir instinktiv ein Stück Pizza so an, dass wir es wie in Abbildung 16.3 rechts halten und nicht wie im linken Bild? Weil sich das Stück sonst wahrscheinlich so verbiegen würde, dass wir es schlecht in den Mund bekommen würden. Aber warum ist das so?

  Man kann ein Pizzastück relativ leicht verbiegen, während es einen wesentlich größeren Kraftaufwand erfordert, das Stück zu dehnen oder zu zerreißen. Die Einwirkung der Gravitation auf die Pizza, wenn wir das Stück hochheben, kann man also als Isometrie auffassen. Solange die Pizza noch auf dem Teller liegt, ist sie flach, also ist ihre gaußsche Krümmung null. Das muss dann aber auch für das Pizzastück in der Hand gelten. Das heißt, dass in jedem Punkt (mindestens) eine der Hauptkrüm-

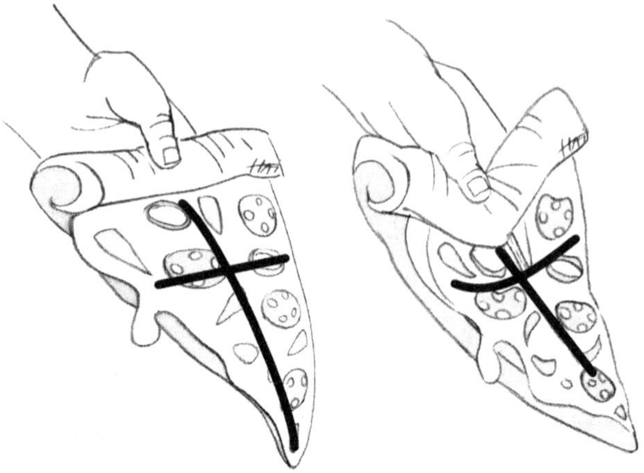

Abbildung 16.4

mungslinien eine Gerade sein muss. Ich habe in Abbildung 16.4 die Linien exemplarisch angedeutet. Durch das Verbiegen des Pizzarandes erzwingen wir gerade Hauptkrümmungslinien senkrecht zum Rand und die Pizza kann nicht mehr nach vorne überkippen.

Projekte

Projekt P26: In den Videos zu diesem Kapitel wird ein Programm zur Visualisierung von Normalschnitten gezeigt. Programmieren Sie auch so etwas.

Projekt P27: Das letzte Projekt ist keine fest umrissene Aufgabe, sondern als Anregung zur weiteren Beschäftigung mit der Materie gedacht. Dafür müssen Sie aber selbst ein wenig recherchieren. Man könnte z.B. mit einer Technik namens *Marching Squares* Kurven zeichnen, die nicht explizit durch Parametrisierungen, sondern implizit durch Gleichungen spezifiziert sind. Man könnte die Entstehung von *Zykloiden* animieren oder aber *Rotations-* oder *Minimalflächen* visualisieren. Man könnte sich ausführlich mit verschiedenen *Kartenprojektionen* beschäftigen. Oder oder oder…

Lösungen zu ausgewählten Aufgaben

> Mathematics is the cheapest science. Unlike physics or chemistry, it does not require any expensive equipment. All one needs for mathematics is a pencil and paper.
>
> George Pólya

Für Aufgaben, bei denen es einfach und offensichtlich ist, wie man die Ergebnisse selbst überprüfen kann, werden keine Lösungen angegeben. (Ohnehin sollten Sie *immer* Ihre Resultate selbst prüfen und nicht blind mir oder jemand anderem trauen.) Außerdem gibt es meistens mehr als einen Weg, zur Lösung zu kommen. Wenn mein Vorschlag von Ihrem Lösungsweg abweicht, heißt das nicht, dass Ihrer falsch ist.[1] In diesem Fall sollten Sie aber vielleicht Ihre Lösung erneut überprüfen.

Manchmal habe ich auch deshalb keine Lösung explizit aufgeschrieben, weil die Lösung im Text direkt danach besprochen wird. Dann war die Aufgabe so intendiert, dass Sie vor dem Weiterlesen erst einmal selbst nachdenken sollten.

Lösung 1: Im Prinzip sollte gar nichts passieren, d.h. beide Versionen sollten gleich aussehen. In der Praxis kann es je nach Browser minimale Unterschiede geben.

Lösung 2: Indem man mit einem negativen Faktor multipliziert, z.B. `scale(1,-1)`.

[1] Es sei denn, die Lösung ist einfach „ja“ oder „nein“ oder eine Zahl. Wenn wir mal davon ausgehen, dass *meine* Lösung richtig ist...

E. Weitz, *Elementare Differentialgeometrie (nicht nur) für Informatiker*,
https://doi.org/10.1007/978-3-662-60463-2_17

Lösung 4: Wenn man auf die Ellipse ein Koordinatensystem legt, dann findet man immer Geraden parallel zur y-Achse, die die Ellipse in zwei Punkten schneiden.

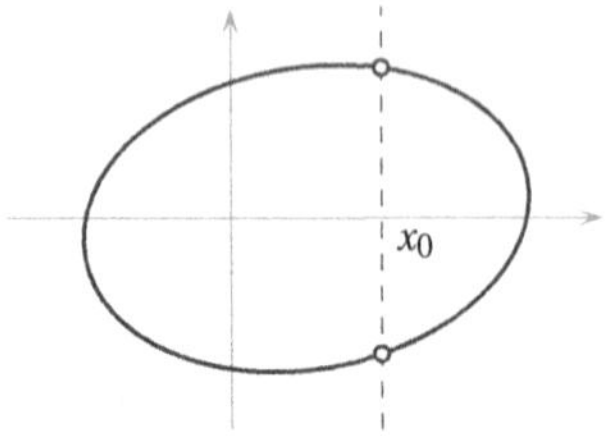

Das würde bedeuten, dass die „Funktion" an der Stelle x_0 in der obigen Skizze zwei Funktionswerte hätte, was der Definition des Begriffs Funktion widerspricht. Dieses Problem lässt sich auch nicht dadurch beheben, dass man das Koordinatensystem verschiebt, staucht, streckt oder dreht.

Lösung 6: Das sind genau die *differenzierbaren* Funktionen. Daher werden wir uns später auch auf differenzierbare Funktionen konzentrieren.

Lösung 10: Das sollte so aussehen:

$$\boldsymbol{\alpha}(t) = \frac{6-t}{8} \cdot \begin{pmatrix} 3 \\ -4 \end{pmatrix} + \frac{t+2}{8} \cdot \begin{pmatrix} 5 \\ 2 \end{pmatrix} = \frac{1}{4} \cdot \begin{pmatrix} t+14 \\ 3t-10 \end{pmatrix}$$

Lösung 11: Dafür muss man einfach die parametrisierte Kurve $\boldsymbol{\alpha}$ betrachten, deren Definitionsbereich I ist und die durch $\boldsymbol{\alpha}(t) = (t, f(t))$ definiert ist.

Lösung 12: Die Lissajous-Figur von Seite 13 ist nicht injektiv. Solche schönen Kurven will man natürlich nicht per definitionem „verbieten."

Lösung 13: Wenn wir die parametrisierte Kurve $\boldsymbol{\gamma}$ nennen, dann hat sie die folgenden Komponentenfunktionen:

$$\gamma_1(t) = (1-t) \cdot 2 + t \cdot 4 = 2t + 2$$
$$\gamma_2(t) = (1-t) \cdot 1 + t \cdot 0 = -t + 1$$

Daraus folgt $\boldsymbol{\gamma}'(t) = (2, -1)$. Der Geschwindigkeitsvektor ist also identisch mit dem Vektor $\boldsymbol{q} - \boldsymbol{p}$ und das Tempo $\|\boldsymbol{\gamma}'(t)\| = \sqrt{5} \approx 2.24$ ist die Länge dieses Vektors, also der Verbindungsstrecke von $\boldsymbol{p}$ und $\boldsymbol{q}$. Das haben Sie hoffentlich auch erwartet, weil die Strecke ja in einer „Zeiteinheit" zurückgelegt wird. Außerdem hängt die Geschwindigkeit nicht von t ab, ist also konstant. Auch das haben Sie hoffentlich so erwartet.

Lösung 14: In diesem Fall hätte man:

$$\delta_1(t) = (1-t^2) \cdot 2 + t^2 \cdot 4 = 2t^2 + 2$$
$$\delta_2(t) = (1-t^2) \cdot 1 + t^2 \cdot 0 = -t^2 + 1$$

Das ergibt $\boldsymbol{\delta}'(t) = (4t, -2t)$. Insbesondere ändert sich die Geschwindigkeit mit der Zeit. Bei $t = 0$ ist das Tempo 0, bei $t = 1$ ist es hingegen $\sqrt{20} \approx 4.47$.

Lösung 15: Hier erhält man $\boldsymbol{\alpha}'(t) = (-\sin t, \cos t)$ und $\|\boldsymbol{\alpha}'(t)\| = 1$. Man beachte, dass das *Tempo* konstant ist, während die *Geschwindigkeit* zu jedem Zeitpunkt eine andere ist. Das Tempo ist 1, weil man in 2π „Zeiteinheiten" den Kreisrand abfährt, dessen

Länge bekanntlich ebenfalls 2π ist. Der Geschwindigkeitsvektor steht immer tangential zum Kreis bzw. senkrecht auf dem Radius, der den aktuellen Ort des „Fahrers“ mit dem Mittelpunkt verbindet.

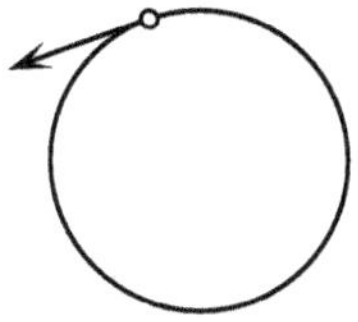

Lösung 16: Die Differenzierbarkeit von $\boldsymbol{\alpha}$ folgt aus der Differenzierbarkeit ihrer Komponentenfunktionen. Alle beteiligten Funktionen sind bekanntlich differenzierbar. Wir müssen nur noch darauf achten, dass sie auch überall definiert sind. Das ist aber der Fall: In den Tangens werden nur Werte eingesetzt, die größer als 0 und kleiner als $\pi/2$ sind. Daher ist der Ausdruck $\tan(t/2)$ immer definiert und nimmt auch nur positive Werte an, die man in den natürlichen Logarithmus einsetzen darf.

Lösung 17: Da gibt es viele Möglichkeiten. Hier sind zwei:

$$:\begin{cases} [0,2\pi) \to \mathbb{R}^2 \\ t \mapsto \begin{pmatrix} \cos 2t \\ \sin 2t \end{pmatrix} \end{cases} \qquad :\begin{cases} [1,\sqrt{2}) \to \mathbb{R}^2 \\ t \mapsto \begin{pmatrix} \cos 2\pi t^2 \\ \sin 2\pi t^2 \end{pmatrix} \end{cases}$$

Im ersten Beispiel ist die Norm der Ableitung konstant, aber nicht 1, im zweiten steigt sie linear an.

Lösung 18: Die auf $[0,1]$ definierte Abbildung $t \mapsto \sqrt{t}$ ist keine Parametertransformation. Sie ist an der Stelle $t = 0$ nicht differenzierbar. Man kann sie aber durch eine ähnliche Funktion ersetzen, indem man z.B. den Verlauf der Wurzelfunktion von $1/100$ bis $1 + 1/100$ nimmt und diesen entsprechend „korrigiert“, damit man Werte zwischen 0 und 1 erhält:[2]

$$\varphi(t) = \sqrt{t + 1/100} - (\sqrt{101/100} - 11/10)t - 1/10$$

φ ist eine streng monotone und glatte Funktion mit glatter Umkehrfunktion und es gilt $\varphi(0) = 0$ und $\varphi(1) = 1$. Hier im Vergleich die Kurven von $\sqrt{t}$ (links) und $\varphi(t)$ (rechts):

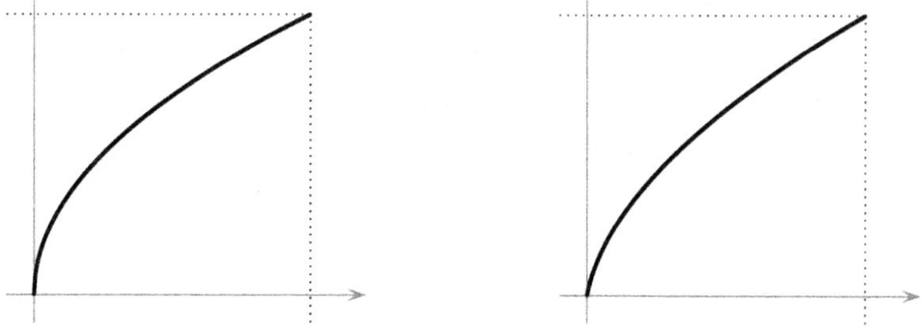

[2] Bei der Korrektur wir von der „verschobenen“ Wurzelfunktion $t \mapsto \sqrt{t + 1/100}$ die Gerade subtrahiert, die durch die beiden Punkte $(0, \sqrt{0 + 1/100} - \sqrt{0})$ und $(1, \sqrt{1 + 1/100} - \sqrt{1})$ geht.

Nimmt man statt 1/100 noch kleinere Werte, kann man der Wurzelfunktion beliebig nahe kommen.

Lösung 20: Wir berechnen zuerst $\boldsymbol{\alpha}$:

$$\boldsymbol{\alpha}(t) = (1-t)\cdot\begin{pmatrix}0\\2\end{pmatrix} + t\cdot\begin{pmatrix}3\\-2\end{pmatrix} = \begin{pmatrix}3t\\-4t+2\end{pmatrix}$$

Daher gilt $\boldsymbol{\alpha}'(t) = (3,-4)$ und $\|\boldsymbol{\alpha}'(t)\| = 5$. Die Geschwindigkeit ist also fünfmal so hoch, wie sie sein sollte. Die „Fahrradbeispiele“ sollten ihnen nun eine Idee verschafft haben, wie man vorgehen kann. Man bildet z.B. $[0,5]$ durch $\varphi(t) = t/5$ auf $[0,1]$ ab. Das ergibt:

$$\boldsymbol{\alpha}(\varphi(t)) = \begin{pmatrix}3t/5\\-4t/5+2\end{pmatrix}$$

Der zugehörige Geschwindigkeitsvektor hat nun die Norm 1.

Lösung 21: Man hätte auch $[1,6]$ durch $\varphi(t) = (t-1)/5$ auf $[0,1]$ abbilden können.

Lösung 22: Die i-te Komponentenfunktion von $\boldsymbol{\beta}$ ist offenbar $\beta_i = \alpha_i \circ \varphi$. Da $\boldsymbol{\alpha}$ differenzierbar ist, ist α_i differenzierbar. Damit ist auch β_i differenzierbar. Da also offenbar alle Komponentenfunktionen von $\boldsymbol{\beta}$ differenzierbar sind, ist $\boldsymbol{\beta}$ selbst auch differenzierbar.

Lösung 23: Aus den bisherigen Überlegungen folgt offenbar, dass $\boldsymbol{\alpha}$ und $\boldsymbol{\beta}$ dieselben Endpunkte haben müssten, wenn sie zur selben Kurve gehören würden. (Eine Parametertransformation φ, die $[0,2\pi]$ auf $[0,2\pi]$ abbildet, ist ja streng monoton.) $\boldsymbol{\alpha}$ beginnt und endet aber im Punkt $(1,0)$, während $\boldsymbol{\beta}$ im Punkt $(0,1)$ startet und wieder ankommt.

Man könnte das „reparieren“, indem man z.B. den Definitionsbereich von $\boldsymbol{\beta}$ ändert und die parametrisierte Kurve auf dem Intervall $[\pi/2, 5\pi/2]$ definiert. Mit $\varphi(t) = 5\pi/2 - t$ gilt dann $\boldsymbol{\beta} = \boldsymbol{\alpha}\circ\varphi$. ($\boldsymbol{\alpha}$ und $\boldsymbol{\beta}$ hätten dann unterschiedliche Umlaufrichtungen.)

Lösung 24: Die Strecke vom Punkt $(-1,0)$ zum Punkt $(1,0)$ kann man z.B. durch die parametrisierte Kurve $\boldsymbol{\alpha}(t) = (2t-1, 0)$ mit dem Definitionsbereich $[0,1]$ darstellen. Deren Geschwindigkeitsvektor ist konstant $(2,0)$, also handelt es sich um eine reguläre parametrisierte Kurve. Dieselbe Spur erhält man aber auch durch die Funktion $\boldsymbol{\beta}(t) = (t^3, 0)$ mit dem Definitionsbereich $[-1,1]$. Deren Ableitung an der Stelle $t = 0$ ist allerdings $(0,0)$, also ist $\boldsymbol{\beta}$ nicht regulär.

Lösung 25: Dafür muss man bekanntlich zeigen, dass die Relation reflexiv, symmetrisch und transitiv ist. Die Symmetrie folgt aus (2.1) und dem Absatz davor. Die Reflexivität ist offensichtlich, weil man als Parametertransformation die Identität wählen kann. Um die Transitivität zu zeigen, muss man sich nur überlegen, dass die Komposition von zwei Parametertransformationen wieder eine Parametertransformation ist.

Die Antwort auf die Frage zu regulären parametrisierten Kurven ist *nein*: In Aufgabe 22 haben wir gesehen, wie sich eine Komposition wie $\boldsymbol{\beta} = \boldsymbol{\alpha}\circ\varphi$ auf die Komponentenfunktionen auswirkt. Dort können wir natürlich auch die Kettenregel anwenden:

$$\beta_i'(x) = \alpha_i'(\varphi(x))\cdot\varphi'(x)$$

Da wir bereits wissen, dass φ' nie verschwindet, folgt aus dieser Gleichung, dass $\beta_i'(x)$ nur dann null sein kann, wenn $\alpha_i'(\varphi(x))$ null ist. Anders ausgedrückt ist $\boldsymbol{\beta}$ genau dann regulär, wenn $\boldsymbol{\alpha}$ regulär ist. (Die beiden parametrisierten Kurven aus der Lösung zu Aufgabe 24 sind also z.B. *nicht* äquivalent.)

Lösung 26: H_2 durchläuft insgesamt 16 Quadrate. Das hervorgehobene ist das achte, das besucht wird. Also wird es zum Zeitpunkt $t = 7/16$ betreten und bei $t = 8/16 = 1/2$ wieder verlassen. Das muss dann auch für H_3 gelten.

Lösung 27: Die Zahl 1/2 lässt sich binär sowohl als 0.1_2 als auch als $0.0\overline{1}_2$ schreiben. Das ergibt für den Punkt $P = (1/2, 1/2)$ in der Mitte von Q vier verschiedene Binärdarstellungen. Mit der Darstellung $P = (0.1_2, 0.1_2)$ erhält man, wenn man wie im Text vorgeht, diese Folge:

$$t_1 = 3/4, t_2 = 8/16 = 1/2, t_3 = 32/64 = 1/2, t_4 = 128/256 = 1/2, \ldots$$

Die konvergiert offensichtlich gegen $t = 1/2$. Mit der Darstellung $P = (0.0\overline{1}_2, 0.0\overline{1}_2)$ erhält man hingegen:

$$t_1 = 0/4, t_2 = 3/16, t_3 = 10/64, t_4 = 42/256, \ldots$$

Und man kann zeigen, dass diese Folge gegen 1/6 geht. Es gilt also $H(1/2) = H(1/6) = P$.

Übrigens gilt auch noch $H(5/6) = P$. Man kann sich anhand der Skizzen der Hilbert-Polygone klarmachen, dass der Polygonzug dreimal in der Nähe des Punktes P „vorbeikommt".

Lösung 28: Ein Beispiel ist $(1/2, 1/4)$, wie man an der Skizze von H_4 sehen kann. Es gibt sogar unendlich viele Punkte in Q mit dieser Eigenschaft.

Lösung 29: Ein naheliegendes Beispiel wäre die durch $x \mapsto 1/x$ definierte Funktion. In der folgenden Grafik wird ein Teil des Funktionsgraphen gezeigt. Aus Platzgründen wurde das Bild gegenüber der üblichen Darstellung um 90° gedreht.

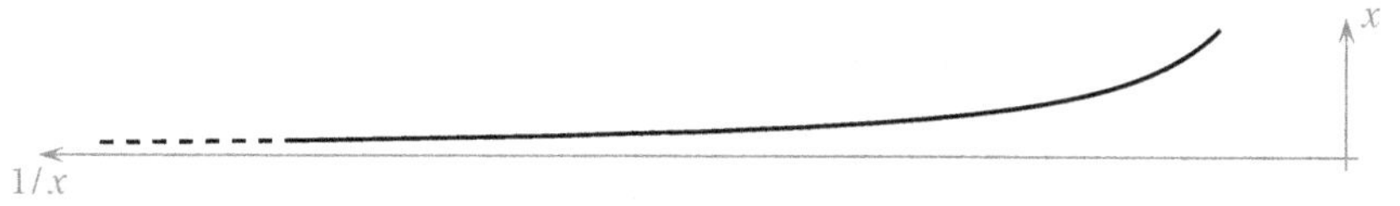

Wir werden bei der nun folgenden Definition der Länge nur abgeschlossene Intervalle betrachten, um solche Fälle zu vermeiden.

Lösung 30: Das ist in diesem Fall ganz einfach:

$$\int_0^{2\pi} \sqrt{(-\sin t)^2 + (\cos t)^2}\, \mathrm{d}t = \int_0^{2\pi} 1\, \mathrm{d}t = \left[t\right]_0^{2\pi} = 2\pi$$

Lösung 31: Die Kurve durchläuft die Strecke von $(1,1)$ bis $(-1,-1)$ zweimal, erst vorwärts, dann rückwärts. Die Länge der Kurve berechnet man so:

$$L(\boldsymbol{\alpha}) = \int_0^{2\pi} \sqrt{2\sin^2 t}\, \mathrm{d}t = \sqrt{2} \cdot \left(\int_0^{\pi} \sin t\, \mathrm{d}t - \int_{\pi}^{2\pi} \sin t\, \mathrm{d}t \right) = 4\sqrt{2}$$

(Beachten Sie, dass wir das Integral aufteilen müssen, weil der Sinus von π bis 2π negative Werte annimmt.) Der Abstand von $(1,1)$ bis $(-1,-1)$ ist nach Pythagoras $2\sqrt{2}$, das ist die Hälfte von $L(\boldsymbol{\alpha})$, was ja auch logisch ist, weil die Strecke zweimal zurückgelegt wird.

Das bedeutet allerdings, dass die Länge einer parametrisierten Kurve nicht notwendig mit der Länge ihrer *Spur* übereinstimmen muss.[3]

Lösung 33: Wir wissen, dass die Länge von $\boldsymbol{\alpha}$ existiert und endlich ist. Wenn $\boldsymbol{\alpha}$ aber jeden Punkt in Q treffen würde, dann müssten für $n \in \mathbb{N}^+$ insbesondere alle Punkte der Form $(x/n, y/n)$ mit $x, y \in \mathbb{Z} \cap [0, n]$ getroffen werden. Das sind $N = (n+1)^2$ Punkte und der Abstand zwischen je zwei von denen beträgt immer mindestens $1/n$. Eine parametrisierte Kurve, die all diese Punkte „besucht", muss also mindestens einen Weg der Länge $(N-1) \cdot 1/n = n+2$ zurücklegen.[4] Da wir n beliebig wählen können, führt das offenbar auf einen Widerspruch.

Lösung 34: Kaum schwerer als in Aufgabe 30:

$$\begin{aligned}
\boldsymbol{\gamma}'(t) &= (-2\pi\sin(2\pi t), 2\pi\cos(2\pi t)) \\
\|\boldsymbol{\gamma}'(t)\| &= \sqrt{(-2\pi\sin(2\pi t))^2 + (2\pi\cos(2\pi t))^2} \\
&= \sqrt{(2\pi)^2 \cdot (\sin^2(2\pi t) + \cos^2(2\pi t))} = \sqrt{(2\pi)^2} = 2\pi \\
L(\boldsymbol{\gamma}) &= \int_0^1 2\pi \, \mathrm{d}t = \big[2\pi t\big]_0^1 = 2\pi
\end{aligned}$$

Lösung 35: Der Beweis stimmt in dieser Form nur für den Fall, dass φ' immer positiv ist, weil wir vor der Anwendung der Substitutionsregel die Betragsstriche um $\varphi'(t)$ herum noch loswerden müssen. Zum Glück wissen wir ja, dass φ' entweder immer positiv oder immer negativ ist. Im zweiten Fall stimmt der Beweis immer noch, man muss aber dann die Integralgrenzen vertauschen.

Lösung 36: Das macht man natürlich so:

$$\varphi : \begin{cases} [0, b] \to [0, 2\pi] \\ t \mapsto (t/2\pi)^2 + t/2\pi \end{cases}$$

φ ist offensichtlich glatt. Als Umkehrfunktion erhält man $\varphi^{-1}(t) = (\sqrt{1+4t} - 1)/2$ und auch diese Funktion ist auf ihrem Definitionsbereich glatt.

Lösung 37: Wenn man den Einheitskreis durch $(\cos t, \sin t)$ parametrisiert, kann man als Definitionsbereich $[0, 2\pi]$, aber z.B. auch $[0, 4\pi]$ verwenden, was zu zwei verschiedenen parametrisierten Kurven führt. In beiden Fällen erhält man dieselbe Spur, aber die Längen sind offensichtlich verschieden. Nach den Überlegungen vor dieser Aufgabe kann eine von beiden daher nicht Umparametrisierung der anderen sein.

---

[3] Oder mit unserer intuitiven Vorstellung der Länge der Spur. Man könnten an dieser Stelle mathematisch spitzfindig fragen, wie denn die Länge der Spur überhaupt ermittelt wird...

[4] Dabei verwenden wir ohne strikten mathematischen Beweis die anschaulich klare Tatsache, dass eine parametrisierte Kurve, die durch endlich viele Punkte geht, mindestens so lang ist wie die Summe der Längen der Verbindungsstrecken dieser Punkte.

Lösung 38: Wir müssen noch zeigen, dass φ und $s_{\boldsymbol{\alpha}}$ beide glatt sind, denn nur dann ist φ ja eine Parametertransformation. Ich will das hier nicht alles vorrechnen, aber wenn man es macht, dann sieht man, dass es deswegen klappt, weil $\boldsymbol{\alpha}$ regulär ist.

Lösung 39: Es gilt:

$$\frac{\alpha_2(t)-\alpha_2(0)}{\alpha_1(t)-\alpha_1(0)} = \frac{3t^2/20}{t^2/10} = \frac{3}{2}$$

Sämtliche Verbindungsstrecken von $\boldsymbol{\alpha}(0)$ zu einem Punkt $\boldsymbol{\alpha}(t)$ haben also dieselbe Steigung 3/2.

Lösung 40: Dafür muss man nur einsetzen und ausrechnen:

$$\begin{aligned}
\boldsymbol{\beta}(t) = \boldsymbol{\alpha}(\varphi(t)) &= \boldsymbol{\alpha}\left(\sqrt{1+\frac{20t}{\sqrt{13}}}\right)\\
&= \left(\frac{1}{10}\cdot\left(1+\frac{20t}{\sqrt{13}}\right)-3,\ \frac{3}{20}\cdot\left(1+\frac{20t}{\sqrt{13}}\right)-5\right)\\
&= (2t/\sqrt{13}-29/10,\ 3t/\sqrt{13}-97/20)\\
&= \frac{t}{\sqrt{13}}\cdot\begin{pmatrix}2\\3\end{pmatrix}-\frac{1}{20}\cdot\begin{pmatrix}58\\97\end{pmatrix}
\end{aligned}$$

Lösung 41: Man berechnet Anfangs- und Endpunkt von $\boldsymbol{\alpha}$, also $\boldsymbol{\alpha}(0) = (-4,-4)$ und $\boldsymbol{\alpha}(8) = (12/5, 28/5)$. Deren Verbindungsstrecke lässt sich bekanntlich so parametrisieren:

$$\boldsymbol{\gamma}(t) = (1-t)\cdot\begin{pmatrix}-4\\-4\end{pmatrix}+t\cdot\begin{pmatrix}12/5\\28/5\end{pmatrix} = \begin{pmatrix}32t/5-4\\48t/5-4\end{pmatrix} \tag{A.1}$$

Dabei durchläuft t das Intervall $[0,1]$, und zwar bereits mit gleichmäßigem Tempo, aber nicht mit dem gewünschten Tempo 1.

Der Abstand von Anfangs- und Endpunkt ist $d = 16\sqrt{13}/5$. Um aus $\boldsymbol{\gamma}$ eine nach Bogenlänge parametrisierte Kurve zu machen, muss der Parameter das Intervall $[0,d]$ durchlaufen. Dafür teilen wir t in (A.1) durch d. Das ergibt dann die Gleichung, die wir für $\boldsymbol{\beta}$ schon ermittelt hatten.

Lösung 42: $\boldsymbol{\beta}(t) = (t-42, 0)$ für $t \in [42, 43]$ wäre ein Beispiel. Und statt 42 hätte man jede andere von null verschiedene Zahl nehmen können.

Lösung 43: Wenn wir die Verbindungsstrecke von $\boldsymbol{p}$ und $\boldsymbol{q}$ wie in den vorherigen Kapiteln durch $t \mapsto (1-t)\boldsymbol{p}+t\boldsymbol{q}$ parametrisieren, so ist die erste Ableitung (siehe Aufgabe 13) der Vektor $\boldsymbol{q}-\boldsymbol{p}$. Da dieser gar nicht mehr von t abhängt, ist die zweite Ableitung (also die Beschleunigung) der Nullvektor. Das leuchtet auch ein, weil die Geschwindigkeit sich ja nicht ändert.

Beim durch $t \mapsto (\cos t, \sin t)$ parametrisierten Einheitskreis erhalten wir als zweite Ableitung an der Stelle t den Vektor $(-\cos t, -\sin t) = -\boldsymbol{\alpha}(t)$. Beachten Sie, dass sich das *Tempo* bei der Bewegung entlang des Kreisumfangs zwar nicht ändert, die *Geschwindigkeit* aber schon, weil die Richtung nie konstant ist. Darum ist auch die Beschleunigung zu jedem Zeitpunkt eine andere, obwohl ihre Norm immer gleich ist. Wenn Sie sich eine

Skizze machen, dann werden Sie sehen, dass der Beschleunigungsvektor immer senkrecht auf dem Geschwindigkeitsvektor steht und immer vom aktuellen Ort $\boldsymbol{\alpha}(t)$ auf den Kreismittelpunkt zeigt.

Lösung 44: Nennen wir die besagte Funktion f, so liefert die Produktregel:

$$\begin{aligned} f(t) &= \alpha_1(t)\beta_1(t) + \alpha_2(t)\beta_2(t) \\ f'(t) &= \alpha_1'(t)\beta_1(t) + \alpha_1(t)\beta_1'(t) + \alpha_2'(t)\beta_2(t) + \alpha_2(t)\beta_2'(t) \\ &= \alpha_1'(t)\beta_1(t) + \alpha_2'(t)\beta_2(t) + \alpha_1(t)\beta_1'(t) + \alpha_2(t)\beta_2'(t) \\ &= \boldsymbol{\alpha}'(t)\cdot\boldsymbol{\beta}(t) + \boldsymbol{\alpha}(t)\cdot\boldsymbol{\beta}'(t) \end{aligned}$$

Mit anderen Worten: Die Ableitung des Skalarproduktes „funktioniert" wie die Produktregel, wenn man die Multiplikation reeller Zahlen durch das Skalarprodukt ersetzt. Sie sehen hoffentlich, dass das nicht nur für $\mathbb{R}^2$-Vektoren gilt – die Rechnung ändert sich nicht prinzipiell, wenn man es mit mehr als zwei Komponentenfunktionen zu tun hat.

Lösung 45: Die euklidische Norm eines Vektors $\boldsymbol{v}$ ist definiert als $\sqrt{\boldsymbol{v}\cdot\boldsymbol{v}}$, wobei $\cdot$ das euklidische Skalarprodukt ist. Das Adjektiv *euklidisch* werde ich in Zukunft weglassen, weil in diesem Buch keine anderen Normen und Skalarprodukte vorkommen werden.

Lösung 46: Die Matrix sieht so aus:

$$\begin{pmatrix} 0 & -1 \\ 1 & 0 \end{pmatrix}$$

Aus dem Vektor (v_1, v_2) wird durch so eine Drehung $(-v_2, v_1)$.

Lösung 47: Mit Ketten- und Produktregel erhalten wir:

$$\begin{aligned} \boldsymbol{\alpha}'(t) &= \varphi'(t)\cdot\boldsymbol{\beta}'(\varphi(t)) \\ \boldsymbol{\alpha}''(t) &= \varphi'(t)^2\cdot\boldsymbol{\beta}''(\varphi(t)) + \varphi''(t)\cdot\boldsymbol{\beta}'(\varphi(t)) \end{aligned}$$

Die Rechenregeln für Determinanten und Normen liefern dann:

$$\begin{aligned} \kappa_{\boldsymbol{\alpha}}(t) = \det(\boldsymbol{\alpha}'(t), \boldsymbol{\alpha}''(t)) &= \frac{\det(\boldsymbol{\alpha}'(t), \boldsymbol{\alpha}''(t))}{\|\boldsymbol{\alpha}'(t)\|^3} \\ &= \frac{\det(\varphi'(t)\cdot\boldsymbol{\beta}'(\varphi(t)),\ \varphi'(t)^2\cdot\boldsymbol{\beta}''(\varphi(t)) + \varphi''(t)\cdot\boldsymbol{\beta}'(\varphi(t)))}{\|\varphi'(t)\cdot\boldsymbol{\beta}'(\varphi(t))\|^3} \\ &= \frac{\det(\varphi'(t)\cdot\boldsymbol{\beta}'(\varphi(t)),\ \varphi'(t)^2\cdot\boldsymbol{\beta}''(\varphi(t)))}{\|\varphi'(t)\cdot\boldsymbol{\beta}'(\varphi(t))\|^3} \\ &= \frac{\varphi'(t)^3\cdot\det(\boldsymbol{\beta}'(\varphi(t)), \boldsymbol{\beta}''(\varphi(t)))}{|\varphi'(t)|^3\cdot\|\boldsymbol{\beta}'(\varphi(t))\|^3} = \operatorname{sgn}(\varphi'(t))\cdot\kappa_{\boldsymbol{\beta}}(\varphi(t)) \end{aligned}$$

Dabei ist mit $\operatorname{sgn}(x)$ die *Vorzeichenfunktion* gemeint:

$$\operatorname{sgn}: \begin{cases} \mathbb{R} \to \{-1, 0, 1\} \\ x \mapsto \begin{cases} -1 & x < 0 \\ 0 & x = 0 \\ 1 & x > 0 \end{cases} \end{cases}$$

Man sieht, dass sich (bis auf einen eventuellen Vorzeichenwechsel bei negativer Parametertransformation φ) tatsächlich dieselbe Krümmung ergibt. Damit ist Formel (4.2) verifiziert.

Lösung 48: Wenn die Krümmung verschwindet, können wir nicht einfach den Krümmungsradius als Kehrwert der Krümmung berechnen, weil man ja nicht durch null dividieren kann. In diesem Fall „entartet" der Kreis zu einer Geraden, die man sich als Kreis mit unendlichem Radius vorstellen kann. In der Skizze ist das bei $\boldsymbol{p}_5$ der Fall.

Lösung 49: Wenn sie nicht gleich sind, wendet man auf den Kreis die Parametertransformation $t \mapsto 2r\pi - t$ an. Man durchläuft den Kreis also in umgekehrter Richtung.

Lösung 50: Die Krümmung von $\boldsymbol{\gamma}(t) = (t, t^2)$ berechnet sich wie folgt:

$$\begin{aligned}
\boldsymbol{\gamma}'(t) &= (1, 2t) \\
\boldsymbol{\gamma}''(t) &= (0, 2) \\
\|\boldsymbol{\gamma}'(t)\| &= \sqrt{1+4t^2} \\
\kappa_{\boldsymbol{\gamma}}(t) &= \frac{\begin{vmatrix} 1 & 0 \\ 2t & 2 \end{vmatrix}}{\sqrt{1+4t^2}^3} = 2 \cdot (1+4t^2)^{-3/2}
\end{aligned}$$

Der Graph von $\kappa_{\boldsymbol{\gamma}}$ sieht so aus:

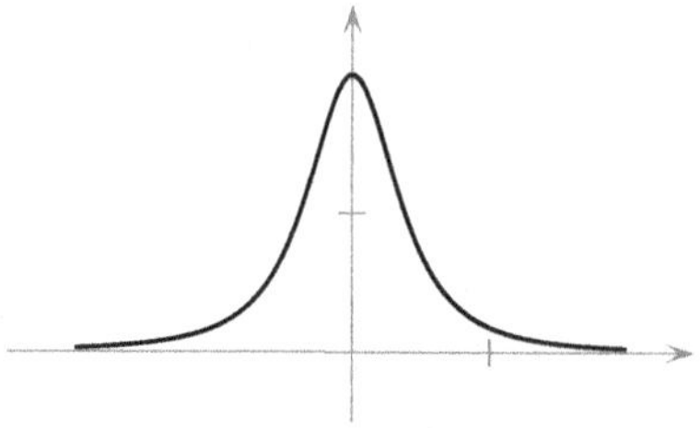

Man sieht, dass die Krümmung am Scheitelpunkt der Parabel am höchsten ist und dass sie für $t \to \pm\infty$ einer Geraden immer ähnlicher wird.

Übrigens können manche Computeralgebrasysteme so eine Aufgabe auch komplett für Sie erledigen. Geben Sie z.B. in WOLFRAM ALPHA

```
curvature of (t,t^2)
```

ein und Sie werden eine korrekte Antwort bekommen, zu der sogar die Gleichung für den Krümmungskreis gehört.[5]

Lösung 52: Die übliche Parametrisierung einer Ellipse ist diese:

$$\boldsymbol{\alpha}(t) = (a\cos t, b\sin t)$$

Als Krümmung erhält man:

$$\kappa_{\boldsymbol{\alpha}}(t) = ab(b^2\cos^2 t + a^2\sin^2 t)^{-3/2} \tag{A.2}$$

[5] WOLFRAM ALPHA ist quasi ein Web-Frontend für MATHEMATICA.

Zum Glück kann man hier Gleichung (4.2) anwenden, denn wir wissen ja seit Kapitel 3, dass eine Parametrisierung nach Bogenlänge in diesem Fall analytisch nicht möglich ist. Für $a = 2$ und $b = 1$ sieht $\kappa_{\boldsymbol{\alpha}}$ so aus:

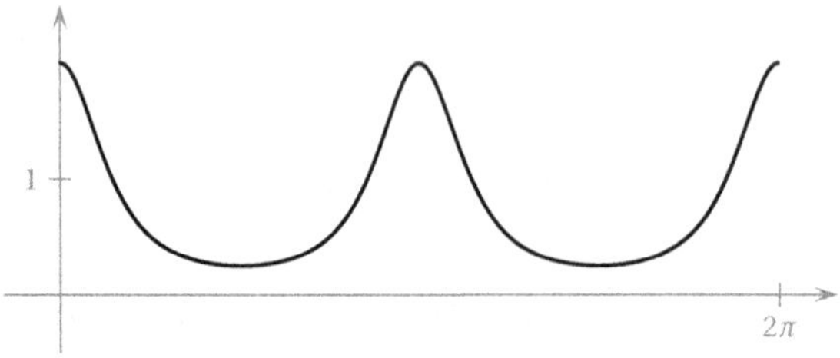

Dass diese Funktion vier Extrema hat, ist kein Zufall. Das folgt aus dem *Vierscheitelsatz*, über den wir in Kapitel 6 sprechen werden.

Lösung 53: Für einen Kreis mit Radius r haben wir $a = b = r$ und damit:

$$\begin{aligned}\boldsymbol{\alpha}(t) &= (r\cos t, r\sin t)\\ \kappa_{\boldsymbol{\alpha}}(t) &= r^2(r^2\cos^2 t + r^2\sin^2 t)^{-3/2} = r^2(r^2)^{-3/2} = (r^2)^{-1/2} = 1/r\end{aligned}$$

Lösung 54: Hier die Ergebnisse Schritt für Schritt:

$$\begin{aligned}\boldsymbol{\alpha}(t) &= (t^2, t^3)\\ \boldsymbol{\alpha}'(t) &= (2t, 3t^2)\\ \|\boldsymbol{\alpha}'(t)\| &= \sqrt{4t^2 + 9t^4}\\ s_{\boldsymbol{\alpha},0}(s) &= \int_0^s \sqrt{4t^2 + 9t^4}\,\mathrm{d}t = \frac{(4 + 9s^2)^{3/2}}{27}\\ \boldsymbol{\alpha}''(t) &= (2, 6t)\\ \kappa_{\boldsymbol{\alpha}}(t) &= \frac{6t^2}{(4t^2 + 9t^4)^{3/2}}\end{aligned}$$

Beachten Sie, dass die Krümmung für $t = 0$ nicht definiert ist:

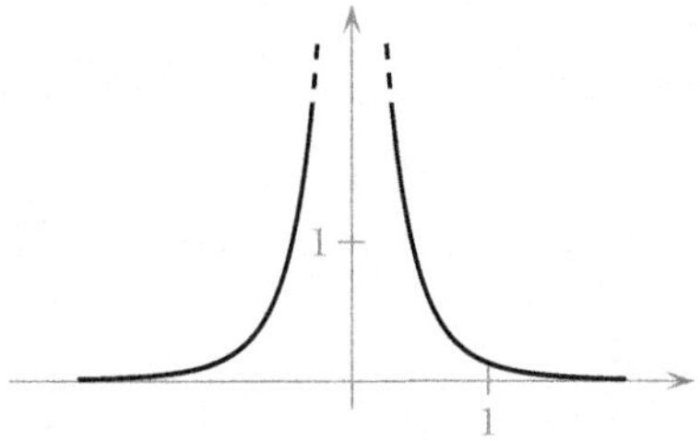

Lösung 55: Die einzelnen Berechnungen:

$$\begin{aligned}\boldsymbol{\alpha}'(t) &= \mathrm{e}^t \cdot (\cos t - \sin t, \sin t + \cos t)\\ \|\boldsymbol{\alpha}'(t)\| &= \sqrt{\mathrm{e}^{2t} \cdot (\cos^2 t - 2\sin t\cos t + \sin^2 t + \sin^2 t + 2\sin t\cos t + \cos^2 t)}\\ &= \sqrt{2\mathrm{e}^{2t} \cdot (\sin^2 t + \cos^2 t)} = \sqrt{2}\mathrm{e}^t\\ s_{\boldsymbol{\alpha},0}(s) &= \int_0^s \sqrt{2}\mathrm{e}^t\,\mathrm{d}t = \sqrt{2}(\mathrm{e}^s - 1)\end{aligned}$$

$$\begin{aligned}\boldsymbol{\alpha}''(t) &= \mathrm{e}^t \cdot (\cos t - \sin t - \sin t - \cos t, \sin t + \cos t + \cos t - \sin t)\\ &= 2\mathrm{e}^t \cdot (-\sin t, \cos t)\\ \kappa_{\boldsymbol{\alpha}}(t) &= \frac{2\mathrm{e}^{2t}((\cos t - \sin t)\cos t + (\sin t + \cos t)\sin t)}{(\sqrt{2}\mathrm{e}^t)^3}\\ &= \frac{2\mathrm{e}^{2t}}{(\sqrt{2}\mathrm{e}^t)^3} = \frac{1}{\sqrt{2}\mathrm{e}^t}\end{aligned}$$

Wie zu erwarten war, nimmt die Krümmung der Spirale nach außen hin ab:

Lösung 56: Wenn man sich für einen Funktionswert $\vartheta(t_0)$ entschieden hat, dann sind alle anderen Werte von ϑ automatisch festgelegt. Allerdings hat man für diesen einen Wert unendlich viele Möglichkeiten, weil man beliebige ganzzahlige Vielfache von 2π bzw. 360° addieren kann. Hat $\boldsymbol{\alpha}'(t_0)$ z.B. den Winkel 42°, so liegt es nahe, mit dem Wert $\vartheta(t_0) = 42°$ anzufangen. Man könnte stattdessen aber auch $\vartheta(t_0) = 402°$ oder $\vartheta(t_0) = -318°$ wählen.

Lösung 57: Nach unserer Konstruktion sieht das Teilstück von ϑ für den Bereich zwischen 0 und π so aus:

$$\vartheta(t) = \pi/2 + \arctan(-\alpha_1(t)/\alpha_2(t))$$

Da $\boldsymbol{\alpha}$ glatt ist, handelt es sich um eine Komposition von glatten Funktionen, die in ihrem „Zuständigkeitsbereich" überall definiert ist. (Insbesondere wird nicht durch null dividiert.)

Das gilt analog auch für die anderen drei Teilstücke. Und an den Übergangsstellen ist ϑ gerade so gebaut, dass die Glattheit nicht verloren geht.

Lösung 58: $\boldsymbol{\beta}_0$ ist der Startpunkt von $\boldsymbol{\beta}$ und ϑ_0 ist der Startwinkel, also die Richtung, in die der Geschwindigkeitsvektor anfangs zeigt.

Lösung 59: Die Funktionen sollten folgendermaßen aussehen:

$$\begin{aligned}\vartheta_1(s) &= \int_0^s k_1(t)\,\mathrm{d}t = \int_0^s 0\,\mathrm{d}t = 0\\ \boldsymbol{\beta}_1(s) &= \left(\int_0^s \cos(\vartheta_1(t))\,\mathrm{d}t, \int_a^s \sin(\vartheta_1(t))\,\mathrm{d}t\right)\\ &= \left(\int_0^s \cos(0)\,\mathrm{d}t, \int_0^s \sin(0)\,\mathrm{d}t\right)\\ &= \left(\int_0^s \mathrm{d}t, \int_0^s 0\,\mathrm{d}t\right) = (s, 0)\\ \vartheta_2(s) &= \int_0^s \mathrm{d}t = s\\ \boldsymbol{\beta}_2(s) &= \left(\int_0^s \cos(t)\,\mathrm{d}t, \int_0^s \sin(t)\,\mathrm{d}t\right) = (\sin s, 1 - \cos s)\end{aligned}$$

$\boldsymbol{\beta}_1$ parametrisiert ein gerades Streckenstück. $\boldsymbol{\beta}_2$ steht, wenn es auch auf den ersten Blick nicht so aussieht, für einen Kreis. Das kann man so sehen:

$$\begin{aligned}(\sin s, 1-\cos s) &= (0,1)+(\sin s, -\cos s)\\ &= (0,1)+(\cos(s+3\pi/2), \sin(s+3\pi/2))\end{aligned}$$

Da wir nichts weiter festgelegt haben, beginnt die Kurve im Punkt $(0,0)$ und mit dem Geschwindigkeitsvektor $(1,0)$, der der Richtung $0°$ entspricht. Darum sitzt der Mittelpunkt des Kreises bei $(0,1)$ und der Winkelparameter s beginnt in einer Position auf dem Umfang, die $3\pi/2$ bzw. $270°$ entspricht.

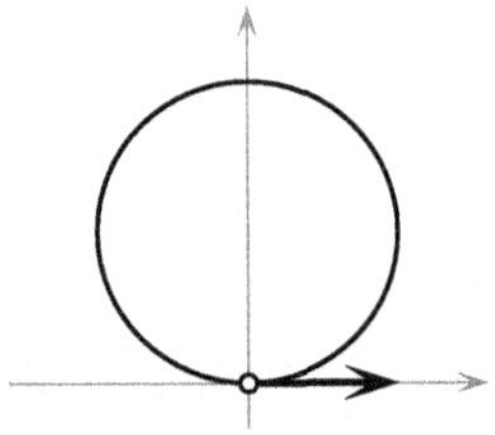

Lösung 60: $\mathbb{R}^1$ ist einfach $\mathbb{R}$. $\boldsymbol{p}$ und $\boldsymbol{q}$ sind dann also reelle Zahlen und ihr Abstand ist der Betrag ihrer Differenz: $d(\boldsymbol{p},\boldsymbol{q}) = |\boldsymbol{p}-\boldsymbol{q}|$.

Lösung 61: Die erste Menge enthält gar kein Element, weil der Abstand zweier Punkte nicht negativ sein kann. Die zweite Menge enthält genau ein Element, nämlich nur $\boldsymbol{p}$. Das ist der einzige Punkt, dessen Abstand von $\boldsymbol{p}$ null ist. Die dritte Menge enthält unendlich viele Punkte. Dabei ist es völlig egal, ob dort 10^{-42} oder irgendeine andere positive Zahl steht.

Lösung 62: Die erste Menge ist eine Kreisscheibe mit Radius 5, deren Mittelpunkt $\boldsymbol{p}$ ist. Die zweite Menge ist eine Vollkugel mit Radius 5, deren Mittelpunkt $\boldsymbol{p}$ ist.

Lösung 63: Das sind offene Intervalle von der Form $(p-\varepsilon, p+\varepsilon)$.

Lösung 64: Ja, (a,b) ist $B_\varepsilon((a+b)/2)$ mit $\varepsilon = (b-a)/2$.

Lösung 65: Nur die zweite und die fünfte Menge sind *nicht* offen. $[0,2)$ ist nicht offen, weil jede noch so kleine offene Kugel um die Zahl null herum Punkte enthält, die nicht zu $[0,2)$ gehören. Und bei der fünften Menge gibt es sogar unendlich viele Punkte, um die herum keine offene Kugel liegt, die ganz zur Menge gehört. Es sind alle Punkte, deren Abstand von $(1,0)$ genau $1/10$ ist, z.B. $(1,1/10)$.

Lösung 66: Ja, beide. Dass $\mathbb{R}^n$ eine offene Menge ist, ist offensichtlich. Dass die leere Menge auch offen ist, erschließt sich aber vielleicht erst, wenn man sich auf die mathematische Denkweise einlässt. Wenn $\varnothing$ *nicht* offen wäre, dann müsste es einen Punkt geben, der zu $\varnothing$ gehört, für den man aber keine offene Kugel um ihn herum finden kann, die ganz in $\varnothing$ liegt. Da $\varnothing$ aber gar keine Punkte enthält, kann man so einen Punkt unmöglich finden!

Lösung 67: Seien A_1 und A_2 zwei offenen Mengen und sei $\boldsymbol{p} \in A_1 \cap A_2$. Wir müssen zeigen, dass es eine offene Kugel um $\boldsymbol{p}$ gibt, die komplett in $A_1 \cap A_2$ liegt. Da A_1 und A_2 offen sind, gibt es positive Zahlen ε_1 und ε_2 mit $B_{\varepsilon_i}(\boldsymbol{p}) \subseteq A_i$. Sei nun ε die kleinere der beiden Zahlen. Dann gilt offenbar $B_\varepsilon(\boldsymbol{p}) \subseteq B_{\varepsilon_i}(\boldsymbol{p})$ und damit natürlich $B_\varepsilon(\boldsymbol{p}) \subseteq A_1 \cap A_2$.

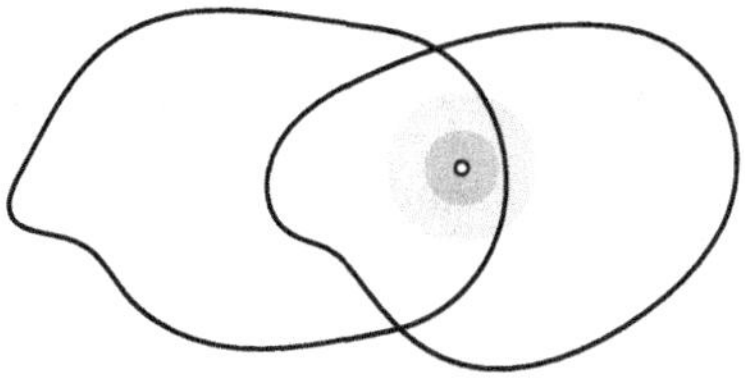

Man sieht sofort, dass das nicht nur für zwei, sondern auch für drei oder 42 offene Mengen klappt. Die Begründung dafür, warum die *Vereinigung* von beliebig vielen, auch unendlich vielen, offenen Mengen wieder offen ist, überlasse ich den fortgeschrittenen Lesern als kleine Herausforderung.

Lösung 68: I ist das (unechte) Intervall $\{0\}$, weil null die einzige Zahl ist, die in allen Intervallen der Form I_n enthalten ist. $\{0\}$ ist allerdings *nicht* offen.

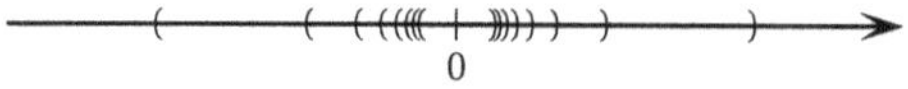

Lösung 69: Ja, aber nur eine einzige, nämlich die leere Menge – siehe Aufgabe 66. In dem Moment, wo eine offene Menge mindestens einen Punkt enthält, muss sie eine ganze offene Kugel um diesen Punkt enthalten, und in der befinden sich unendlich viele (sogar überabzählbar viele) andere Punkte.

Lösung 70: Die Vereinigung endlich vieler abgeschlossener Mengen ist abgeschlossen und der Durchschnitt von beliebig vielen abgeschlossenen Mengen ist abgeschlossen.

Lösung 71: Die Stecke ist abgeschlossen. Intuitiv kann man das so erklären, dass jeder Punkt, der nicht zur Strecke gehört, einen bestimmten positiven Abstand ε von der Strecke haben muss. Die offene Kugel um diesen Punkt mit dem Radius ε ist dann disjunkt zur Strecke.

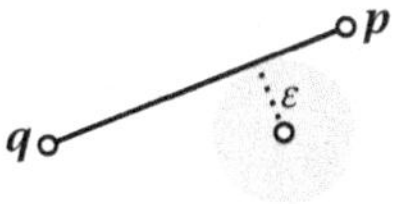

Aber Achtung: Dieses Argument funktioniert nur, weil Anfangs- und Endpunkt zur Strecke dazugehören! Sonst wären diese beiden nämlich Punkte, die man nicht durch offene Kugeln von der Strecke trennen könnte. (Die Strecke wäre dann weder abgeschlossen noch offen.)

Lösung 72: Aus einer endlichen Menge von Punkten greift man sich einen Punkt $\boldsymbol{p}$ heraus und ermittelt den größtmöglichen Abstand d der anderen Punkte zu $\boldsymbol{p}$. (Das ist möglich, weil es nur endlich viele Punkte sind.) Offensichtlich ist die Punktmenge dann eine Teilmenge von $B_{d+1}(\boldsymbol{p})$.

Die Verbindungsstrecke zweier Punkte ist eine Teilmenge der offenen Kugel, deren Mittelpunkt die Mitte der Strecke und deren Radius etwas größer als die Hälfte der Länge der Strecke ist.

Lösung 73: Für den ersten Teil kann man den Arkustangens nehmen. Er bildet die abgeschlossene Menge $\mathbb{R}$ auf das Intervall $(-\pi/2, \pi/2)$ ab, das nicht abgeschlossen ist. Für den zweiten Teil kann man die auf $(0,\infty)$ definierte Funktion $x \mapsto 1/x$ nehmen. Sie bildet die beschränkte Menge $(0,1]$ auf die unbeschränkte Menge $[1,\infty)$ ab.

Lösung 74: Damit das klappt, darf f natürlich nicht stetig sein. Hier ein Beispiel:

$$f(x) = \begin{cases} -1 & x \le 0 \\ x & x > 0 \end{cases}$$

Das Bild von $[0,1]$ unter f ist dann $\{-1\} \cup (0,1]$ und diese Menge ist nicht abgeschlossen.

Lösung 75: Ja. Nach unserer Definition sind auch $4\pi, 6\pi, 8\pi, \ldots$ Perioden des Sinus.

Lösung 76: Ja, das gilt für alle konstanten Funktionen.

Lösung 77: Wenn $L \in \mathbb{R}$ positiv ist, dann ist die Differenz der Zahlen $(x+L)^3 + (x+L)$ und $x^3 + x$ die Zahl $d_x = 3Lx^2 + 3L^2x + L^3 + L$. Damit $\boldsymbol{\beta}(x)$ und $\boldsymbol{\beta}(x+L)$ denselben Wert haben, muss d_x ein Vielfaches von 2π sein. Das kann aber unmöglich für jedes x gelten, weil d_x offenbar stetig von x abhängt und daher z.B. nicht von 2π nach 4π „springen" kann.

Lösung 78: Ist $\boldsymbol{\alpha} : \mathbb{R} \to \mathbb{R}^n$ so eine Kurve mit der Periode L, so muss die Spur von $\boldsymbol{\alpha}$ offenbar das Bild der kompakten Menge $[0,L]$ unter $\boldsymbol{\alpha}$ sein.

Lösung 79: Gesucht ist die Länge der gestrichelten Linie in der folgenden Skizze, die vom Schnittpunkt der beiden Kreise aus senkrecht die Verbindungsstrecke ihrer Mittelpunkte trifft.

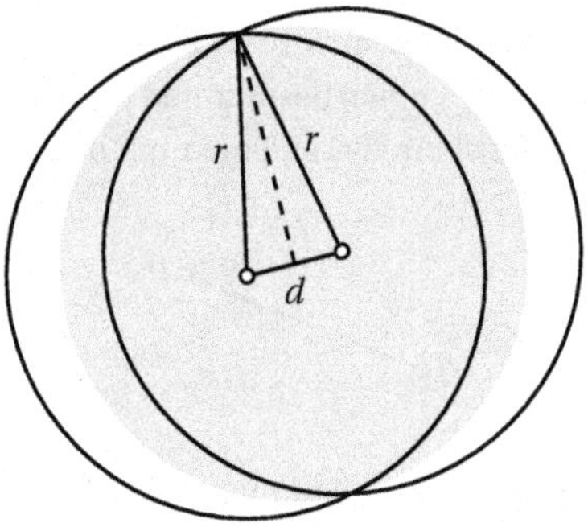

Das lässt sich natürlich mit Pythagoras lösen. Man erhält als Ergebnis $\sqrt{r^2 - d^2/4}$.

Lösung 80: Wir greifen uns einen festen umschließenden Kreis mit Radius $R + \varepsilon$ und Mittelpunkt $\boldsymbol{m}_\varepsilon$ heraus, wobei ε eine kleine positive Zahl sein soll. Zusätzlich betrachten wir einen beliebigen *noch kleineren* umschließenden Kreis mit Mittelpunkt $\boldsymbol{m}$. Der (etwas größere) Kreis mit Radius $R + \varepsilon$ um $\boldsymbol{m}$ ist dann ebenfalls ein umschließender Kreis. Ist d der Abstand von $\boldsymbol{m}_\varepsilon$ und $\boldsymbol{m}$, so gibt es nach Aufgabe 79 einen umschließenden Kreis mit dem folgenden Radius:

$$\sqrt{(R+\varepsilon)^2 - d^2/4} = \sqrt{R^2 + 2R\varepsilon + \varepsilon^2 - d^2/4}$$

Da kein umschließender Kreis einen kleineren Radius als R haben kann, muss

$$d^2/4 \le 2R\varepsilon + \varepsilon^2 \quad \text{bzw.} \quad d \le \sqrt{8R\varepsilon + 4\varepsilon^2} = d_\varepsilon$$

gelten. Mit anderen Worten: Jeder Mittelpunkt eines umschließenden Kreises, dessen Radius höchstens $R+\varepsilon$ ist, ist höchstens d_ε von $\boldsymbol{m}_\varepsilon$ entfernt. Und d_ε geht offenbar gegen null, wenn ε gegen null geht.

Wir können nun eine Folge (K_n) von umschließenden Kreisen mit den Radien $R + 1/n$ für $n \in \mathbb{N}^+$ betrachten. Nach den Überlegungen aus dem letzten Absatz muss die Folge der Mittelpunkte der zugehörigen Kreise gegen einen Punkt $\boldsymbol{m}$ konvergieren.[6] Der Kreis mit Mittelpunkt $\boldsymbol{m}$ und Radius R muss nun ein umschließender Kreis sein. Gäbe es nämlich einen außerhalb dieses Kreises liegenden Punkt $\boldsymbol{p}$ der Punktmenge, so müsste sein Abstand von $\boldsymbol{m}$ von der Form $R + \delta$ mit $\delta > 0$ sein. Man kann aber nun sicher eine natürliche Zahl n finden, die so groß ist, dass sowohl $1/n$ als auch der Abstand des Mittelpunkts von K_n zu $\boldsymbol{m}$ kleiner als $\delta/2$ sind. Dann würde $\boldsymbol{p}$ aber auch außerhalb von K_n liegen, was ein Widerspruch ist.

Lösung 81: Das ist ganz einfach. Man nehme z.B. die offene Kugel $B = B_1((0,0))$. Der kleinste umschließende Kreis ist dann offenbar der Einheitskreis. Er und B sind natürlich disjunkt.

Lösung 82: Sei E eine kompakte Punktmenge mit mindestens zwei Elementen und K der minimale umschließende Kreis von E. Sei außerdem δ der Abstand von K und E. K lässt sich als Spur einer parametrisierten Kurve mit kompaktem Definitionsbereich $[0, 2\pi]$ darstellen und ist daher kompakt. Wie wir am Ende von Kapitel 5 festgestellt haben, findet man daher einen Punkt auf dem Kreis und einen Punkt von E, deren Abstand δ ist.

δ kann nun nicht positiv sein, da K sonst nicht der kleinste umschließende Kreis wäre – man könnte den Radius von K um δ verringern und hätte immer noch einen umschließenden Kreis. Also gilt $\delta = 0$. Das impliziert aber, dass die beiden erwähnten Punkte identisch sind.

Lösung 83: Nach Definition der Ableitung gelten die Beziehungen

$$\begin{aligned}\alpha_1(t_0+h) &= \alpha_1(t_0) + \alpha_1'(t_0)h + r_1(h)h\\ \alpha_2(t_0+h) &= \alpha_2(t_0) + \alpha_2'(t_0)h + r_2(h)h\end{aligned}$$

mit „Fehlertermen" $r_i(h)$, die gegen null gehen, wenn h gegen null geht. Man kann also z.B. erreichen, dass für ein vorgegebenes $\varepsilon > 0$ immer $|r_i(h)| < \sqrt{\varepsilon/2}$ gilt, wenn $|h|$ klein genug ist. Offenbar gilt aber auch:

$$\boldsymbol{\tau}(t_0+h) = \begin{pmatrix}\alpha_1(t_0)\\ \alpha_2(t_0)\end{pmatrix} + h \cdot \begin{pmatrix}\alpha_1'(t_0)h\\ \alpha_2'(t_0)h\end{pmatrix}$$

Das bedeutet, dass $|h|\sqrt{r_1(h)^2 + r_2(h)^2}$ der Abstand von $\boldsymbol{\alpha}(t_0+h)$ und $\boldsymbol{\tau}(t_0+h)$ ist und dass für entsprechend kleine Werte von $|h|$ dieser Abstand kleiner als $\varepsilon|h|$ sein muss.

In der folgenden Skizze ist für verschiedene Werte von h jeweils der Kreis eingezeichnet, innerhalb dessen $\boldsymbol{\alpha}(t_0+h)$ liegen muss. Der Mittelpunkt eines solchen Kreises ist immer

[6] Präzise mathematische Begründung: Weil wir im besagten Absatz gezeigt haben, dass so eine Folge eine *Cauchy-Folge* ist.

der auf der Tangente liegende Punkt $\boldsymbol{\tau}(t_0 + h)$. Es ist offensichtlich, dass dadurch die Gestalt der „Fliege" entsteht.

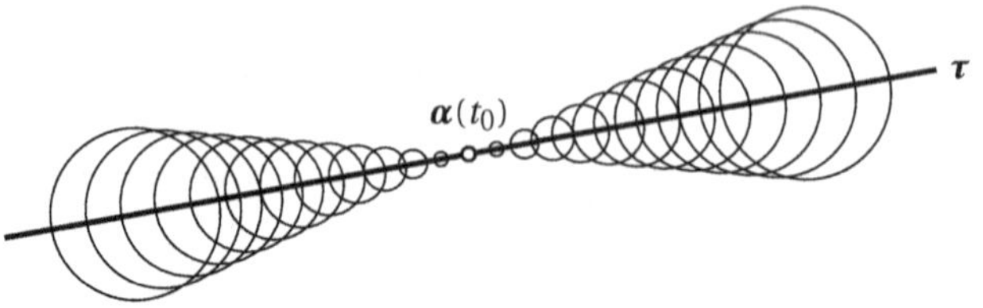

Der Winkel wird durch das Verhältnis von ε und $\|\boldsymbol{\alpha}'(t_0)\|$ bestimmt. Da man ε aber beliebig klein wählen kann, kann der Winkel auch beliebig klein werden.

Beachten Sie, dass in der Aussage von einer Umgebung von t_0 und nicht von einer Umgebung von $P = \boldsymbol{\alpha}(t_0)$ die Rede war. Letzteres wäre im Allgemeinen nicht möglich, weil $\boldsymbol{\alpha}$ ja z.B. eine Kurve sein könnte, die zu einem späteren Zeitpunkt t_1 erneut bei P vorbeikommt, dann aber mit einer Tangente die senkrecht auf $\boldsymbol{\alpha}'(t_0)$ steht.

Lösung 84: Die Kurve ist geschlossen, aber nicht *einfach* geschlossen, denn sie schneidet sich selbst.

Lösung 85: Die Ableitung von $\boldsymbol{\alpha}$ ist

$$\boldsymbol{\alpha}'(t) = \begin{pmatrix} -2\cos 2t + \sin t \\ -(1+4\sin t)\cos t \end{pmatrix}$$

Die zweite Komponente verschwindet, wenn einer ihrer beiden Faktoren verschwindet. Aus $\cos t = 0$ folgt $\cos 2t = -1$ und $-2\cos 2t = 2$. Daher ist die erste Komponente in diesem Fall nie kleiner als 1. Aus $1+4\sin t = 0$ folgt $\sin t = -1/4$. Mit $\cos 2t = 1-2\sin^2 t$ folgt dann für die erste Komponente aber der Wert -2. Es können also nie beide Komponenten gleichzeitig null sein und deshalb ist $\boldsymbol{\alpha}$ regulär.[7]

Ferner erhält man:

$$\kappa_{\boldsymbol{\alpha}}(t) = 3 \cdot \sqrt{\frac{(3+2\sin t)^2}{(5+4\sin t)^3}}$$

$$\kappa'_{\boldsymbol{\alpha}}(t) = -\frac{12\cos t(2+\sin t)(3+2\sin t)}{\sqrt{\frac{(3+2\sin t)^2}{(5+4\sin t)^3}} \cdot (5+4\sin t)^4}$$

Die kompliziert aussehende Gleichung $\kappa'_{\boldsymbol{\alpha}}(t) = 0$ hat die beiden einfachen Lösungen $t = \pi/2$ und $t = -\pi/2$. Es gibt also zwei Scheitelpunkte. Setzt man diese Werte in $\boldsymbol{\alpha}$ ein, so erhält man die Punkte $(0,-3)$ und $(0,-1)$:

[7] Stattdessen hätten Sie aber auch einfach Ihr Computeralgebrasystem nach einer Lösung der Gleichung $\boldsymbol{\alpha}'(t) = (0,0)$ fragen können.

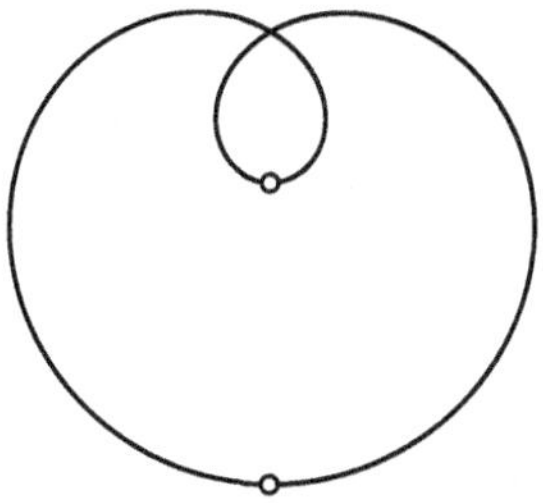

Lösung 86: Weil $\kappa_{\boldsymbol{\alpha}}$ stetig ist, nimmt diese Funktion nach dem Satz vom Minimum und Maximum auf dem Intervall $[t_1, t_2]$ ein Minimum an. Da $\kappa_{\boldsymbol{\alpha}}(t_3)$ kleiner als $\kappa_{\boldsymbol{\alpha}}(t_1)$ und $\kappa_{\boldsymbol{\alpha}}(t_2)$ ist, wird dieses Minimum nicht am Rand des Intervalls angenommen. Also handelt es sich um ein lokales Minimum von $\kappa_{\boldsymbol{\alpha}}$.

Lösung 87: Mit $\boldsymbol{\gamma}(t) = (\cos t, \sin t)$ für $t \in [0, 2\pi]$ gilt bekanntlich konstant $\kappa_{\boldsymbol{\gamma}}(t) = 1$. Es folgt.

$$\kappa(\gamma) = \int_0^{2\pi} \kappa_{\boldsymbol{\gamma}}(t)\,\mathrm{d}t = \int_0^{2\pi} \mathrm{d}t = 2\pi - 0 = 2\pi$$

Das haben Sie hoffentlich auch so erwartet. Bei zweimaligem Durchlaufen erhält man als Ergebnis natürlich 4π.

Lösung 88: Nein, natürlich nicht. Das Ergebnis von Aufgabe 87 zeigt, dass zwei Kurven mit unterschiedlicher Totalkrümmung in Start- und Endpunkt identische Geschwindigkeitsvektoren haben können.

Oder statt der am Anfang des Kapitels skizzierten Kurve hätte man auch die folgende betrachten können, die sich am Anfang und am Ende identisch verhält, zwischendurch aber eine „Ehrenrunde“ dreht:

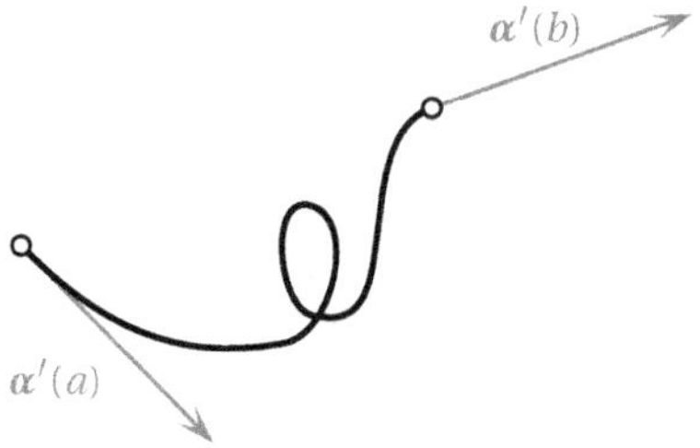

Lösung 89: Mit den Ergebnissen aus Aufgabe 50 ergibt sich:

$$\begin{aligned}\kappa(\gamma) &= \int_{-b}^{b} \kappa_{\boldsymbol{\gamma}}(t) \cdot \|\boldsymbol{\gamma}'(t)\|\,\mathrm{d}t = \int_{-b}^{b} 2 \cdot (1+4t^2)^{-3/2} \cdot \sqrt{1+4t^2}\,\mathrm{d}t \\ &= \int_{-b}^{b} \frac{2\,\mathrm{d}t}{1+4t^2} = \arctan 2t \Big|_{-b}^{b} = 2 \arctan 2b\end{aligned}$$

Lässt man b gegen ∞ gehen, so ergibt sich im Grenzwert π. Das entspricht auch der Anschauung, weil der Geschwindigkeitsvektor für große b bei $-b$ fast senkrecht nach unten zeigt und bei b fast senkrecht nach oben. Das ist eine Richtungsänderung von 180°.

Lösung 90: Warum die Wahl der Winkelfunktion keine Rolle spielt, wurde schon in Fußnote 1 erklärt.

Für $x \neq 0$ muss wegen der Periodizität offenbar $\vartheta(x) - \vartheta(0) = \vartheta(x+L) - \vartheta(L)$ gelten. Das ist gleichbedeutend mit $\vartheta(x+L) - \vartheta(x) = \vartheta(L) - \vartheta(0)$.

Ist nun φ Parametertransformation, so dass $\boldsymbol{\beta} = \boldsymbol{\alpha} \circ \varphi$ ebenfalls nach Bogenlänge parametrisiert ist, dann ist (siehe Kapitel 2) φ von der Form $\varphi(t) = \pm t + c$. Wir betrachten o.B.d.A. nur den Fall $\varphi(t) = t + c$. In Kapitel 4 haben wir gelernt, dass durch $\vartheta_{\boldsymbol{\beta}} = \vartheta_{\boldsymbol{\alpha}} \circ \varphi$ eine Winkelfunktion für $\boldsymbol{\beta}$ definiert wird, wenn $\vartheta_{\boldsymbol{\alpha}}$ eine für $\boldsymbol{\alpha}$ ist. Wegen der Periodizität ist außerdem $\vartheta^*_{\boldsymbol{\alpha}}(t) = \vartheta_{\boldsymbol{\alpha}}(t+L)$ ebenfalls eine Winkelfunktion für $\boldsymbol{\alpha}$. Damit erhält man:

$$\begin{aligned} 2\pi(n_{\boldsymbol{\alpha}} - n_{\boldsymbol{\beta}}) &= (\vartheta_{\boldsymbol{\alpha}}(L) - \vartheta_{\boldsymbol{\alpha}}(0)) - (\vartheta_{\boldsymbol{\beta}}(L) - \vartheta_{\boldsymbol{\beta}}(0)) \\ &= (\vartheta_{\boldsymbol{\alpha}}(L) - \vartheta_{\boldsymbol{\alpha}}(0)) - (\vartheta_{\boldsymbol{\alpha}}(L+c) - \vartheta_{\boldsymbol{\alpha}}(c)) \\ &= (\vartheta^*_{\boldsymbol{\alpha}}(0) - \vartheta_{\boldsymbol{\alpha}}(0)) - (\vartheta^*_{\boldsymbol{\alpha}}(c) - \vartheta_{\boldsymbol{\alpha}}(c)) \\ &= (\vartheta^*_{\boldsymbol{\alpha}}(0) - \vartheta^*_{\boldsymbol{\alpha}}(c)) - (\vartheta_{\boldsymbol{\alpha}}(0) - \vartheta_{\boldsymbol{\alpha}}(c)) = 0 \end{aligned}$$

Also gilt $n_{\boldsymbol{\alpha}} = n_{\boldsymbol{\beta}}$.

Lösung 91: Die Antwort ist -1. Man muss sich hier *im* Uhrzeigersinn drehen!

Lösung 92: Die Umlaufzahl von $\boldsymbol{\alpha}$ ist die Windungszahl von $\boldsymbol{\alpha}'$ bzgl. des Nullpunktes. Beachten Sie, dass $\boldsymbol{\alpha}'$ natürlich auch eine parametrisierte Kurve ist. Ist $\boldsymbol{\alpha}$ nach Bogenlänge parametrisiert, so liegt die Spur von $\boldsymbol{\alpha}'$ z.B. auf dem Einheitskreis. (Sie stehen quasi im Mittelpunkt des „Ziffernblattes" aus Kapitel 4 und beobachten die Spitze des „Zeigers".)

Lösung 93: Man kann es z.B. so machen: Da $\boldsymbol{\alpha}$ eine parametrisierte Kurve ist, ist die Komponentenfunktion α_1 stetig. Also nimmt sie auf dem Intervall $[0, L]$ nach dem Satz vom Minimum und Maximum ein Maximum $\alpha_1(t_0)$ an. Das bedeutet, dass rechts vom Punkt $P = \boldsymbol{\alpha}(t_0)$ kein Punkt von $\boldsymbol{\alpha}$ liegt bzw. dass alle Punkte von $\boldsymbol{\alpha}$ auf oder links von der senkrechten Geraden g durch P liegen. Dann haben wir aber wieder eine Situation wie in Kapitel 6 und können schließen, dass g und $\boldsymbol{\alpha}$ im Punkt P dieselbe Tangente haben müssen. Und diese Tangente ist natürlich g selbst.

Lösung 94: Wenn wir argumentieren, dass die Winkeldifferenz sich stetig ändert, dann reicht dafür die Winkelfunktion aus Kapitel 4 nicht mehr aus. Wir müssen zeigen, dass es analog zu (4.3) eine auf ganz T definierte und stetige Funktion ϑ mit

$$\boldsymbol{f}(t_1, t_2) = \begin{pmatrix} \cos(\vartheta(t_1, t_2)) \\ \sin(\vartheta(t_1, t_2)) \end{pmatrix}$$

gibt. Es ist zum Glück möglich, so ein ϑ zu finden, aber den technischen Aufwand ersparen wir uns hier.

Lösung 96: Mit $\boldsymbol{\beta}(t) = (\cos t, \sin t, t)$ haben wir:

$$\begin{aligned} \boldsymbol{\beta}'(t) &= (-\sin t, \cos t, 1) \\ \|\boldsymbol{\beta}'(t)\| &= \sqrt{\sin^2 t + \cos^2 t + 1} = \sqrt{2} \end{aligned}$$

Die Helix hat also das konstante Tempo $\sqrt{2}$. Daher ist durch

$$\boldsymbol{\gamma}(t) = \begin{pmatrix} \cos(t/\sqrt{2}) \\ \sin(t/\sqrt{2}) \\ t/\sqrt{2} \end{pmatrix}$$

eine Umparametrisierung nach Bogenlänge gegeben.

Lösung 97: Mit der Bezeichnung aus der letzten Lösung haben wir:

$$\begin{aligned}
\boldsymbol{\gamma}'(t) &= 1/\sqrt{2}\cdot(-\sin(t/\sqrt{2}),\cos(t/\sqrt{2}),1)\\
\boldsymbol{\gamma}''(t) &= 1/2\cdot(-\cos(t/\sqrt{2}),-\sin(t/\sqrt{2}),0)\\
\kappa_{\boldsymbol{\gamma}}(t) = \|\boldsymbol{\gamma}''(t)\| &= 1/2\cdot\sqrt{\cos^2(t/\sqrt{2})+\sin^2(t/\sqrt{2})} = 1/2
\end{aligned}$$

Die Helix hat also die konstante Krümmung 1/2. Die hat aber auch ein Kreis mit dem Radius 2.

Lösung 99: Die Voraussetzung der ersten Aussage ist, dass die Funktion $\boldsymbol{f}\cdot\boldsymbol{f}$ konstant ist. Differenziert man, so erhält man:

$$0 = (\boldsymbol{f}\cdot\boldsymbol{f})'(t) = \boldsymbol{f}'(t)\cdot\boldsymbol{f}(t)+\boldsymbol{f}(t)\cdot\boldsymbol{f}'(t) = 2\boldsymbol{f}(t)\cdot\boldsymbol{f}'(t)$$

Und das bedeutet, dass $\boldsymbol{f}(t)$ und $\boldsymbol{f}'(t)$ senkrecht aufeinander stehen.

Differenziert man analog die Voraussetzung der zweiten Aussage, so ergibt sich:

$$0 = (\boldsymbol{f}\cdot\boldsymbol{g})'(t) = \boldsymbol{f}'(t)\cdot\boldsymbol{g}(t)+\boldsymbol{f}(t)\cdot\boldsymbol{g}'(t)$$

Bringt man den ersten Summanden auf die andere Seite, steht die Behauptung da.

Lösung 100: Wir rechnen da weiter, wo wir in Aufgabe 97 aufgehört haben:

$$\begin{aligned}
\boldsymbol{n}_{\boldsymbol{\gamma}}(t) &= 1/\kappa_{\boldsymbol{\gamma}}(t)\cdot\boldsymbol{\gamma}''(t) = \begin{pmatrix}-\cos(t/\sqrt{2})\\ -\sin(t/\sqrt{2})\\ 0\end{pmatrix}\\
\boldsymbol{b}_{\boldsymbol{\gamma}}(t) &= \boldsymbol{\gamma}'(t)\times\boldsymbol{n}_{\boldsymbol{\gamma}}(t) = 1/\sqrt{2}\cdot\begin{pmatrix}-\sin(t/\sqrt{2})\\ \cos(t/\sqrt{2})\\ 1\end{pmatrix}\times\begin{pmatrix}-\cos(t/\sqrt{2})\\ -\sin(t/\sqrt{2})\\ 0\end{pmatrix}\\
&= 1/\sqrt{2}\cdot\begin{pmatrix}\sin(t/\sqrt{2})\\ -\cos(t/\sqrt{2})\\ 1\end{pmatrix}\\
\boldsymbol{b}'_{\boldsymbol{\gamma}}(t) &= 1/2\cdot\begin{pmatrix}\cos(t/\sqrt{2})\\ \sin(t/\sqrt{2})\\ 0\end{pmatrix}
\end{aligned}$$

Man sieht nun, dass $\tau_{\boldsymbol{\gamma}}$ konstant den Wert 1/2 hat.

Lösung 101: Wir wiederholen zunächst, was wir aus Kapitel 4 schon wissen:

$$\begin{aligned}
\boldsymbol{n}_{\boldsymbol{\alpha}}(t) &= \begin{pmatrix}n_1(t)\\ n_2(t)\end{pmatrix} = \begin{pmatrix}-\alpha_2'(t)\\ \alpha_1'(t)\end{pmatrix}\\
\boldsymbol{\alpha}''(t) &= \begin{pmatrix}\alpha_1''(t)\\ \alpha_2''(t)\end{pmatrix} = \kappa_{\boldsymbol{\alpha}}(t)\cdot\boldsymbol{n}_{\boldsymbol{\alpha}}(t) = \begin{pmatrix}-\kappa_{\boldsymbol{\alpha}}(t)\cdot\alpha_2'(t)\\ \kappa_{\boldsymbol{\alpha}}(t)\cdot\alpha_1'(t)\end{pmatrix}
\end{aligned}$$

Damit ergibt sich:

$$\boldsymbol{n}'_{\boldsymbol{\alpha}}(t) = \begin{pmatrix}-\alpha_2''(t)\\ \alpha_1''(t)\end{pmatrix} = \begin{pmatrix}-\kappa_{\boldsymbol{\alpha}}(t)\cdot\alpha_1'(t)\\ -\kappa_{\boldsymbol{\alpha}}(t)\cdot\alpha_2'(t)\end{pmatrix} = -\kappa_{\boldsymbol{\alpha}}(t)\cdot\boldsymbol{\alpha}'(t)$$

Das müssen wir jetzt nur noch in Matrixform aufschreiben:

$$\begin{pmatrix} \boldsymbol{\alpha}'(t) \\ \boldsymbol{n}_{\boldsymbol{\alpha}}(t) \end{pmatrix}' = \begin{pmatrix} 0 & \kappa_{\boldsymbol{\alpha}}(t) \\ -\kappa_{\boldsymbol{\alpha}}(t) & 0 \end{pmatrix} \cdot \begin{pmatrix} \boldsymbol{\alpha}'(t) \\ \boldsymbol{n}_{\boldsymbol{\alpha}}(t) \end{pmatrix} \tag{A.3}$$

Lösung 102: Das war der geometrische Ansatz auf Seite 55. Da haben wir lediglich das gemacht, was auch das explizite Euler-Verfahren (siehe dazu Programmierprojekt P16) macht.

Lösung 103: Das ist etwas Rechenarbeit, aber nicht schwer:

$$\begin{aligned}
\boldsymbol{\gamma}(t) &= (t, t^3, t^2) \\
\boldsymbol{\gamma}'(t) &= (1, 3t^2, 2t) \\
\boldsymbol{\gamma}''(t) &= (0, 6t, 2) \\
\boldsymbol{\gamma}'''(t) &= (0, 6, 0) \\
\|\boldsymbol{\gamma}'(t)\| &= \sqrt{9t^4 + 4t^2 + 1} \\
\boldsymbol{\gamma}'(t) \times \boldsymbol{\gamma}''(t) &= (1, 3t^2, 2t) \times (0, 6t, 2) = (-6t^2, -2, 6t) \\
\|\boldsymbol{\gamma}'(t) \times \boldsymbol{\gamma}''(t)\| &= \sqrt{36t^4 + 36t^2 + 4} \\
\kappa_{\boldsymbol{\gamma}}(t) &= 2 \cdot \sqrt{\frac{9t^4 + 9t^2 + 1}{(9t^4 + 4t^2 + 1)^3}} \\
(\boldsymbol{\gamma}'(t) \times \boldsymbol{\gamma}''(t)) \cdot \boldsymbol{\gamma}'''(t) &= -12 \\
\tau_{\boldsymbol{\gamma}}(t) &= -\frac{3}{9t^4 + 9t^2 + 1}
\end{aligned}$$

Lösung 104: Wenn $\boldsymbol{\alpha}$ nach Bogenlänge parametrisiert ist, stehen $\boldsymbol{\alpha}'(t)$ und $\boldsymbol{\alpha}''(t)$ senkrecht aufeinander. Weil $\|\boldsymbol{\alpha}'(t) \times \boldsymbol{\alpha}''(t)\|$ die Fläche des von den beiden Vektoren aufgespannten Parallelogramms ist und weil es sich in diesem Fall um ein Rechteck handelt, bei dem eine der beiden Seiten die Länge 1 hat, steht im Zähler der Krümmungsformel $\|\boldsymbol{\alpha}''(t)\|$, also die Krümmung selbst. Im Nenner steht natürlich 1.

Nun zur Formel für die Torsion. Da haben wir das Folgende:

$$\begin{aligned}
\boldsymbol{\alpha}'(t) \times \boldsymbol{\alpha}''(t) &= \boldsymbol{\alpha}'(t) \times (\kappa_{\boldsymbol{\alpha}}(t) \cdot \boldsymbol{n}_{\boldsymbol{\alpha}}(t)) = \kappa_{\boldsymbol{\alpha}}(t) \cdot (\boldsymbol{\alpha}'(t) \times \boldsymbol{n}_{\boldsymbol{\alpha}}(t)) \\
&= \kappa_{\boldsymbol{\alpha}}(t) \cdot \boldsymbol{b}_{\boldsymbol{\alpha}}(t) \\
\|\boldsymbol{\alpha}'(t) \times \boldsymbol{\alpha}''(t)\| &= |\kappa_{\boldsymbol{\alpha}}(t)| \cdot \|\boldsymbol{b}_{\boldsymbol{\alpha}}(t)\| = |\kappa_{\boldsymbol{\alpha}}(t)| = \kappa_{\boldsymbol{\alpha}}(t) \\
\boldsymbol{\alpha}'''(t) &= (\boldsymbol{\alpha}''(t))' = (\kappa_{\boldsymbol{\alpha}}(t) \cdot \boldsymbol{n}_{\boldsymbol{\alpha}}(t))' = \kappa_{\boldsymbol{\alpha}}(t) \cdot \boldsymbol{n}'_{\boldsymbol{\alpha}}(t) \\
(\boldsymbol{\alpha}'(t) \times \boldsymbol{\alpha}''(t)) \cdot \boldsymbol{\alpha}'''(t) &= (\kappa_{\boldsymbol{\alpha}}(t) \cdot \boldsymbol{b}_{\boldsymbol{\alpha}}(t)) \cdot (\kappa_{\boldsymbol{\alpha}}(t) \cdot \boldsymbol{n}'_{\boldsymbol{\alpha}}(t)) \\
&\overset{(*)}{=} -\kappa_{\boldsymbol{\alpha}}(t)^2 \cdot (\boldsymbol{b}'_{\boldsymbol{\alpha}}(t) \cdot \boldsymbol{n}_{\boldsymbol{\alpha}}(t)) = \kappa_{\boldsymbol{\alpha}}(t)^2 \cdot \tau_{\boldsymbol{\alpha}}(t)
\end{aligned}$$

Nun kürzt sich der Faktor $\kappa_{\boldsymbol{\alpha}}(t)^2$ im Zähler gegen den Nenner weg und es verbleibt nur noch $\tau_{\boldsymbol{\alpha}}(t)$.

(Bei der mit $(*)$ gekennzeichneten Umformung wurde Aufgabe 99 verwendet.)

Lösung 107: Die Identität $x \mapsto x$ ist stetig und damit ist nach (iv) auch $\boldsymbol{s}(x) = (x, x)$ als Funktion von $\mathbb{R}$ nach $\mathbb{R}^2$ stetig. Für die nach (i) stetige Funktion $(x, y) \mapsto xy$ schreiben wir mul. Nach (iii) ist $q = \text{mul} \circ \boldsymbol{s} \circ \pi_1$ stetig, wobei $q(x, y) = x^2$ gilt.

Die durch $(x,y) \mapsto (x^2,y)$ definierte Funktion $\boldsymbol{t}$ ist stetig nach (iv), da ihre Komponentenfunktionen q und π_2 stetig sind. Dass durch $k(x) = \exp(x/10)$ eine stetige Funktion definiert wird, ist bekannt. Damit erhält man nach (iii) die stetige Funktion $e = k \circ \mathrm{mul} \circ \boldsymbol{t}$, für die $e(x,y) = \exp(x^2 y/10)$ gilt.

Schließlich ist $\boldsymbol{m}(x,y) = (e(x,y), (\sin \circ q)(x,y))$ nach (iii) (weil der Sinus stetig ist) und (iv) stetig und damit dann auch $f = \mathrm{mul} \circ \boldsymbol{m}$ nach (iii).

Lösung 108: Das sollte nicht so schwer sein. Wir haben $\boldsymbol{x}_0 + \boldsymbol{h} = (1+h_1, 2+h_2)$ und damit ergibt sich:

$$\begin{aligned}
\boldsymbol{f}(\boldsymbol{x}_0+\boldsymbol{h}) - \boldsymbol{f}(\boldsymbol{x}_0) - \boldsymbol{B}\cdot\boldsymbol{h} &= \begin{pmatrix} (1+h_1)\cdot(2+h_2) - 1\cdot 2 - 2h_1 - h_2 \\ (1+h_1) + (2+h_2)^2 - (1+2^2) - h_1 - 4h_2 \end{pmatrix} \\
&= \begin{pmatrix} 2+2h_1+h_2+h_1h_2 - 2 - 2h_1 - h_2 \\ 1+h_1+4+4h_2+h_2^2 - 5 - h_1 - 4h_2 \end{pmatrix} \\
&= \begin{pmatrix} h_1 h_2 \\ h_2^2 \end{pmatrix} = h_2 \cdot \begin{pmatrix} h_1 \\ h_2 \end{pmatrix}
\end{aligned}$$

Die Norm dieses Vektors ist offenbar $|h_2| \cdot \|\boldsymbol{h}\|$.

Dividiert man das durch $\|\boldsymbol{h}\|$, so ergibt sich $|h_2|$; und $|h_2|$ geht natürlich gegen 0, wenn $\boldsymbol{h}$ gegen $\boldsymbol{0}$ geht. Die Matrix $\boldsymbol{B}$ ist also die Ableitung von $\boldsymbol{f}$ an der Stelle $\boldsymbol{x}_0$.

Lösung 109: Wir setzen $h_1 = 0$ in (9.5) ein:

$$k_2(2+h_2) = f(1, 2+h_2) \approx f(1,2) + b_2 h_2 = k_2(2) + b_2 h_2$$

Es muss also $b_2 = k_2'(2) = 1$ gelten.

Lösung 110: Ihr Ergebnis sollte die 1×2-Matrix $\begin{pmatrix} 12 & 9 \end{pmatrix}$ sein.

Lösung 111: Da sollten $-\sin x$ bzw. $-x \sin z$ herauskommen. Beachten Sie dabei, dass der Summand $x \cos z$ überhaupt nicht von y abhängt und daher beim Differenzieren einfach verschwindet.

Lösung 112: Hier sind meine Ergebnisse:

$$\begin{aligned}
&\frac{\partial h_1}{\partial x}(x,y,z) = y + 2z & &\frac{\partial h_1}{\partial y}(x,y,z) = x + 3z \\
&\frac{\partial h_1}{\partial z}(x,y,z) = 2x + 3y & &\frac{\partial h_2}{\partial x}(x,y) = y/x \\
&\frac{\partial h_2}{\partial y}(x,y) = \ln x & &\frac{\partial h_3}{\partial x}(x,y) = (1+x)\exp(x+2y) \\
&\frac{\partial h_3}{\partial y}(x,y) = 2x\exp(x+2y) & &\frac{\partial h_4}{\partial x}(x,y,z) = (x^2+2x+y)\exp(x+y) \\
&\frac{\partial h_4}{\partial y}(x,y,z) = (x^2+y+1)\exp(x+y) & &\frac{\partial h_4}{\partial z}(x,y,z) = 0
\end{aligned}$$

Lösung 113: Aus Platzgründen verwenden wir hier die f_x-Schreibweise:

$$\begin{aligned}
&f(x,y,z) = 2x^3 z^2 \ln(y^2+1) & &f_x(x,y,z) = 6x^2 z^2 \ln(y^2+1) \\
&f_y(x,y,z) = 4x^3 y z^2/(y^2+1) & &f_z(x,y,z) = 4x^3 z \ln(y^2+1)
\end{aligned}$$

$f_{xx}(x,y,z) = 12xz^2 \ln(y^2+1)$ $f_{xy}(x,y,z) = 12x^2yz^2/(y^2+1)$

$f_{xz}(x,y,z) = 12x^2 z\ln(y^2+1)$ $f_{yx}(x,y,z) = 12x^2yz^2/(y^2+1)$

$f_{yy}(x,y,z) = 4x^3z^2(1-y^2)/(y^2+1)^2$ $f_{yz}(x,y,z) = 8x^3yz/(y^2+1)$

$f_{zx}(x,y,z) = 12x^2 z\ln(y^2+1)$ $f_{zy}(x,y,z) = 8x^3yz/(y^2+1)$

$f_{zz}(x,y,z) = 4x^3\ln(y^2+1)$

Lösung 114: Zunächst wird aus einer Funktion von $\mathbb{R}$ nach $\mathbb{R}$ eine von $\mathbb{R}^n$ nach $\mathbb{R}^n$. Aus der Bedingung $f'(x_0) \neq 0$ wird die, dass $D\boldsymbol{f}'(\boldsymbol{a})$ regulär sein muss. (Beachten Sie, dass das für $n = 1$ einfach bedeutet, dass die Ableitung nicht null ist.)

Zudem war ursprünglich von einer stetig differenzierbaren Funktion die Rede, was aber im eindimensionalen Fall dasselbe ist wie eine stetig partiell differenzierbare Funktion. Im Satz von der Umkehrabbildung wird daraus eine k-mal stetig differenzierbare Funktion.

Lösung 115: Die vom Programm berechnete Schrittweite (die Variable `step` im Code) kann durch Rundungsfehler[8] minimal größer als der korrekte Wert ausfallen. Würde man diesen Korrekturfaktor weglassen, so würde für entsprechende Eingabewerte eine Kurve zu wenig gezeichnet werden.

Lösung 116: Den Funktionsgraphen von g kann man durch die Abbildungsvorschrift $(u,v) \mapsto \boldsymbol{f}(u,v) = (u,v,g(u,v))$ darstellen.[9] Für das konkrete Beispiel hätten wir also:

$$\boldsymbol{f}(u,v) = (u,v,\sin(uv/5)\cdot\cos(uv/2))$$

Lösung 120: Dadurch, dass $[0,2\pi]$ durch $(0,2\pi)$ ersetzt wird, fehlt eine Linie von Pol zu Pol. Würde es sich um die Erdkugel handeln, dann würde der *Nullmeridian* fehlen, der Halbkreis, der vom Nord- zum Südpol und durch die Sternwarte Greenwich verläuft. Durch das Ersetzen von $[0,\pi]$ durch $(0,\pi)$ fehlen außerdem die beiden Pole selbst, also die Endpunkte des Nullmeridians. Siehe dazu auch die etwas übetriebene Darstellung in Abbildung 10.2.

Lösung 121: Dass man die beiden ersten Komponentenfunktionen von $\boldsymbol{f}$ beliebig oft sowohl nach x als auch nach y ableiten kann, ist offensichtlich. Nur bei der dritten muss man etwas näher hinschauen. Hier ein paar partielle Ableitungen von f_3:

$$\begin{aligned}
D_1 f_3(x,y) &= -x(1-x^2-y^2)^{-1/2}\\
D_2 f_3(x,y) &= -y(1-x^2-y^2)^{-1/2}\\
D_1D_1 f_3(x,y) &= (y^2-1)(1-x^2-y^2)^{-3/2}\\
D_2D_1 f_3(x,y) &= -xy(1-x^2-y^2)^{-3/2}\\
D_2D_2D_1 f_3(x,y) &= x(1-x^2+2y^2)(1-x^2-y^2)^{-5/2}
\end{aligned}$$

Man erkennt, dass bei allen Ableitungen abgesehen von „unkritischen" Faktoren immer eine ganzzahlige Potenz von $\sqrt{1-x^2-y^2}$ vorkommt. Da im Definitionsbereich von $\boldsymbol{f}$ aber nur Punkte (x,y) mit $x^2+y^2<1$ liegen, ist das unproblematisch.

[8] Zu Problemen der Fließkommaarithmetik siehe Kapitel 11 bis 13 in [Wei18].

[9] Man spricht dann auch von einem *Monge patch*, benannt nach dem französischen Mathematiker Gaspard Monge, der als „Vater der Differentialgeometrie" gilt. Er war aber u.a. auch Marineminister und in dieser Funktion zuständig für die Vollstreckung des Todesurteils an Ludwig XVI.

Lösung 122: Alle Flächenstücke haben den Definitionsbereich $B_1((0,0))$.

$$(x,y) \mapsto (x, \sqrt{1-x^2-y^2}, y)$$
$$(x,y) \mapsto (x, -\sqrt{1-x^2-y^2}, y)$$
$$(x,y) \mapsto (\sqrt{1-x^2-y^2}, x, y)$$
$$(x,y) \mapsto (-\sqrt{1-x^2-y^2}, x, y)$$

Lösung 123: Dafür muss man die Parametrisierungen lediglich so wählen, dass sich die beiden „fehlenden" Linien nicht treffen. Die folgende Grafik zeigt eine Lösung, in der diese Linien in senkrecht zueinander stehenden Ebenen liegen und ihre Endpunkte maximal weit voneinander entfernt sind.

Siehe auch Aufgabe 132.

Lösung 125: Wenn man die bereits erwähnte Parametrisierung

$$(u,v) \mapsto (\cos u, \sin u, v)$$

verwendet, ist das ganz einfach. Wählt man den Definitionsbereich $(0,2\pi) \times (-a,a)$, so fehlt – ähnlich wie bei der Kugeloberfläche – lediglich eine Linie:

$$\{(1,0,z) : -a < z < a\}$$

Das kann man dadurch beheben, dass man für das zweite Flächenstück dieselbe Parametrisierung mit dem Definitionsbereich $(-\pi,\pi) \times (-a,a)$ benutzt.

Lösung 126: Man kann die beiden Abbildungsvorschriften

$$(u,v) \mapsto (u, v, \pm\sqrt{u^2+v^2})$$

verwenden. Der Definitionsbereich ist in beiden Fällen $B_a((0,0)) \setminus \{(0,0)\}$. Analog zur Zerlegung der Kugeloberfläche in sechs Stücke kann man sich auch hier leicht überlegen, dass die Abbildungen tatsächlich alle Anforderungen an Flächenstücke erfüllen. Es ist nach Konstruktion außerdem offensichtlich, dass die Spuren dieser Flächenstücke Gleichung (10.3) erfüllen.

Lösung 129: Der Ausdruck in der Wurzel in $r(x,v)$ ist immer größer als $729(x-v)^2$. Wegen $27^2 = 729$ ist die Wurzel also größer als $27|x-v|$ und darum ist $r(x,v)$ immer positiv. Dann ist natürlich auch $s(x,v)$, also der Quotient in (11.2), immer positiv.

Lösung 130: $\boldsymbol{h}$ ist offensichtlich glatt. Dass $\boldsymbol{h}$ auch injektiv ist, sieht man bereits an den ersten beiden Komponentenfunktionen, weil $x \mapsto x^3$ injektiv ist. Als Umkehrfunktion erhält man $(x, y, z) \mapsto (\sqrt[3]{x}, \sqrt[3]{y})$ und das ist sicher eine stetige Funktion.

Nun berechnen wir die Jacobi-Matrix von $\boldsymbol{h}$ an der Stelle $(0,0)$:

$$D\boldsymbol{h}(u,v) = \begin{pmatrix} 3u^2 & 0 \\ 0 & 3v^2 \\ v & u \end{pmatrix} \qquad D\boldsymbol{h}(0,0) = \begin{pmatrix} 0 & 0 \\ 0 & 0 \\ 0 & 0 \end{pmatrix}$$

Die beiden Spalten der Matrix sind diesmal nicht nur parallel bzw. identisch, sondern sogar Nullvektoren.

Lösung 132: Die Fläche, die den Nordpol enthält, könnte z.B. so aussehen:

$$\boldsymbol{g} : \begin{cases} (0,2\pi) \times (0,\pi) \to \mathbb{R}^3 \\ (u,v) \mapsto (-\cos u \cdot \sin v, \cos v, \sin u \cdot \sin v) \end{cases}$$

Damit erhalten wir:

$$\boldsymbol{g}_u(u,v) = \begin{pmatrix} \sin u \cdot \sin v \\ 0 \\ \cos u \cdot \sin v \end{pmatrix} \qquad \boldsymbol{g}_v(u,v) = \begin{pmatrix} -\cos u \cdot \cos v \\ -\sin v \\ \sin u \cdot \cos v \end{pmatrix}$$

Bildet man die Unterdeterminante aus der ersten und dritten Zeile, so ergibt sich:

$$\begin{aligned} &\sin u \cdot \sin v \cdot \sin u \cdot \cos v + \cos u \cdot \cos v \cdot \cos u \cdot \sin v \\ &= (\sin^2 u + \cos^2 u) \cdot \sin v \cdot \cos v = \sin v \cdot \cos v \end{aligned}$$

Dieser Term kann nur verschwinden, wenn einer der Faktoren null ist. Für $v \in (0,\pi)$ ist das nur mit $v = \pi/2$ möglich. In diesem Fall gilt jedoch:

$$\boldsymbol{g}_u\left(u, \frac{\pi}{2}\right) = \begin{pmatrix} \sin u \\ 0 \\ \cos u \end{pmatrix} \qquad \boldsymbol{g}_v\left(u, \frac{\pi}{2}\right) = \begin{pmatrix} 0 \\ -1 \\ 0 \end{pmatrix}$$

Und diese beiden Vektoren sind linear unabhängig, weil $\sin u$ und $\cos u$ nicht beide gleichzeitig verschwinden. Insgesamt ist damit gezeigt, dass $\boldsymbol{g}$ regulär ist.

Der Nordpol ist $\boldsymbol{g}(\pi/2, \pi/2) = (0,0,1)$ und es gilt:

$$\boldsymbol{g}_u\left(\frac{\pi}{2}, \frac{\pi}{2}\right) = \begin{pmatrix} 1 \\ 0 \\ 0 \end{pmatrix} \qquad \boldsymbol{g}_v\left(\frac{\pi}{2}, \frac{\pi}{2}\right) = \begin{pmatrix} 0 \\ -1 \\ 0 \end{pmatrix}$$

Natürlich spannen diese beiden Vektoren ebenfalls die x-y-Ebene auf. Beachten Sie jedoch, dass es nicht *dieselben* Vektoren wie in (11.4) sind. Das wurde aber auch nie behauptet.

Lösung 133: Für die Ableitungen ergibt sich:

$$\boldsymbol{f}_u(u,v) = \left(1, 0, \frac{\partial g}{\partial u}(u,v)\right)$$

$$\boldsymbol{f}_v(u,v) = \left(0, 1, \frac{\partial g}{\partial v} g(u,v)\right)$$

Wie in Gleichung (11.3) sieht man schon an den ersten beiden Komponenten, dass die Bedingung der Regularität erfüllt ist.

Lösung 134: Das sollte in etwa so aussehen:

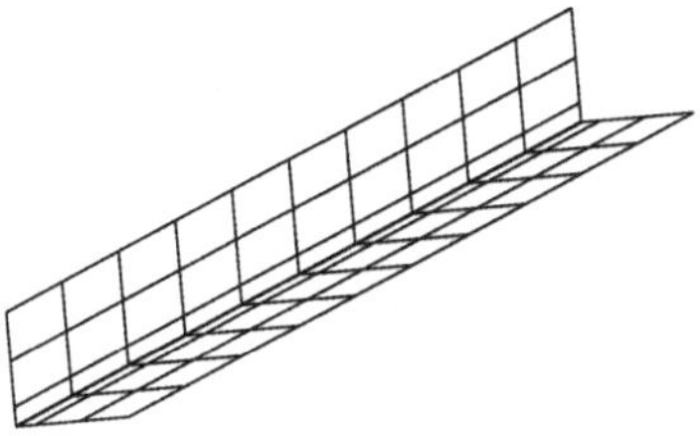

Entscheidend ist, dass wir es hier mit zwei ebenen Rechtecken zu tun haben, die im rechten Winkel miteinander verbunden sind. Falls Sie nicht damit gerechnet haben, dass eine *glatte* Parametrisierung zu solchen Kanten führen kann, dann haben Sie die entsprechende Diskussion im ersten Kapitel über Kurven überlesen. Bei Flächen ist es wie bei Kurven: erst die Forderung der Regularität sorgt dafür, dass es überall Tangentialebenen gibt und dass die Fläche im umgangssprachlichen Sinne „glatt aussieht".

Der „Trick" dabei ist die Verwendung der Funktion $t \mapsto \exp(-1/t^2)$, die dafür sorgt, dass man quasi immer „langsamer" wird, wenn man sich der Kante nähert. Die Koordinatenlinien werden in der Nähe der Kante immer dichter.

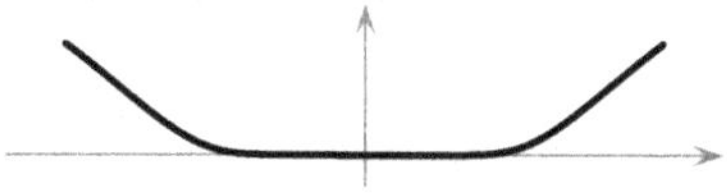

Allerdings muss man natürlich noch überprüfen, ob $\boldsymbol{f}$ überhaupt ein Flächenstück ist. Die dritte Komponentenfunktion ist unproblematisch. Dass die beiden ersten Komponentenfunktionen glatt sind, ist nicht ganz so offensichtlich, lässt sich aber mit einem gewissen Aufwand verifizieren. Als Umkehrfunktion erhält man:

$$(x,y,z) \mapsto \begin{cases} \left(\frac{\operatorname{sgn}(x)}{\sqrt{-\ln|x|}}, z\right) & x \neq 0 \\ (0,z) & x = 0 \end{cases}$$

Diese Funktion ist nicht differenzierbar, aber sie ist stetig, und das reicht ja.

Lösung 135: Wir beginnen mit der Funktion aus dem Hinweis:

$$g_{c,b}: \begin{cases} \mathbb{R} \to \mathbb{R} \\ t \mapsto \begin{cases} \exp(b^2/((t-c)^2 - b^2)) & |t-c| < b \\ 0 & |t-c| \geq b \end{cases} \end{cases}$$

$g_{c,b}$ hat an der Stelle c den Wert $1/e$ und fällt von dort aus in beide Richtungen ab. Für Werte, die weiter als b von c entfernt sind, ist sie konstant null.

Nun definieren wir eine Hilfsfunktion $\boldsymbol{h}$:

$$\boldsymbol{h}: \begin{cases} [0,1) \times [0,2\varphi) \to \mathbb{R}^3 \\ (r,\varphi) \mapsto \exp(-1/r^2) \cdot \begin{pmatrix} g_{0,2\pi/3}(\varphi) + g_{2\pi,2\pi/3}(\varphi) \\ g_{2\pi/3,2\pi/3}(\varphi) \\ g_{4\pi/3,2\pi/3}(\varphi) \end{pmatrix} \end{cases}$$

Der Wertebereich von $\boldsymbol{h}$ ist bereits ein Teil eines Quaders in der Nähe einer Ecke, aber leider ist der Definitionsbereich nicht offen. Das lässt sich allerdings folgendermaßen beheben: $\boldsymbol{k}$ sei die Funktion, die jedem Punkt von $B_1((0,0)) \setminus \{(0,0)\}$ seinen Abstand r vom Nullpunkt sowie den eindeutig bestimmten Winkel $\varphi \in [0,2\pi)$ zuordnet. Außerdem definieren wir $\boldsymbol{k}(0,0) = (0,0)$. Dann erhalten wir durch die Komposition $\boldsymbol{f} = \boldsymbol{h} \circ \boldsymbol{k}$ das gesuchte Flächenstück mit dem offenen Definitionsbereich $B_1((0,0))$.

Es fehlt jetzt eigentlich noch die Kärrnerarbeit des Nachweises, dass $\boldsymbol{f}$ tatsächlich ein Flächenstück ist. Das möchte ich mir an dieser Stelle aber nicht antun.

Lösung 136: Im „normalen" Koordinatensystem handelt es sich um den Vektor

$$(1.3 \cdot 7, 0.6 \cdot 3)_a = (9.1, 1.8)_a$$

und die Länge ist $\|\boldsymbol{w}\| = \sqrt{9.1^2 + 1.8^2} \approx 9.28$. Besser wäre jedoch die folgende Darstellung:

$$\|\boldsymbol{w}\| = \sqrt{1.3^2 \cdot 7^2 + 0.6^2 \cdot 3^2} = \sqrt{1.69 \cdot 7^2 + 0.36 \cdot 3^2}$$

Lösung 138: Kann man. $\boldsymbol{x}$ und $\boldsymbol{y}$ sind hier $(1.3,0)_a$ und $(0,0.6)_a$. Daraus ergibt sich sofort $E = 1.69$ und $G = 0.36$. F ist null, weil $\boldsymbol{x}$ und $\boldsymbol{y}$ orthogonal sind. Für (12.1) hat man die beiden Vektoren $\boldsymbol{x} = (1,0)_a$ und $\boldsymbol{y} = (0,1)_a$ und damit $E = G = 1$ sowie wieder $F = 0$.

Lösung 139: Für die Aufgabe ist nur die Angabe $53°33'55''$N von Interesse. Um die vor der Aufgabe verwendete Parametrisierung $\boldsymbol{f}$ benutzen zu können, müssen wir diesen Winkel von 90 Grad abziehen und das Ergebnis in Bogenmaß ausdrücken, das ergibt $\varphi \approx 0.6359$. Ersetzen wir in der Rechnung für den Großkreis den rechten Winkel $\pi/2$ durch φ, so erhalten wir $E(\boldsymbol{\delta}(t)) = \sin^2\varphi \approx 0.3527$. Für die Länge ergibt sich:

$$\int_0^{2\pi} \sqrt{0.3527}\,\mathrm{d}t \approx 3.731$$

Das wäre die Länge des gesuchten Breitenkreises auf der Einheitskugel. Um auch noch den Erdradius mit ins Spiel zu bringen, multiplizieren wir mit 6371 und erhalten als Ergebnis ca. 23 700 Kilometer. (Alternativ hätte man von Anfang an alle Komponentenfunktion von $\boldsymbol{f}$ mit $r = 6371$ multiplizieren können.)

Natürlich hätte man das auch einfacher herausbekommen können. Aber es ging bei dieser Aufgabe ja nicht um das Ergebnis.

Lösung 140: Für Vektoren $\boldsymbol{v}, \boldsymbol{w} \neq \boldsymbol{0}$ geht das mit dieser Formel:[10]

$$\measuredangle(\boldsymbol{v},\boldsymbol{w}) = \arccos \frac{\boldsymbol{v} \cdot \boldsymbol{w}}{\|\boldsymbol{v}\|\,\|\boldsymbol{w}\|}$$

Dabei werden die Normen natürlich auch mittels des Skalarproduktes berechnet.

[10] Siehe z.B. Kapitel 31 in [Wei18].

Lösung 141: Das ist lediglich ein bisschen Rechnerei:

$$\begin{aligned}
\|\boldsymbol{v}\|^2 \cdot \|\boldsymbol{w}\|^2 &= (v_1^2 + v_2^2 + v_3^2) \cdot (w_1^2 + w_2^2 + w_3^2) \\
&= v_1^2 w_1^2 + v_2^2 w_2^2 + v_3^2 w_3^2 + \\
&\quad v_1^2 w_2^2 + w_1^2 v_2^2 + v_1^2 w_3^2 + w_1^2 v_3^2 + v_2^2 w_3^2 + w_2^2 v_3^2 \\
(\boldsymbol{v} \cdot \boldsymbol{w})^2 &= (v_1 w_1 + v_2 w_2 + v_3 w_3)^2 \\
&= v_1^2 w_1^2 + v_2^2 w_2^2 + v_3^2 w_3^2 \\
&\quad + 2(v_1 v_2 w_1 w_2 + v_1 v_3 w_1 w_3 + v_2 v_3 w_2 w_3) \\
\|\boldsymbol{v} \times \boldsymbol{w}\|^2 &= (\boldsymbol{v} \times \boldsymbol{w}) \cdot (\boldsymbol{v} \times \boldsymbol{w}) \\
&= \begin{pmatrix} v_2 w_3 - w_2 v_3 \\ v_3 w_1 - w_3 v_1 \\ v_1 w_2 - w_1 v_2 \end{pmatrix} \cdot \begin{pmatrix} v_2 w_3 - w_2 v_3 \\ v_3 w_1 - w_3 v_1 \\ v_1 w_2 - w_1 v_2 \end{pmatrix} \\
&= (v_2^2 w_3^2 - 2 v_2 w_3 w_2 v_3 + w_2^2 v_3^2) + \\
&\quad (v_3^2 w_1^2 - 2 v_3 w_1 w_3 v_1 + w_3^2 v_1^2) + \\
&\quad (v_1^2 w_2^2 - 2 v_1 w_2 w_1 v_2 + w_1^2 v_2^2) \\
&= v_1^2 w_2^2 + w_1^2 v_2^2 + v_1^2 w_3^2 + w_1^2 v_3^2 + v_2^2 w_3^2 + w_2^2 v_3^2 \\
&\quad - 2(v_1 v_2 w_1 w_2 + v_1 v_3 w_1 w_3 + v_2 v_3 w_2 w_3)
\end{aligned}$$

Lösung 142: Ein überraschend einfaches Beispiel erhält man, wenn man aus der x-y-Ebene im Raum $\mathbb{R}^3$ den Ursprung entfernt. (Überlegen Sie sich, dass es sich hierbei wirklich um eine Fläche handelt.) Dann gibt es nämlich zwischen den Punkten $(1,0,0)$ und $(0,1,0)$ keine kürzeste verbindende Kurve.

Falls Sie an Details interessiert sind, betrachten Sie für $b > 0$ diese Kurve:

$$\boldsymbol{\alpha}_b : \begin{cases} (-1,1) \to \mathbb{R}^3 \\ t \mapsto \begin{cases} (t, b \cdot \exp(b^2/(t^2 - b^2)), 0) & |t| < b \\ (t, 0, 0) & |t| \geq b \end{cases} \end{cases}$$

In der folgenden Skizze sieht man exemplarisch die Kurvenverläufe in der x-y-Ebene für $b = 0.75$, $b = 0.5$ und $b = 0.25$.

Geht b gegen 0, so wird die „Beule" immer kleiner und die Länge $L(\boldsymbol{\alpha}_b)$ geht gegen 2. Es gibt aber keine Kurve der Länge 2, die durch $(1,0,0)$ und $(0,1,0)$ geht, denn die müsste auch durch den Ursprung gehen und dafür die Fläche verlassen.

Lösung 143: Damit wir ein konkretes Beispiel haben, gehen wir davon aus, dass S komplett durch das folgende Flächenstück parametrisiert wird:

$$\boldsymbol{f} : \begin{cases} \mathbb{R}^2 \to \mathbb{R}^3 \\ (u, v) \mapsto (3u + v, 2v, u^2 - 2v^2) \end{cases}$$

Als Punkt wählen wir $(u_0, v_0) = (3, 1)$.

Als Erstes will die Ameise $E(u_0, v_0)$ herausfinden. Dafür programmiert sie in den Messwagen die Kurve $\boldsymbol{\alpha}_\varepsilon(t) = (u_0+t, v_0)$ für $t \in (-\varepsilon, \varepsilon)$ ein, also die in u-v-Koordinaten gerade Verbindungsstrecke vom Punkt $(u_0 - \varepsilon, v_0)$ zum Punkt $(u_0 + \varepsilon, v_0)$.

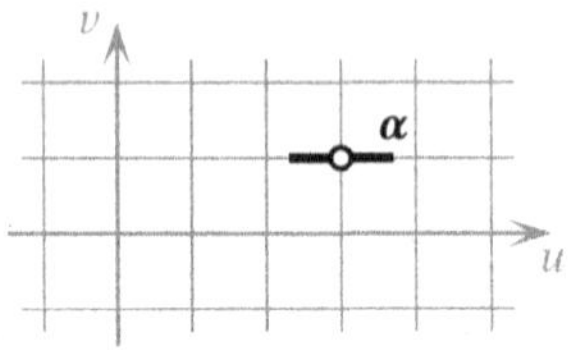

Wir brauchen keinen Messwagen, sondern können die Werte, die die Ameise erhält, berechnen. In Raumkoordinaten wird die durch

$$\boldsymbol{\beta}_\varepsilon(t) = (\boldsymbol{f} \circ \boldsymbol{\alpha}_\varepsilon)(t) = \boldsymbol{f}(3+t, 1) = (3t+10, 2, t^2 + 6t + 7)$$

gegebene Kurve abgefahren und als Länge erhält man:

$$L(\boldsymbol{\beta}_\varepsilon) = \int_{-\varepsilon}^{\varepsilon} \|\boldsymbol{\beta}_\varepsilon'(t)\| \,\mathrm{d}t = \int_{-\varepsilon}^{\varepsilon} \sqrt{4t^2 + 24t + 45}\,\mathrm{d}t$$

Man kann das analytisch integrieren, aber für unsere Zwecke reichen numerische Werte, die denen entsprechen, die der Messwagen liefern würde.

Da die Ableitung von $\boldsymbol{\alpha}_\varepsilon$ nach v verschwindet, ist $\mathrm{d}v$ nicht vorhanden; (12.6) vereinfacht sich dadurch zu $\mathrm{d}s^2 = E\,\mathrm{d}u^2$ bzw. $E = \mathrm{d}s^2/\mathrm{d}u^2$. Die Ameise approximiert diesen Wert durch immer kleinere Werte für $\mathrm{d}u = 2\varepsilon$ und $\mathrm{d}s = L(\boldsymbol{\beta}_\varepsilon)$:

ε	$\mathrm{d}s$	$\mathrm{d}s^2/\mathrm{d}u^2$
1	13.458	45.278
0.1	1.3417	45.003
0.01	0.13416	45.000
0.001	0.013416	45.000
0.0001	0.0013416	45.000

Hier steht in der mittleren Spalte der auf fünf signifikante Stellen gerundete Messwert und rechts davon der aufgrund der Messdaten geschätzte Wert für $E(u_0, v_0)$. Die Ameise schließt daraus, dass E an der entsprechenden Stelle ungefähr den Wert 45 hat.

Um $G(u_0, v_0)$ anzunähern, kann man analog mit $t \mapsto (u_0, v_0 + t)$ arbeiten und erhält:

ε	$\mathrm{d}s$	$\mathrm{d}s^2/\mathrm{d}v^2$
1	9.5484	22.793
0.1	0.91679	21.013
0.01	0.091652	21.000
0.001	0.0091652	21.000
0.0001	0.00091652	21.000

Daraus kann die Ameise $G(u_0, v_0) \approx 21$ schließen.

Schließlich programmiert die Ameise die Kurve $\boldsymbol{\gamma}_\varepsilon(t) = (u_0 + t, v_0 + t)$ in den Messwagen ein. Gleichung (12.6) kann man folgendermaßen umformen:

$$F = \frac{\mathrm{d}s^2 - E\,\mathrm{d}u^2 - G\,\mathrm{d}v^2}{2\,\mathrm{d}u\,\mathrm{d}v}$$

Setzt man hier die Approximationen für E und G ein, so kann man mithilfe der (gemessenen) Länge von $\boldsymbol{f} \circ \boldsymbol{\gamma}_\varepsilon$ einen Schätzwert für F erhalten. (Nach Konstruktion der Kurve gilt in diesem Fall $\mathrm{d}u = \mathrm{d}v = 2\varepsilon$.)

ε	$\mathrm{d}s$	$\frac{\mathrm{d}s^2 - 45\,\mathrm{d}u^2 - 21\,\mathrm{d}v^2}{2\,\mathrm{d}u\,\mathrm{d}v}$
1	10.024	-20.441
0.1	0.98002	-20.994
0.01	0.097980	-21.000
0.001	0.0097980	-21.000
0.0001	0.00097980	-21.000

Im Endeffekt kommt die Ameise auf der Basis von Messungen zu dem Schluss, dass an der Stelle $(u_0, v_0) = (3, 2)$ ungefähr

$$\mathrm{d}s^2 = 45\,\mathrm{d}u^2 - 42\,\mathrm{d}u\,\mathrm{d}v + 21\,\mathrm{d}v^2$$

gelten muss.

Als dreidimensionale Wesen haben wir den Vorteil, dass wir die Werte exakt anhand der Parametrisierung berechnen können:

$$\begin{aligned}
\boldsymbol{f}_u(u,v) &= (3, 0, 2u) & \boldsymbol{f}_v(u,v) &= (1, 2, -4v)\\
\boldsymbol{f}_u(3,1) &= (3, 0, 6) & \boldsymbol{f}_v(3,1) &= (1, 2, -4)
\end{aligned}$$

$$\begin{aligned}
\boldsymbol{f}_u(3,1)\cdot\boldsymbol{f}_u(3,1) &= 3^2 + 6^2 = 45\\
\boldsymbol{f}_v(3,1)\cdot\boldsymbol{f}_v(3,1) &= 1^2 + 2^2 + 4^2 = 21\\
\boldsymbol{f}_u(3,1)\cdot\boldsymbol{f}_v(3,1) &= 3\cdot 1 + 0\cdot 2 - 6\cdot 4 = -21
\end{aligned}$$

Die Ameise hat also recht!

Lösung 144: Es handelt sich um einen *Kegel*, also quasi um die Hälfte des in Kapitel 10 vorgestellten Doppelkegels. Hier die Berechnung der ersten Fundamentalform:

$$\begin{aligned}
\boldsymbol{h}_\varphi(\varphi, r) &= r(-\sin\varphi, \cos\varphi, 0)\\
\boldsymbol{h}_r(\varphi, r) &= (\cos\varphi, \sin\varphi, 1)\\
E(\varphi, r) &= r^2\sin^2\varphi + r^2\cos^2\varphi = r^2\\
F(\varphi, r) &= -r\sin\varphi\cos\varphi + r\cos\varphi\sin\varphi = 0\\
G(\varphi, r) &= \cos^2\varphi + \sin^2\varphi + 1^2 = 2\\
\mathrm{d}s^2 &= r^2\,\mathrm{d}\varphi^2 + 2\,\mathrm{d}r^2
\end{aligned}$$

Lösung 145: Hier ergibt sich:

$$\begin{aligned}
\boldsymbol{f}_u(u,v) &= (1, 0, 2u)\\
\boldsymbol{f}_v(u,v) &= (0, 1, -2v)
\end{aligned}$$

$$\begin{aligned} E(u,v) &= 4u^2+1 \\ F(u,v) &= -4uv \\ G(u,v) &= 4v^2+1 \\ ds^2 &= (4u^2+1)\,du^2 - 8uv\,du\,dv + (4v^2+1)\,dv^2 \end{aligned}$$

Lösung 146: Da die Tangentialebene von S in jedem Punkt S selbst ist, kann N eine konstante Abbildung sein. Man könnte z.B. $N(\boldsymbol{p}) = (0,0,1)$ setzen. Aber $N(\boldsymbol{p}) = (0,0,-1)$ oder $N(\boldsymbol{p}) = (0,0,42)$ wäre auch OK.

Lösung 147: Hier ergibt sich:

$$\boldsymbol{f}_u(u,v) = \begin{pmatrix} -\sin u \cdot \sin v \\ \cos u \cdot \sin v \\ 0 \end{pmatrix}$$

$$\boldsymbol{f}_v(u,v) = \begin{pmatrix} \cos u \cdot \cos v \\ \sin u \cdot \cos v \\ -\sin v \end{pmatrix}$$

$$\begin{aligned} \boldsymbol{f}_u(u,v) \times \boldsymbol{f}_v(u,v) &= \begin{pmatrix} -\cos u \sin u \sin v \\ -\sin u \sin^2 v \\ -\sin^2 u \sin v \cos v - \cos^2 u \sin v \cos v \end{pmatrix} \\ &= \begin{pmatrix} -\cos u \sin u \sin v \\ -\sin u \sin^2 v \\ -\sin v \cos v \end{pmatrix} = -\sin v \cdot \boldsymbol{f}(u,v) \end{aligned}$$

Da $\sin v$ für $v \in (0,\pi)$ immer positiv ist, haben wir hier also $N_{\boldsymbol{f}}(u,v) = -\boldsymbol{f}(u,v)$, d.h. in diesem Fall zeigen die Vektoren anders als in Abbildung 13.1 immer nach innen. Dieses Beispiel zeigt deutlich, dass das Standardeinheitsnormalenfeld von der Parametrisierung abhängt.

Lösung 149: Es fehlt die Strecke von $(-0.5,0,0)$ bis $(0.5,0,0)$, weil φ weder den Wert 0 noch den Wert 2π annimmt. (Das ist so ähnlich wie beim Zylinder.) Man kann als zweites Flächenstück z.B. dieses hier nehmen:

$$\boldsymbol{f}^2 : \begin{cases} (-0.5,0.5) \times (-\pi,\pi) \to \mathbb{R}^3 \\ (t,\varphi) \mapsto \begin{pmatrix} (1+t\cos\varphi/2)\cos\varphi \\ (1+t\cos\varphi/2)\sin\varphi \\ t\sin\varphi/2 \end{pmatrix} \end{cases}$$

Am Rande abgebildet ist übrigens der in Fußnote 2 erwähnte Herr Listing.

Lösung 151: Dann wählt man als Intervall $I = ((2k-1)\pi, (2k+1)\pi)$ sowie das Flächenstück $\boldsymbol{g}_2$. Die komponierte Abbildung ist dann ebenfalls $(u,v) \mapsto (u-2k\pi, v)$.

Lösung 152: K ist die Oberfläche einer Kugel mit Mittelpunkt $\boldsymbol{q}$ und Radius 2. Mit

$$\boldsymbol{M} = \begin{pmatrix} 2 & 0 & 0 \\ 0 & 2 & 0 \\ 0 & 0 & 2 \end{pmatrix}$$

ist $\boldsymbol{v} \mapsto \boldsymbol{M}\boldsymbol{v} + \boldsymbol{q}$ eine affine Transformation, die S^2 auf K abbildet.

Lösung 153: Es geht hier schlicht und einfach um die Abbildung $\boldsymbol{v} \mapsto -\boldsymbol{v}$, die auch eine affine Transformation ist. (Auf die Matrix kommen Sie sicher selbst.)

Lösung 154: Eine Kugeloberfläche erhält man im Fall $a = b = c$. Für $a = b = c = 1$ ergibt sich die Einheitskugel S^2. Durch die Abbildung $\boldsymbol{\varphi}(x, y, z) = (x/a, y/b, z/c)$ macht man aus E die Fläche S^2. $\boldsymbol{\varphi}$ ist offenbar eine affine Transformation.

Lösung 156: Wenn man die Kurven für $x \mapsto |x|$ und $x \mapsto |x^2| = x^2$ vergleicht, dann sind die Funktionswerte der zweiten Kurve in der Nähe von null kleiner.

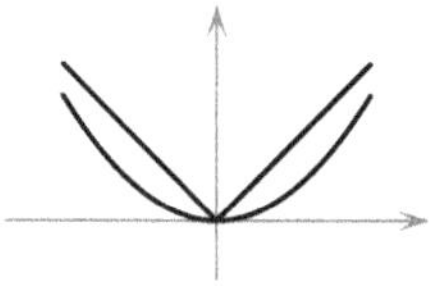

Und das ändert sich auch nicht, wenn man $|x|$ durch $a|x|$ und x^2 durch bx^2 mit irgendwelchen positiven Faktoren a und b ersetzt. Die Parabel wird, wenn man nahe genug bei null ist, immer „gewinnen“.

Lösung 157: Das ist einfach $\boldsymbol{v} \cdot \boldsymbol{n}$. Siehe z.B. Kapitel 31 in [Wei18].

Lösung 158: Das sieht so aus:

$$\begin{array}{lll} \boldsymbol{h}_u = (-\sin u, \cos u, 0) & \boldsymbol{h}_v = (0,0,-1) & N_{\boldsymbol{h}} = (-\cos u, -\sin u, 0) \\ \boldsymbol{h}_{uu} = (-\cos u, -\sin u, 0) & \boldsymbol{h}_{uv} = (0,0,0) & \boldsymbol{h}_{vv} = (0,0,0) \\ L = 1 & M = 0 & N = 0 \end{array}$$

Die zweite Fundamentalform hat nun ein anderes Vorzeichen! Mehr dazu auf den folgenden Seiten...

Lösung 159: Es gibt in der Tat eine Mehrdeutigkeit. Ist N ein stetiges Einheitsnormalenfeld für S, dann ist die durch $\boldsymbol{p} \mapsto -N(\boldsymbol{p})$ definierte Abbildung auch eins. Eine orientierbare Fläche hat also immer *zwei* stetige Einheitsnormalenfelder. Im Moment gehen wir davon aus, dass wir einfach eines von beiden ausgewählt haben. Am Ende des Kapitels gehen wir darauf aber noch mal ein.

Lösung 160: Man erhält als erste und zweite Fundamentalform:

$$\frac{(1-v^2)\,\mathrm{d}u^2 + 2uv\,\mathrm{d}u\,\mathrm{d}v + (1-u^2)\,\mathrm{d}v^2}{1-u^2-v^2}$$
$$\frac{(v^2-1)\,\mathrm{d}u^2 - 2uv\,\mathrm{d}u\,\mathrm{d}v + (u^2-1)\,\mathrm{d}v^2}{1-u^2-v^2}$$

Die beiden Ausdrücke unterscheiden sich also nur im Vorzeichen.

Einen Teil eines Großkreises kann man in krummlinigen Koordinaten z.B. mit

$$\boldsymbol{\delta} : \begin{cases} (-1,1) \to \mathbb{R}^2 \\ t \mapsto (t, 0) \end{cases}$$

parametrisieren. Offenbar verschwindet die Ableitung der zweiten Komponentenfunktion und die der ersten ist konstant eins. Setzt man unter Verwendung der gerade berechneten Fundamentalformen in (15.8) ein, so ergibt sich als Normalkrümmung:

$$\frac{1-v^2}{1-u^2-v^2} \cdot \left(\frac{v^2-1}{1-u^2-v^2}\right)^{-1} = -1$$

Wie angekündigt unterscheidet sich dieser Wert von dem, den wir vor der Aufgabe berechnet hatten, im Vorzeichen.

Lösung 161: Sind die beiden Hauptkrümmungen identisch, dann bedeutet das offenbar, dass in dem Punkt alle Normalkrümmungen gleich sind. Man spricht dann von einem *Nabelpunkt* – siehe die Erklärung zu Abbildung 16.2.

Lösung 162: Nicht ganz. Da die Normalkrümmungen nur bis auf das Vorzeichen eindeutig bestimmt sind (siehe Ende von Kapitel 15), gilt das natürlich auch für die Hauptkrümmungen. Wechselt das Vorzeichen, so ändern Minimum und Maximum ihre Rolle (wenn sie nicht gleich sind). Das ändert aber nichts an der prinzipiellen Aussage über Hauptkrümmungen.

Lösung 163: Überraschenderweise ja. Während bei den Hauptkrümmungen das Vorzeichen wechseln kann (siehe Aufgabe 162), spielt dieser Wechsel bei der gaußschen Krümmung keine Rolle. Haben beide Hauptkrümmungen dasselbe Vorzeichen, so haben sie es auch nach einem Vorzeichenwechsel. In beiden Fällen ist die gaußsche Krümmung positiv. Und haben sie unterschiedliche Vorzeichen, so ändert sich auch das nicht durch einen Vorzeichenwechsel. Die gaußsche Krümmung ist dann negativ und bleibt es auch.

Literatur

[Bär10] Christian Bär: **Elementare Differentialgeometrie.** *Walter de Gruyter, Berlin, 2010, 2. Auflage.*

[Cra17] Keenan Crane, Max Wardetzky: **A Glimpse Into Discrete Differential Geometry.** *Notices of the American Mathematical Society, **64** (10), 2017, pp. 1153–1159.*

[Gra06] Alfred Gray, Elsa Abbena, Simon Salamon: **Modern Differential Geometry of Curves and Surfaces.** *Chapman and Hall/CRC, Boca Raton, 2006, 3rd edition.*

[Hav18] Marijn Haverbeke: **Eloquent JavaScript.** *No Starch Press, San Francisco, 2018, 3rd edition.*

[Hil96] David Hilbert, Stefan Cohn-Vossen: **Anschauliche Geometrie.** *Springer-Verlag, Berlin/Heidelberg, 1996, 2. Auflage.*

[McC15] Lauren McCarthy, Casey Reas, Ben Fry: **Getting Started with p5.js.** *O'Reilly, Sebastopol, 2015.*

[Oss85] Robert Osserman: **The Four-or-More Vertex Theorem.** *The American Mathematical Monthly, **92** (5), 1985, pp. 332–337.*

[Pre10] Andrew Pressley: **Elementary Differential Geometry.** *Springer-Verlag, Berlin/Heidelberg, 2010, 2nd edition.*

[Tho92] Carsten Thomassen: **The Jordan-Schönflies Theorem and the Classification of Surfaces.** *The American Mathematical Monthly, **99** (2), 1992, pp. 116–130.*

[Tve80] Helge Tverberg: **A Proof of the Jordan Curve Theorem.** *Bulletin of the London Mathematical Society, **12**, 1980, pp. 34–38.*

[Wei18] Edmund Weitz: **Konkrete Mathematik (nicht nur) für Informatiker.** *Springer Spektrum, Wiesbaden, 2018.*

E. Weitz, *Elementare Differentialgeometrie (nicht nur) für Informatiker*,
https://doi.org/10.1007/978-3-662-60463-2

[Wel91] Emo Welzl: **Smallest enclosing disks (balls and ellipsoids),** in Hermann Maurer (Ed.): **New Results and New Trends in Computer Science.** *Springer-Verlag, Berlin/Heidelberg, 1991, pp. 359–370.*

Index

E. Weitz, *Elementare Differentialgeometrie (nicht nur) für Informatiker*,
https://doi.org/10.1007/978-3-662-60463-2

Mathematische Symbole

E. Weitz, *Elementare Differentialgeometrie (nicht nur) für Informatiker*,
https://doi.org/10.1007/978-3-662-60463-2

p5.js-Befehle

E. Weitz, *Elementare Differentialgeometrie (nicht nur) für Informatiker*,
https://doi.org/10.1007/978-3-662-60463-2

Personenverzeichnis

E. Weitz, *Elementare Differentialgeometrie (nicht nur) für Informatiker*,
https://doi.org/10.1007/978-3-662-60463-2

Printed in the United States
By Bookmasters